건축 요소와 공간 구성

ARCHITECTURAL ELEMENTS AND SPATIAL COMPOSITION

김정채 지음

Spacetime

일러두기

1. 모든 용어는 한글로 표기하되, 그 의미를 정확하게 전달하기 위해 병행 표기가 필요한 경우 한문 대신 영문을 사용하였다. 이를 통해 국내뿐만 아니라 해외 인터넷 플랫폼에서도 특정 용어에 대해 직접 찾아볼 수 있을 것이다.

2. 외래어를 그대로 한글로 표기한 용어는 원어를 병기하였다.

3. 외래어의 표기는 국립국어원이 정한 외래어 표기법을 따르되, 지정된 외래어 표기법이 없거나 건축 · 인테리어 분야에서 통용되어 굳어진 표현은 예외적으로 그대로 사용하였다.

4. 본문의 큰 흐름과 무관하지만 알아두면 좋을 부가적인 설명이 필요한 특정한 용어나 사항은 각주로 표기하였다.

5. 모든 치수는 건축 · 인테리어 · 가구 등 관련 분야 관행에 따라 밀리미터(mm) 단위를 사용하였고, 일부 법에서 미터(m)로 수치를 표기한 경우 그대로 옮겨서 표기하였다.

6. 법적 기준은 어디까지나 최소 치수와 그 취지를 설명하기 위한 도구이며, 출판일을 기준으로 작성한 것이다. 대체로 법이라는 것이 큰 틀은 변하지 않지만 상세 치수 등이 변경이 되거나 내용이 삭제 · 추가되는 경우도 있기에 관련 항목에 대한 재확인이 필요하다.

7. 주택 및 근린생활시설 3D 평행투영 삽도 Parallel Projection Illustrations는 각 장에 등장하는 공간을 특정한 의도에 맞게 설계한 것으로 실제 건축가들이 설계하는 방식과 차이가 있다.

8. 본서에 수록된 모든 삽도는 저자가 직접 제작한 저작물로, 저작권은 저자에게 귀속된다. 저자의 사전 동의 없이 이를 무단으로 변형, 복제, 배포, 전재하거나 상업적으로 사용하는 행위는 저작권법에 따라 법적 책임을 질 수 있다.

들어가며

책의 제목 [건축 요소와 공간 구성]처럼 이 책은 특정 용도의 건축 공간에 있는 건축 요소에 대해 설명하고, 각 공간의 관계에 따른 동선과 배치 그리고 그 안에서 일어나는 행위에 따른 공간 규모에 대해 설명하고 있다.

필자는 건축학과를 졸업하고 대학원에서 건축계획과 디자인으로 학위를 취득했으며 건축 실무와 함께 건축학과 대학생을 대상으로 설계 강의를 오랜 시간 진행해왔다. 짧지 않은 시간 동안 건축에 대해 공부하고 관련 일을 하면서 건축에 관심이 있는 건축주와 건축학과 학생들을 만나서 건축 공간에 대한 담론을 할 기회가 많았다. 그들 얼굴에서 항상 '디자인은 정답이 없어서 아무렇게나 내가 원하는 대로 해도 괜찮을 것 같은데 왜 이것은 옳지 않고 저렇게 바꾸는 것이 좋다는 것인지 모르겠다.'는 표정을 읽을 수 있었다. 어떤 학문을 배우고 익힐 때 단순히 정답을 암기하는 것보다 왜 그 답이 나오는지 기본적인 이론을 이해하고 논리적인 사고를 통해 체득하는 것이 중요한 만큼 건축에서도 특정 공간에서 다루고 있는 건축 요소에 대한 계획과 디자인Architectural Planning and Design의 배경과 원리를 이해하고 상황에 맞게 적용하는 것이 중요하다.

공간을 구성하고 있는 건축 요소에 대한 설명은 여기저기 이해하기 어려운 말로 온·오프라인 상에 중구난방으로 흩뿌려져 있고, 인체 치수와 축척에 대해 다룬 도서는 있지만 해당 내용에 대한 발생 배경과 건축적 해석을 이해하기 쉽게 설명한 도서는 전무하다. 그나마 공간 규모에 집중한 해외 도서는 그 인체 치수와 축척 자체가 한국인과 차이가 있으며 특히 미국 도서는 인치-피트Inch-Foot 단위로 되어있어 즉각적인 활용이 어렵다. 번역서가 가장 많은 일본 도서 역시 그들의 생활 방식과 지리적, 문화적 특성이 반영되어 공감하기 어려운 점이 많다.

그래서 학습을 통한 간접적인 지식과 여러 실무 용역을 진행하며 얻은 직접적인 경험을 토대로 공간과 건축 요소별로 그 용도와 배경을 설명하고, 공간 안에서 그들의 관계를 배치와 치수를 통해 직설적으로 풀어내어 시각화하고 싶었다.

소개

누구를 위한, 무엇을 위한

건축 요소

건축물의 용도와 기준 치수

누구를 위한, 무엇을 위한

대부분의 건축가는 직 · 간접적인 학습과 경험을 통해 이 책에 기술된 대부분의 필요할 때 부지불식간 머릿속에서 꺼내 쓰고 있을 것이다. 또 어떤 건축가들은 이런 보편타당한 설명이 불필요하다거나 역사에 대해 이야기 하고 법규에 대해 풀어서 설명하며, 배치와 치수를 정리하는 것 자체가 건축 공간 형성과 사용자의 경험적 측면에서 다채로움을 주지 못하는 경직된 행위로 생각할 수도 있다.

하지만 이 책은 본인만의 새로운 공간적 경험을 창조할 수 있는 경력이 충분한 건축가들을 위한 것이 아니다. 외려 건축에 대해 가벼운 교양을 쌓고 싶은 사람이나 언젠가 내 집을 짓고 싶은 건축주 또는 건축주 직영공사 즉, 셀프 인테리어[1]에 관심이 많은 신혼 부부나, 건축 계획과 설계를 이해하려고 고군분투하고 있는 건축학과 학생들부터 졸업 후 막 건축 실무를 시작하는 새싹 건축가들에게 도움이 될 것이다.

1 한국에서 말하는 셀프 인테리어는 직접 공사를 하는 개념보다 간단한 도면과 참고 사진으로 원하는 분위기를 찾은 후, 공종별 업체들을 찾아 개별적으로 연락, 상담하며 일정과 금액을 조율해 시공하게 하는 건축주 대변인Owner's Representative + 사업 관리자Project Manager에 가깝다. 필요에 따라 공사 감독Construction Supervisor를 고용하기도 한다.

건축 요소Architectural Elements

이 책에서 말하는 건축 요소Architectural Elements는 여러 건축가들이나 이론가들이 말하는 '건축 원리를 설명하기 위한 근원적 요소[2]'를 말하는 것이 아니다. 공간적으로는 실내 공간에 집중되어 있으며 건축 요소의 구분은 형이상학적Metaphysics이라기 보다는 현재 대한민국 설계 · 시공 분야에서 공종별Division of Construction로 등장하는 항목에 대한 물리적 설명에 가깝다.

건축 자재나 시공 요소로 지칭하지 않은 것은 그 항목들을 어떻게 시공하는지에 대한 설명[3]이 아니라 건축적 근원과 효과에 대한 이해를 돕기 위한 설명이기 때문이다.

건축 요소 설명은 공간 구성의 근원을 알려주는 배경과 함께 그 요소와 연관된 한국 법규에 대한 해석과 자재 및 시공 방식에 따른 차이를 설명하였다.

2 예를 들면 로마시대 건축가 비트루비우스Vitruvius가 [건축 십서De Architectura 즉, On architecture - Ten Books on Architecture]에서 말한 "기능, 구조, 미Utilitas, Firmitas and Venustas 즉, Utility, Strength and Beauty"와 같은 요소

3 일반적으로 건축 · 시공 분야에서 건축 시방서Architectural Specification, 공사 시방서Construction Specification로 부른다.

건축물의 용도와 기준 치수

건축물은 다양한 용도를 가지고 있다. 그리고 그 용도에 따라 설계의 목표와 방향이 달라진다. 여기서 주로 다루고자 하는 공간은 특정 대상을 기리기 위해 상징성을 담아야 하는 기념관이나, 다중이용건축물 중 박물관 · 미술관 · 공연장 · 체육관 등과 같이 주 용도를 위한 공간과 부속 공간이 일반적인 인체 치수와 축척을 넘어서는 특이한Uncommon 공간이 아니다.

건축물의 여러 용도Occupancy Classification 중 주택과 근린생활시설을 대상으로 삼은 것은 먼저 우리가 일상 생활 중 가장 쉽게 접근할 수 있는 용도 건물이며, 또한 다른 용도 건물과 비교했을 때 주택과 근린생활시설계획은 이용자와 그들의 특정한 행위에 더 집중하는 경향이 있어서 인체 치수와 축척에 더 민감하기 때문이다. 이 책에 나오는 삽도Illustrations와 치수들은 일상적인 건축 공간 안에서 일반적이고 보편적인 상황을 보여주는 것이며 특정 사람의 성격과 성향에 맞추어 완벽하게 재단Customize한 독특하고 새로운 공간이 아니다. 오히려 정답이 없는 분야에서 기준Standard을 제시하여 몸에 맞지 않는 오답을 제거하기 위함에 가깝다.

이를 통해 누구든지 이 책에서 제시하고 있는 인체 치수와 축척 범위를 벗어나 이용자의 성향과 목적을 고려하여 배치와 치수들을 융통성 있게 판단하여 변경할 수 있도록 하였다.

아무쪼록 건축가가 아닌 비전문가나, 아직은 설계 실무 경험과 시공 현장 경험이 없는 건축학과 학생들, 건축에서 사용하는 치수와 축척에 익숙하지 않은 자라나는 건축 실무자Junior Architects들은 여러 건축 요소들의 배경과 원리, 관련 법규를 이해하고 배치와 치수를 참고하여 계획할 수 있길 바란다.

1

책의 이해

책 보는 방법

이 책은 주택과 근린생활시설을 구성하는 각 실과 그 안의 건축 요소를 다룬다.

각 실은 하나의 장Chapter으로 구분하였다. 각 장은 ① 해당 공간에 포함되어 있는 건축 요소의 해설, ② 한국 아파트에서 흔히 볼 수 있는 전형 공간Archetype Space을 3차원적으로 표현한 삽도, ③ 같은 공간을 인테리어적으로 변경한 [인테리어 변형Interior-transformed]을 보여주는 삽도를 함께 실었다. ④ 특히 이 [인테리어 변형]에서 다룬 삽도를 통해 인체 치수와 축척에 근거한 공간의 치수를 소개함으로써 독자가 공간감과 축척을 쉽게 파악할 수 있도록 하였다. 마지막으로, ⑤ 인테리어 변화로는 실현할 수 없는 공간의 규모나 배치의 변화를 담은 [건축 변형Architecturally Transformed]도 제안하였다.

1
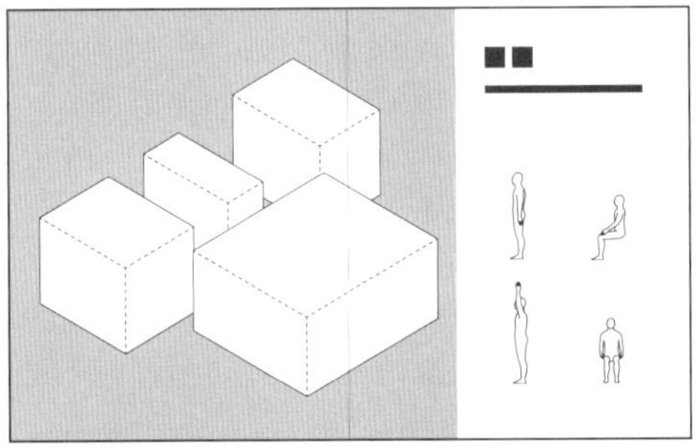

2
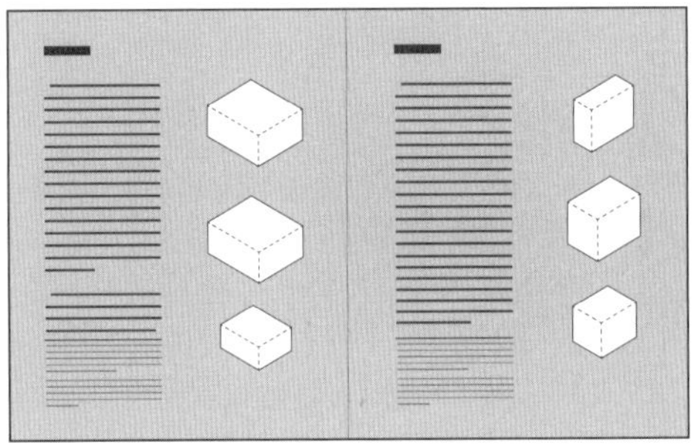

3
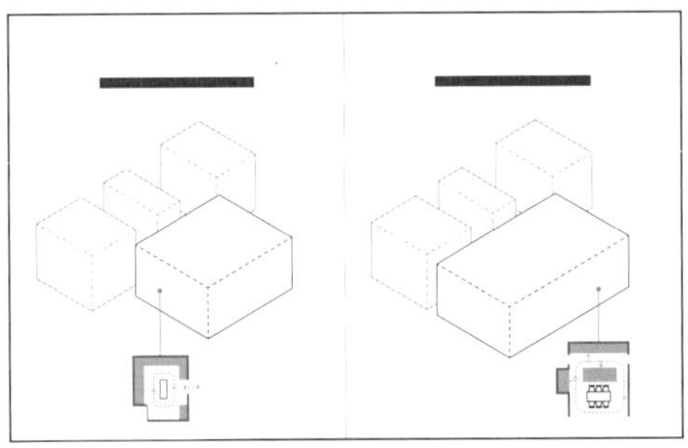

4
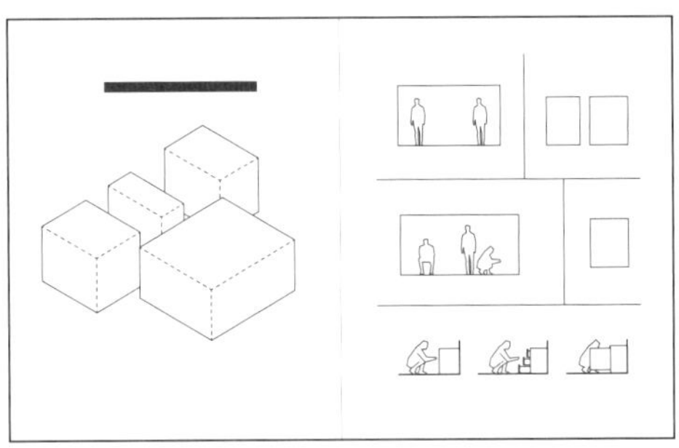

하나의 장Chapter 구성

1. 전형Prototype 공간 삽도 및
   인체 치수 치수 표기
2. 해당 장에 포함되어 있는 건축 요소의 해설
3. 전형 공간과 인테리어 변형 공간 비교
4. 인테리어 · 건축 변형 삽도와 치수 해설

치수 · 축척Dimensions · Scale

과거와 현재 사람들의 체형과 체격이 다르듯 동양과 서양 사람들도 크게 다르고 동양 사람들 중 한국 사람은 또 다르다. 우리 몸은 생각보다 민감해서 작은 공간 변화에 갑자기 어색함이나 불편함을 느끼기도 한다. 한국에서 한국 사람들을 대상으로 설계하여 지어진 건물들은 오랜시간에 걸쳐 조정 · 적응되어 부지불식간 현재 한국인의 인체 치수와 축척에 맞추어져 있을 것이다. 공신력 있는 객관적인 인체 치수를 근거로 사용하기 위해 이 책에서는 대한민국 산업통상자원부 국가기술표준원이 사이즈코리아를 통해 발표하는 8차[1] 인체치수조사에서 고령자를 제외한 성인 남녀(20세 - 69세)와 아동 · 청소년 중 초등학생 남녀(8세 - 13세)[2]의 [인체 치수와 축척]을 사용하였다. 동시에 각 용도 공간에서 사용하는 가구나 제품 등에 따른 고정 행동 양식을 반영하는 사물 치수와 축척의 근거로는 현재 한국에서 생산 · 판매 · 소비되는 [가구와 제품 등의 최대 · 최소 치수]를 사용하였다.

이 중 인테리어 변형Interior-transformed을 통해 설명하고자 하는 치수는 사용자가 특정 공간을 이용하고 가구나 제품을 사용하는데 있어 거동이 불편하다고 느끼거나 행동 효율이 떨어지지 않는 최소 치수이다. 어디까지나 평균에 근거한 전형적인 공간과 치수이므로 여러 제약조건과 공간 특성 및 사용자 범주에 따라 융통성 있는 설계가 필요하다. 건축주의 특별한 요구가 없다는 가정하에 평균에 근거한 전형 치수를 활용한다면 보편성을 가지는 안전한 계획을 할 수 있다.

건축 변형Architecturally Transformed과 그 치수는 낭비가 없는 선에서 더 나은 공간적 여유와 경험을 누릴 수 있는 건축 요소이자 규모다. 건축 변형에서 제안한 공간과 치수 이상은 산술적으로 커지는 공간에 정비례하여 사용성과 쾌적함을 보장하지 않는다고 판단했으며 치밀하게 계획하지 않으면 자칫 자본과 공간의 낭비가 될 수도 있다.

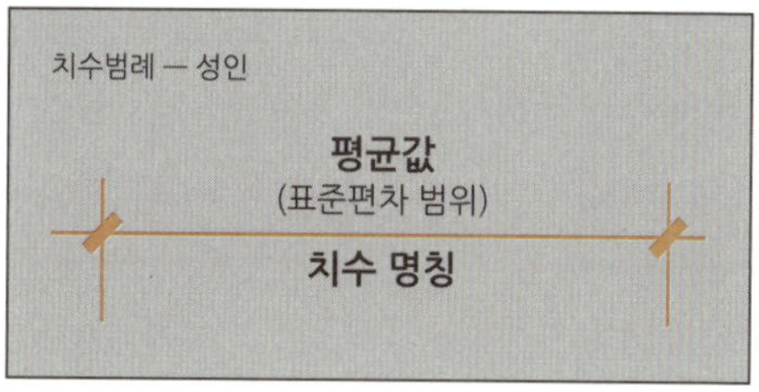

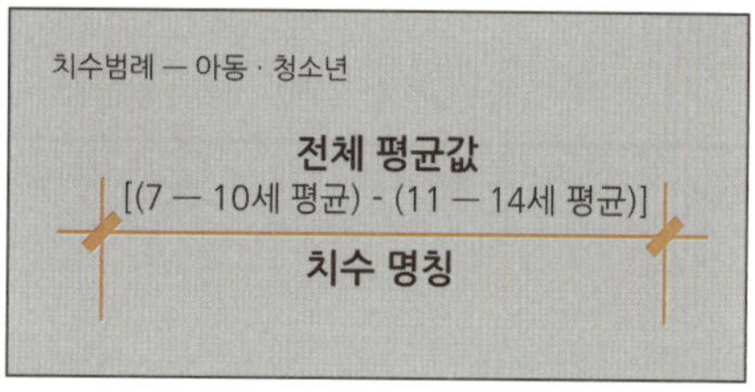

---

1 2020 - 2023년 조사, 발표

2 사이즈코리아에서는 2021년부터 2023년까지 아동 · 청소년: 7세 - 19세, 청년 · 장년: 20세 - 69세, 고령자: 70세 - 84세로 분류하여 3개년에 걸쳐 자료를 발표하였다.

치수 · 축척 — 성인 남성

서 있는 자세

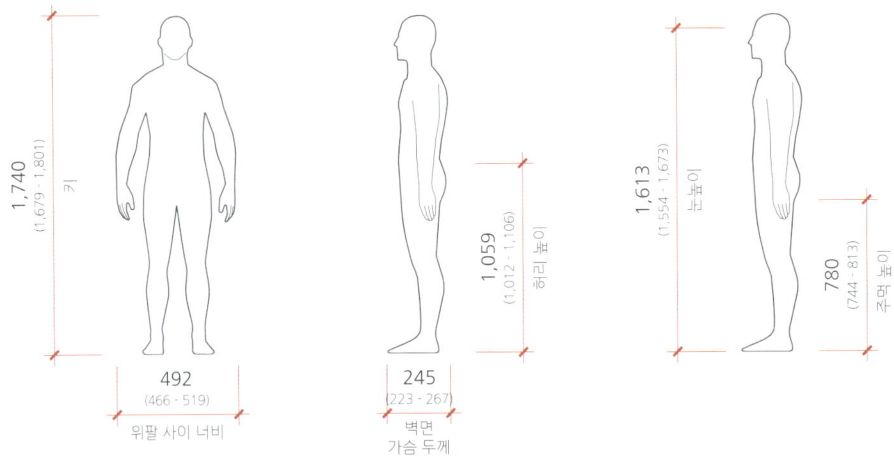

팔 굽힌 자세

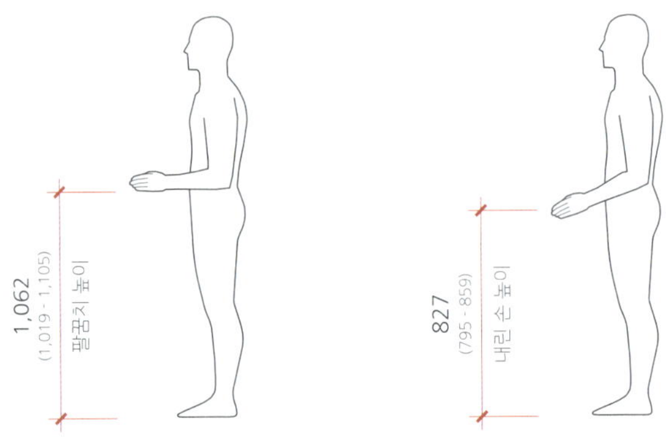

팔 앞으로 뻗은 자세

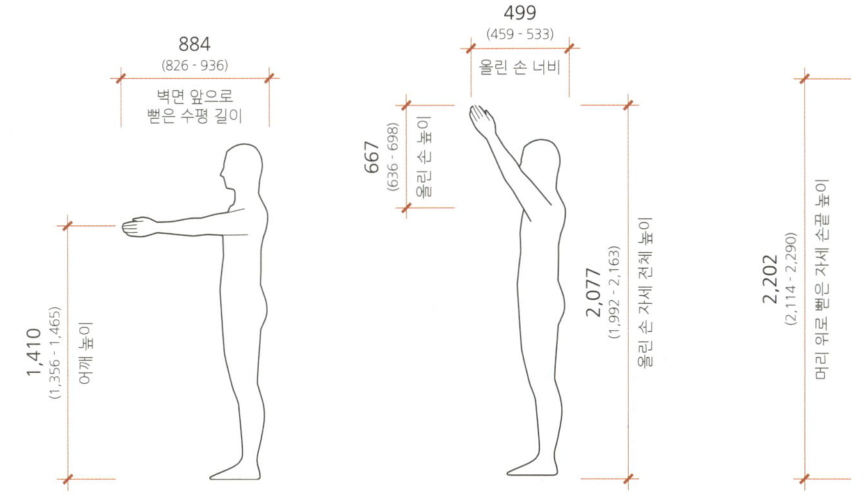

양팔 접어 벌린 자세

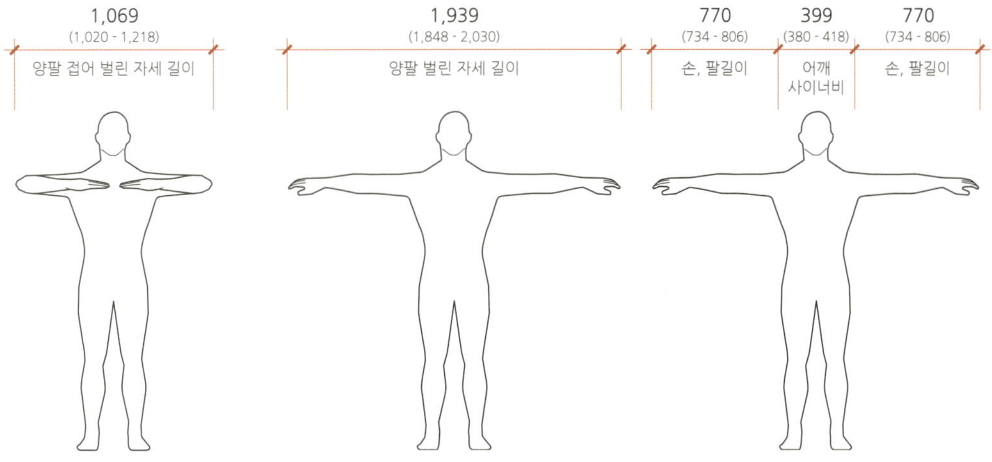

앉은 자세

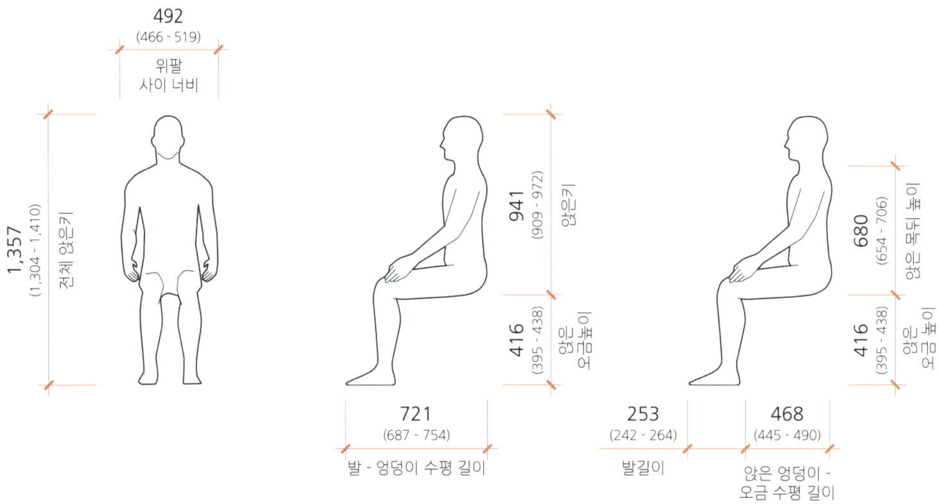

앉아서 팔 굽힌 자세

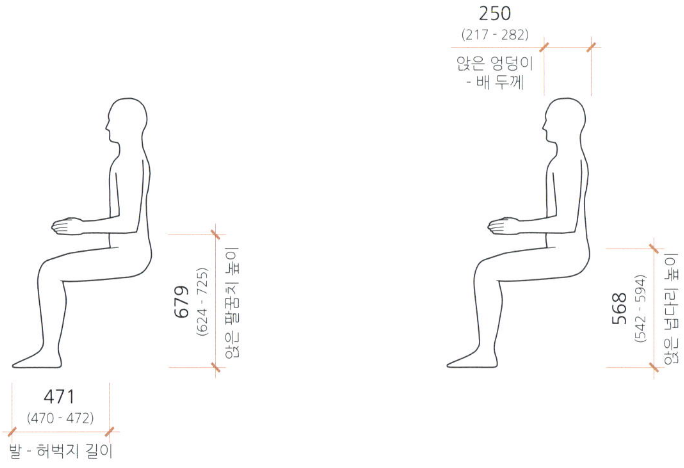

발 뻗어 앉은 자세

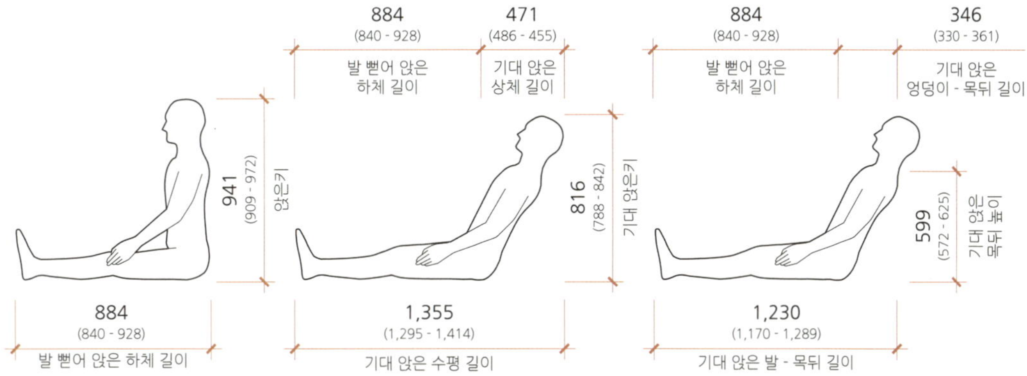

머리 · 손 · 발 치수

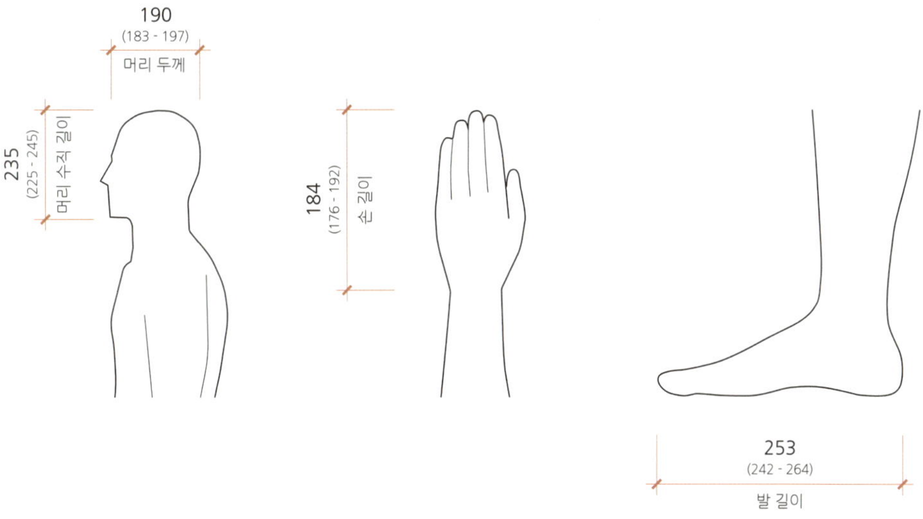

치수 · 축척 — 성인 여성

서 있는 자세

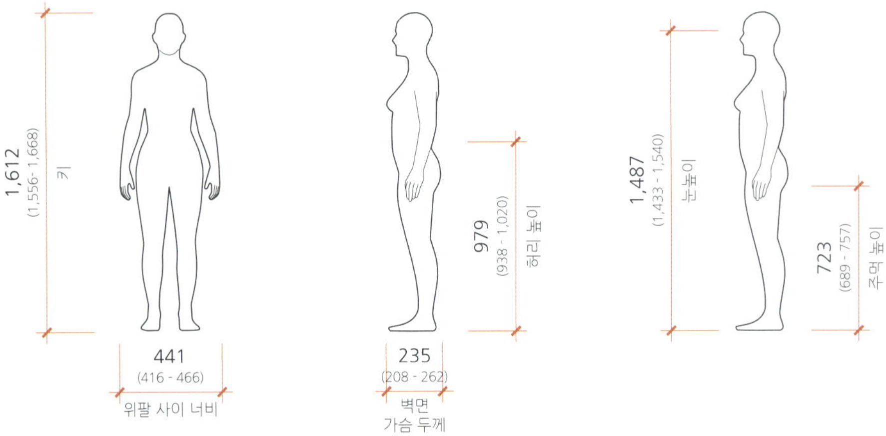

팔 굽힌 자세

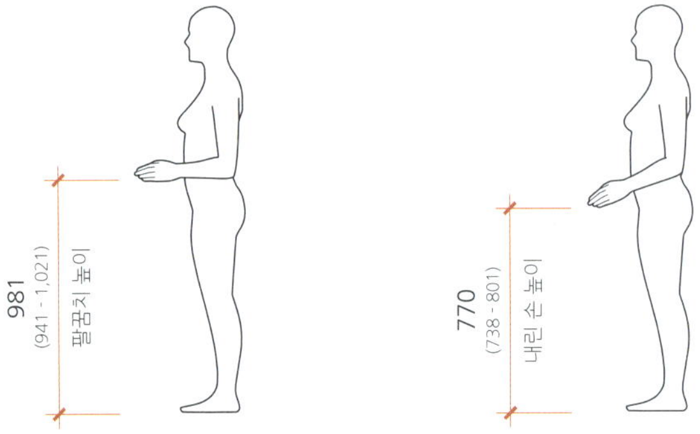

팔 앞으로 뻗은 자세

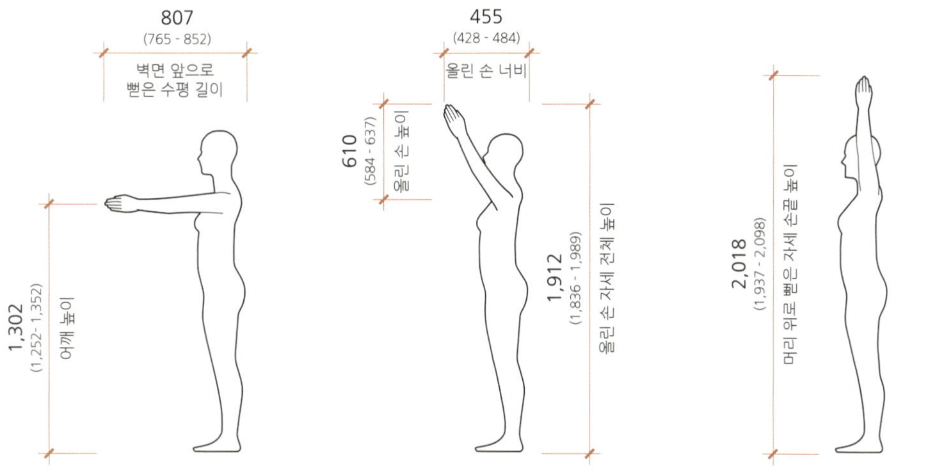

양팔 접어 벌린 자세

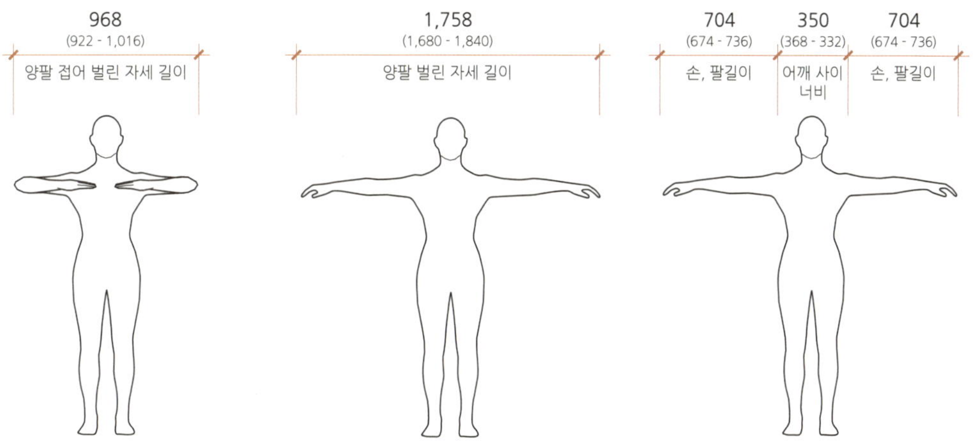

앉은 자세

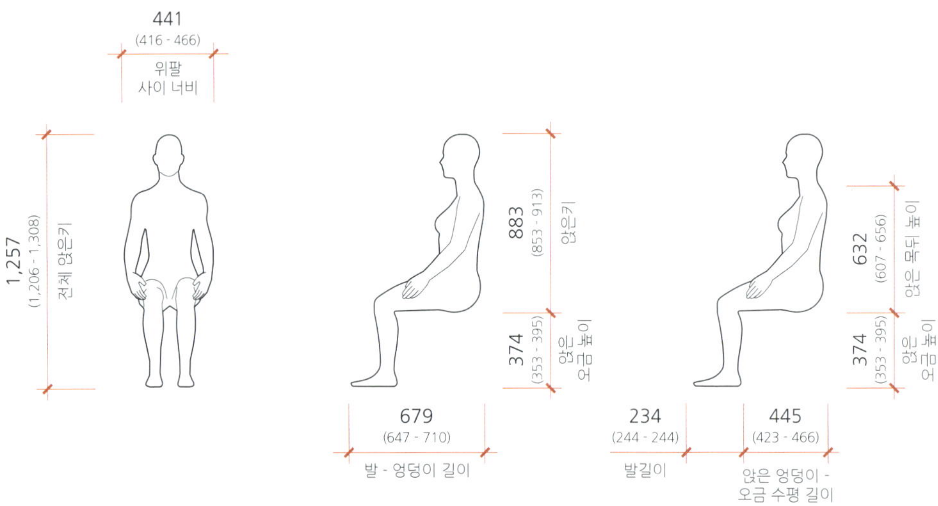

앉아서 팔 굽힌 자세

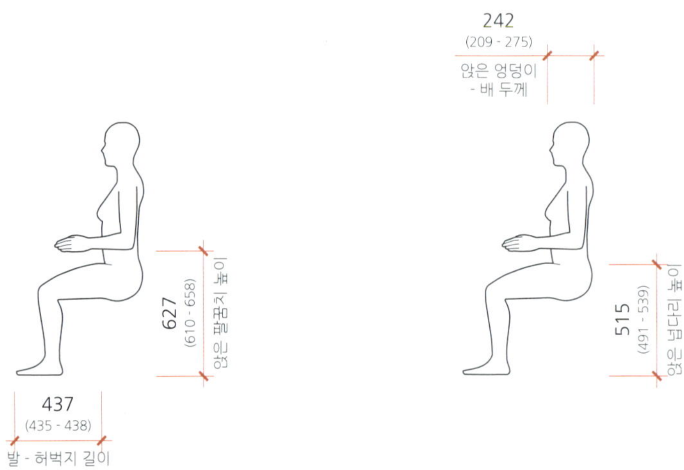

발 뻗어 앉은 자세

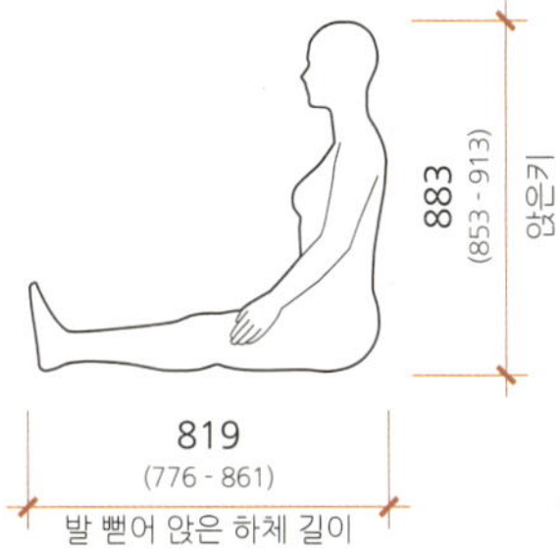

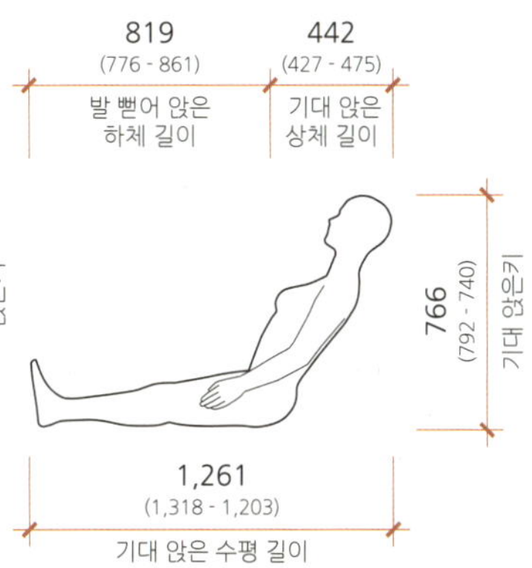

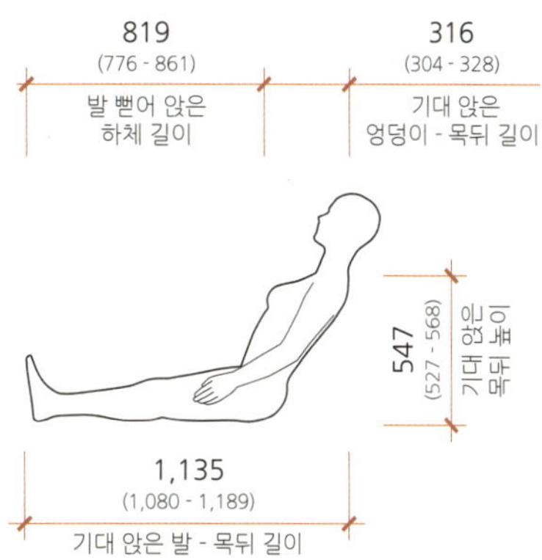

머리 · 손 · 발 치수

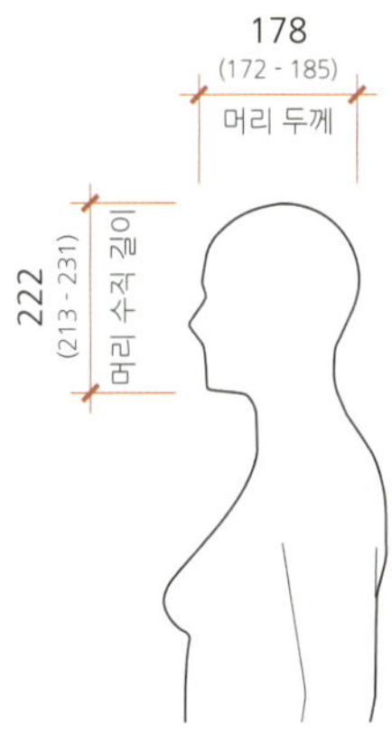

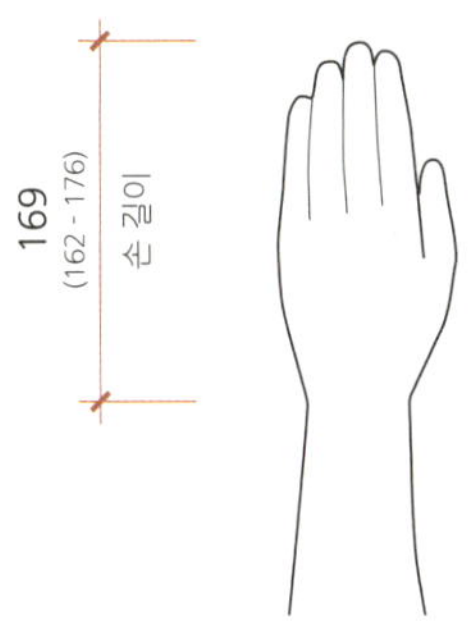

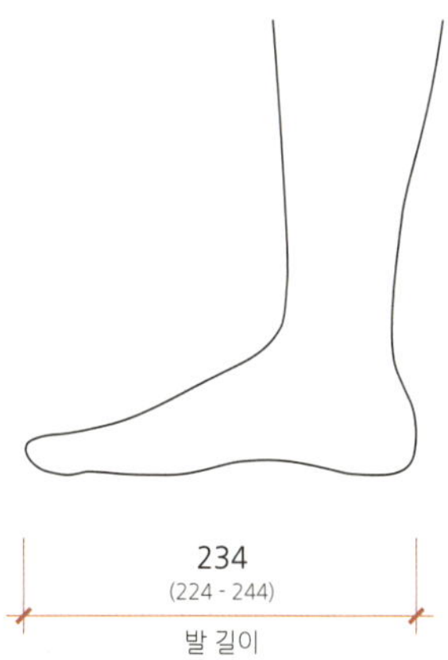

치수 · 축척 — 아동 · 청소년 남성

서 있는 자세

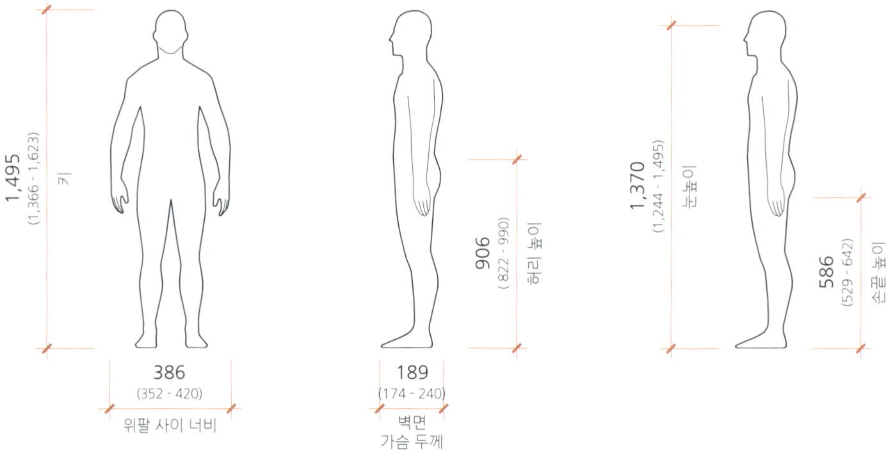

팔 굽힌 자세

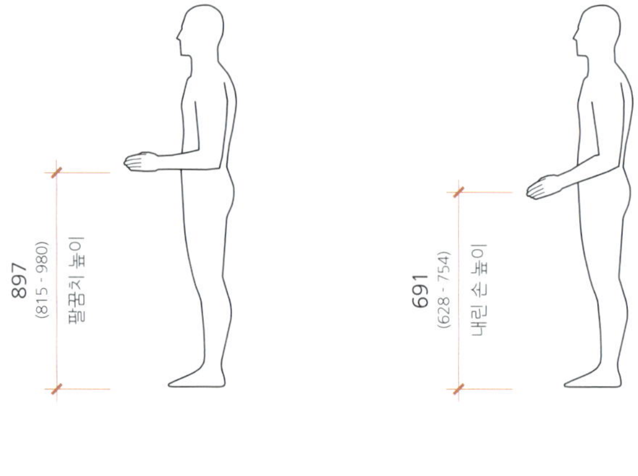

팔 앞으로 뻗은 자세

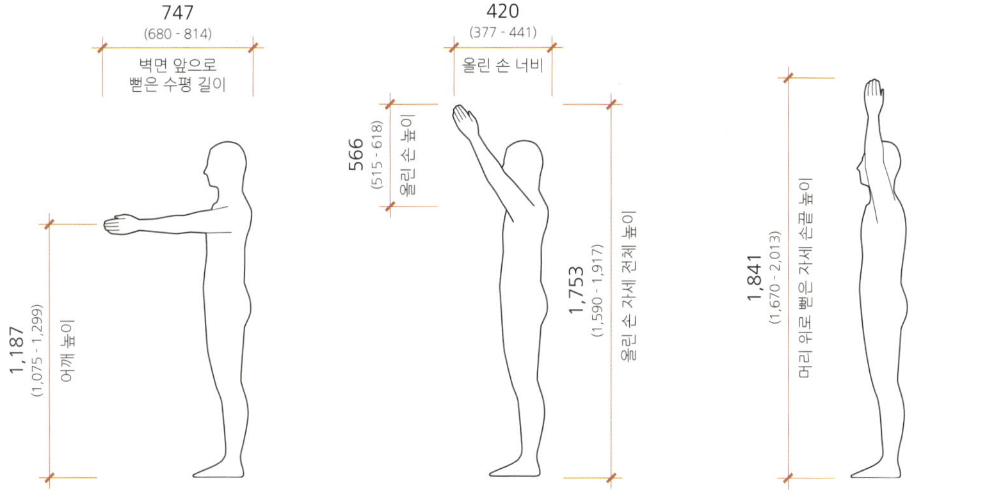

양팔 접어 벌린 자세

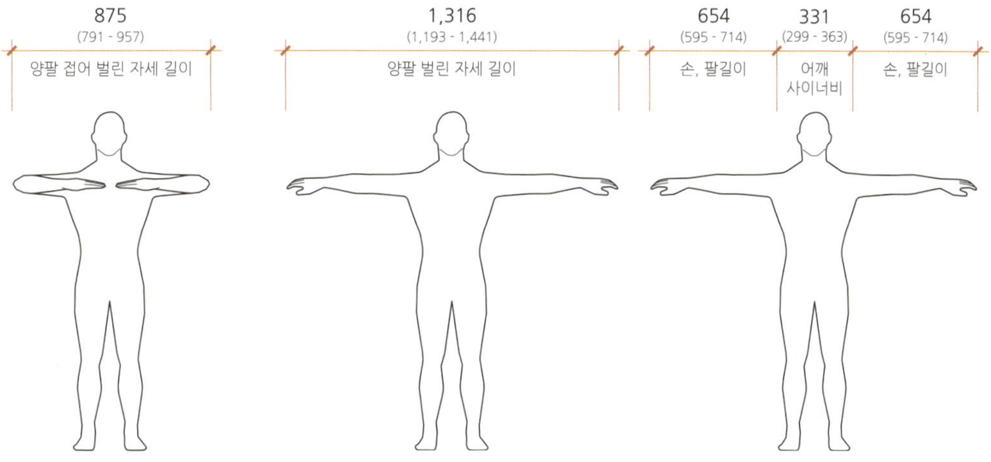

앉은 자세

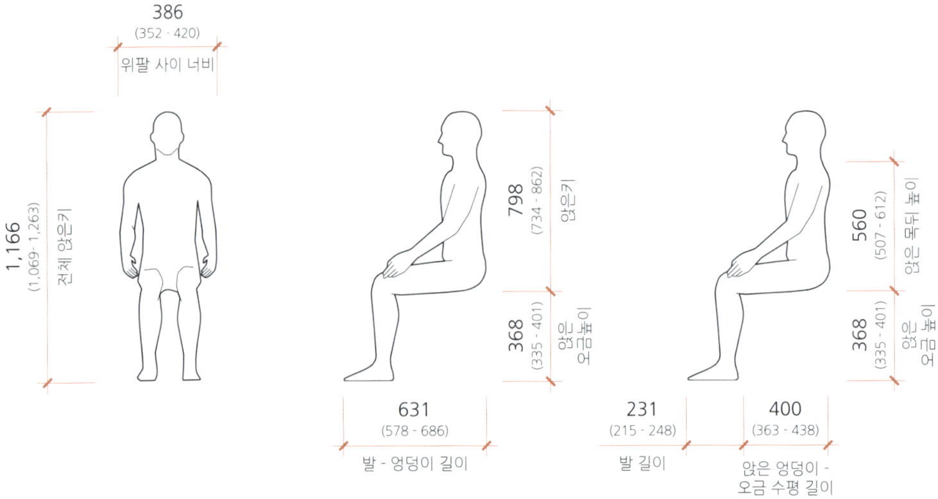

앉은 팔 굽힌 자세

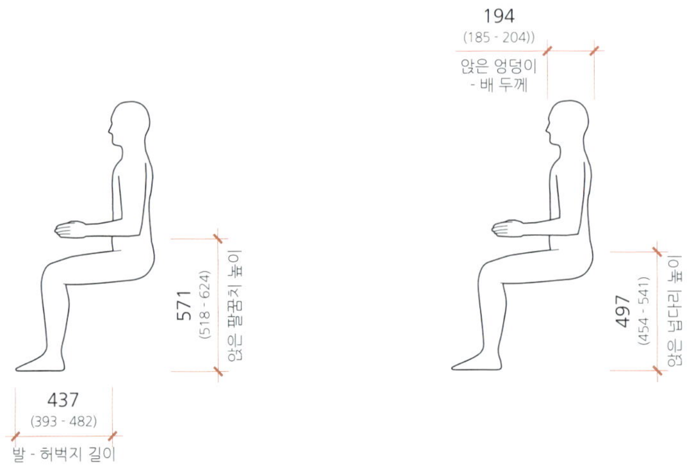

발 뻗어 앉은 자세

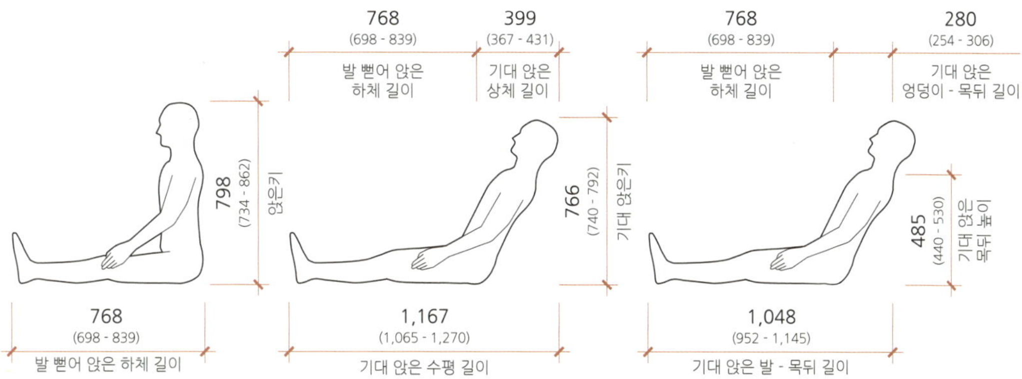

머리 · 손 · 발 치수

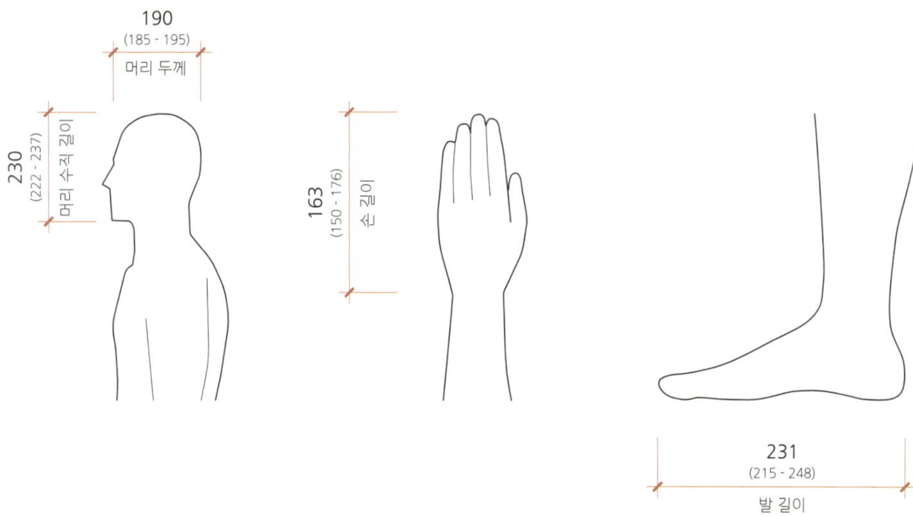

치수 · 축척 — 아동 · 청소년 여성

서 있는 자세

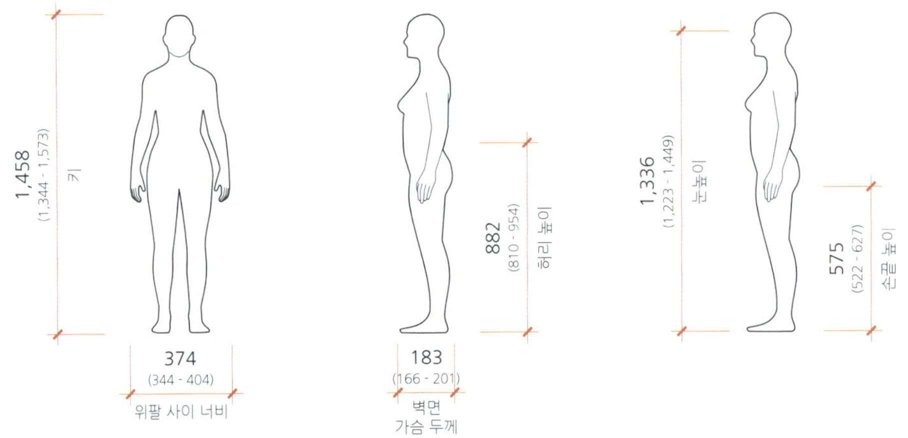

팔 굽힌 자세

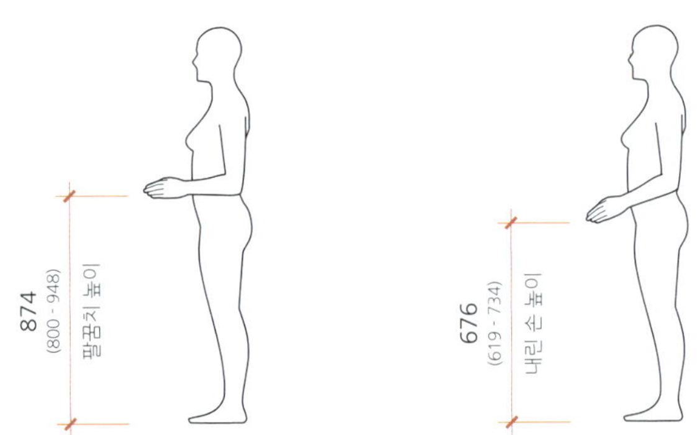

팔 앞으로 뻗은 자세

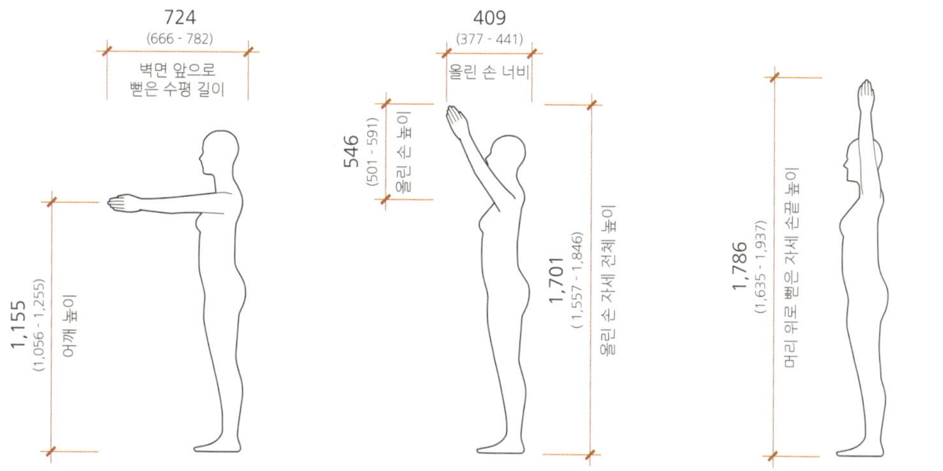

양팔 접어 벌린 자세

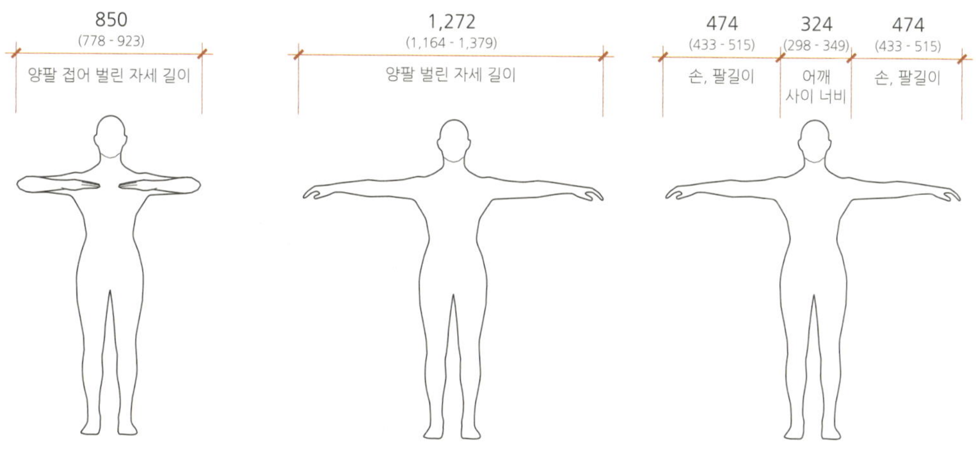

앉은 자세

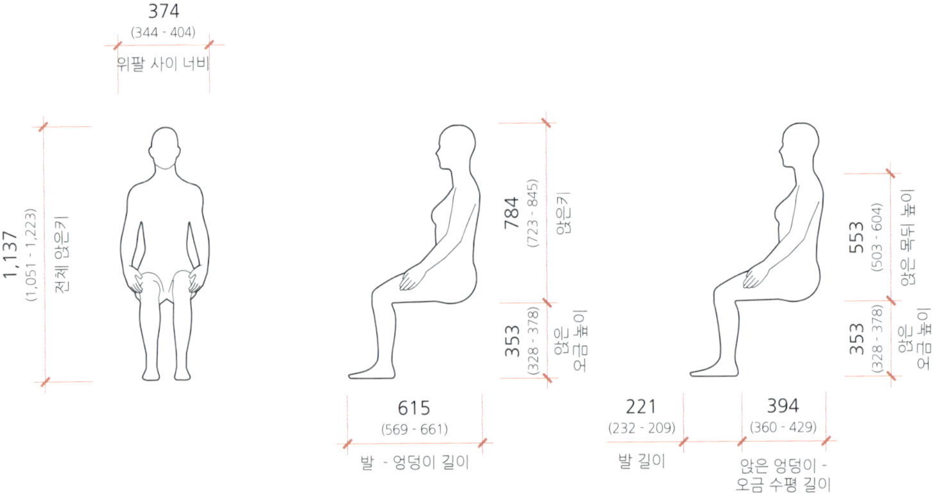

앉아서 팔 굽힌 자세

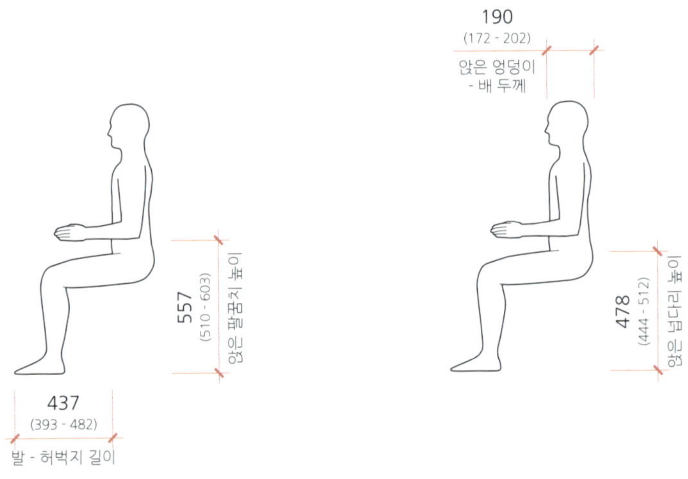

발 뻗어 앉은 자세

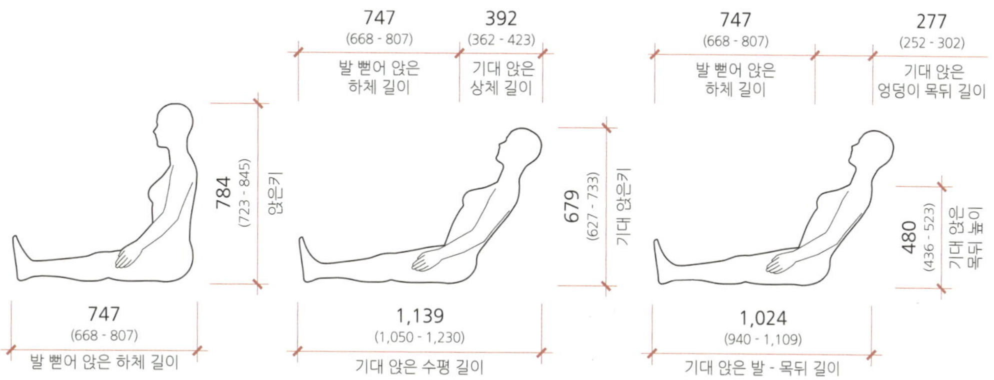

머리 · 손 · 발 치수

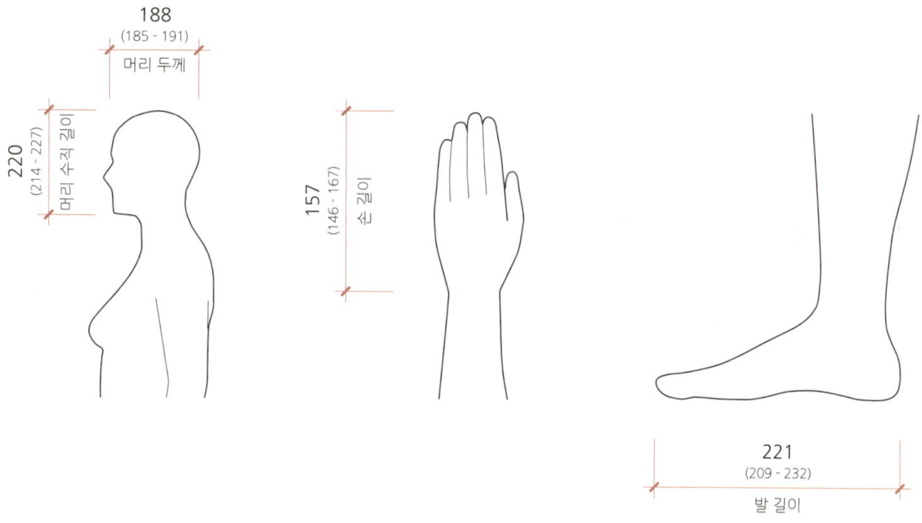

길이 모듈Module in Length

일반적으로 건축에서 말하는 모듈[3]은 공간의 면적 단위를 정하고 그것을 이용해서 계획할 때 사용하는 개념이지만, 여기에서는 '길이' 모듈을 통해 설계와 시공에서 사용하는 재료 단위와 그에 따른 공간 치수에 대해 말하고자 한다.

건축과 인테리어에서 사용하는 치수를 살펴보면 흔히 우리가 숫자를 다룰 때 익숙한 2의 배수나 5의 배수로 길이 모듈을 사용하지 않고 주로 3의 배수 모듈을 사용하는 것을 알 수 있다. 과거 동서양의 도량형 모두 사람의 손가락 마디 길이나 팔과 발의 길이, 보폭 등으로 그 치수의 기준을 정했는데 그 수치들을 현재 사용하고 있는 미터법으로 변환했을 때 결과적으로 3의 배수에 가까웠다.[4]

한국을 포함해 미터법을 사용하고 있는 여러 국가에서도 수치의 표기만 더 많은 자릿수Digits 사용으로 정교하게 되었을 뿐 시간이 흘러도 집을 짓는 방식과 그에 따른 치수와 축척이 인간을 중심으로 한다는 사실에는 변함이 없다.

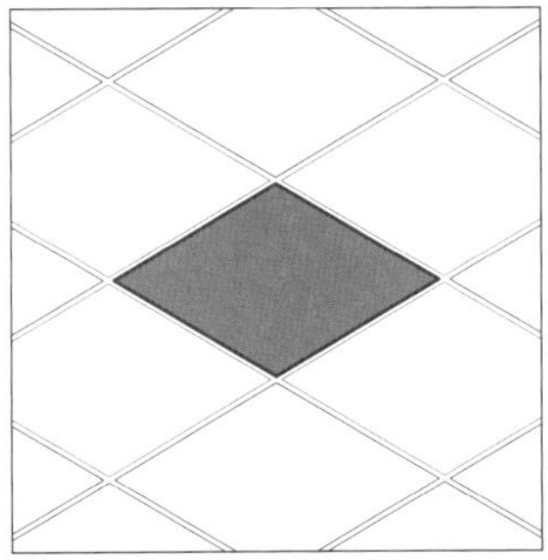
타일

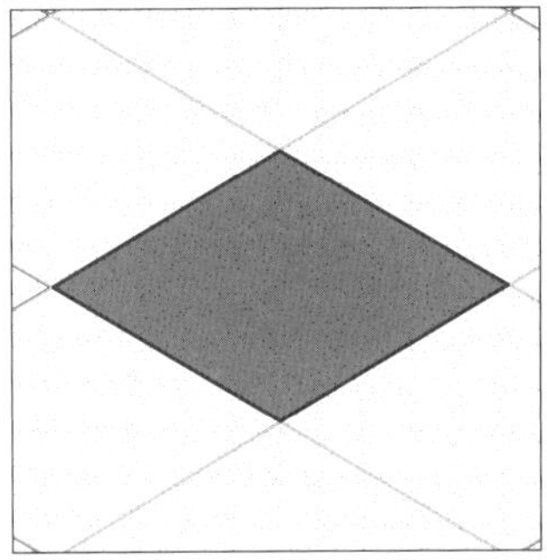
대리석

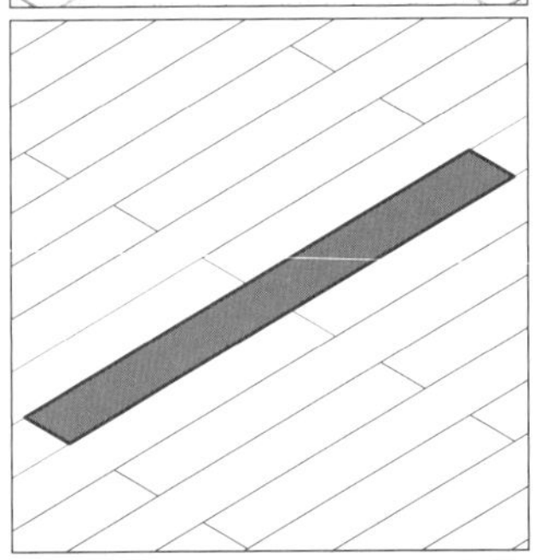
강마루

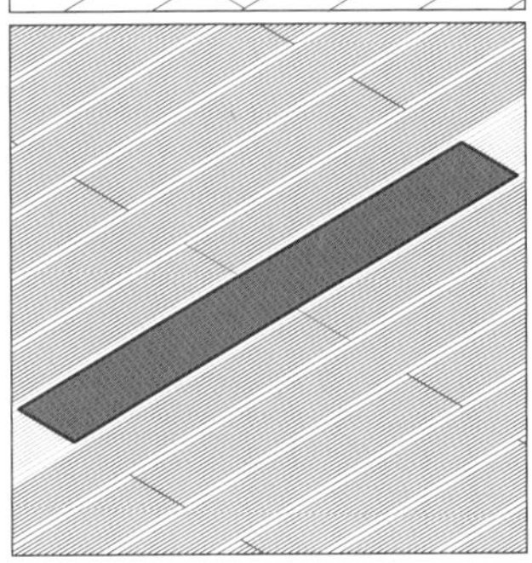
데크목

3 건축물을 설계, 시공할 때 기준으로 사용하는 치수

4 중국의 척근법尺斤法
: 1분分=3mm, 1촌寸=10분=30.3mm, 1척尺=10촌=100분=303mm, 1간間=6척=60촌=600분=1,818mm
영국의 제국단위법Imperial System of Units
: 1인치Inch=25.4mm, 1피트Foot=12인치=304.8mm, 1야드Yard=3피트=914.4mm,
제국단위법은 미국으로 넘어가서 미국은 현재도 제국단위법을 사용하고 있지만 영국은 현재 오히려 다른 유럽 국가들과 마찬가지로 미터법을 사용하고 있다.

이에 과거부터 이어져온 치수와 공간이 현재에도 미터법을 기준으로 3의 배수로 조성되고 있고, 현재 생산 · 유통되는 건축 자재 또한 조성한 공간에 맞게 시공해야 하기에 그 길이나 너비의 단위가 대체로 3의 배수인 모듈을 그대로 따르고 있다.

자유롭게 재단할 수 있는 장판이나 도배지 등을 제외하고 모든 건축 자재는 보관 · 이동 · 시공성을 고려한 크기로 제작한다. 타일 길이나 너비는 300 · 600 · 1,200mm, 대리석 길이나 너비는 600 · 900 · 1,200mm, 강마루의 너비는 90 · 120 · 150mm, 데크목[5]의 너비는 120 · 150mm 등으로 규격화한다는 말이다. 이제는 공간 치수와 자재 치수가 서로를 규정하는 상황이 된 것이다. 따라서 공간을 구성하는 치수가 해당 자재 길이나 너비의 배수로 이루어져야 제품을 자르지 않고 온전한 한 장으로 시공할 수 있게 된 것이다. 150mm 이하 즉, 90mm나 120mm로 나오는 제품도 70mm나 80mm가 아닌 3의 배수를 따르는 것이 유리한 이유는 해당 치수가 여러 장을 이어서 시공했을 때 3의 배수로 이루어진 큰 공간을 낭비없이 깔끔하게 채울 수 있는 공약수가 되기 때문이다.

5 다양한 회사에서 다양한 제품을 생산하는 만큼 모든 건축 자재 치수가 3의 배수로 제작되는 것은 아니다. 천연 데크목의 경우 너비가 90, 105mm 단위로 생산이 되기도 한다.

예를 들면 복도의 유효너비를 1,150mm로 조성 하는 것과 1,200mm로 조성하는 것은 공간감과 사용성에 큰 차이가 없을지라도 1,200mm로 계획하고 시공하는 것이 규격화된 마감재를 덮었을 때 시공도 빠르고 자재 낭비가 적으며 완성했을 때에도 더 단정하고 매끈한 공간이 된다.

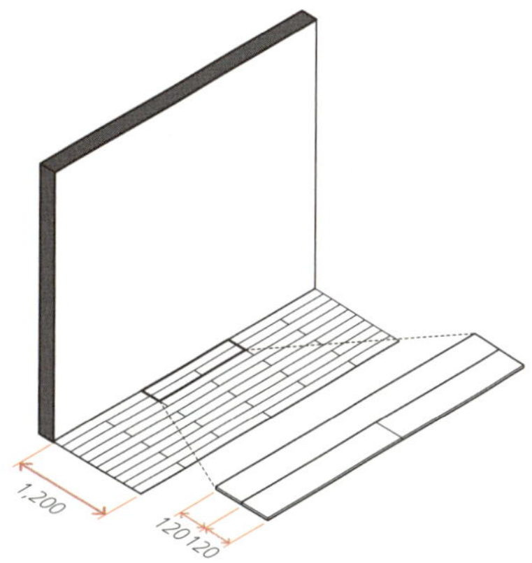

재료와 설계의 치수가 공약수일 때

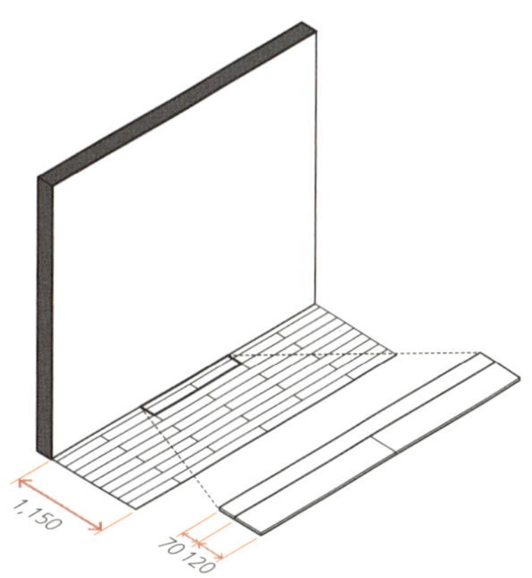

재료와 설계의 치수가 공약수가 아닐 때

2
공간설명

공통사항
GENERAL ITEMS

창 높이

커튼박스

블라인드 · 쉐이드

걸레받이

천장몰딩

공기조화 시스템

조명

수납장

콘센트와 스위치

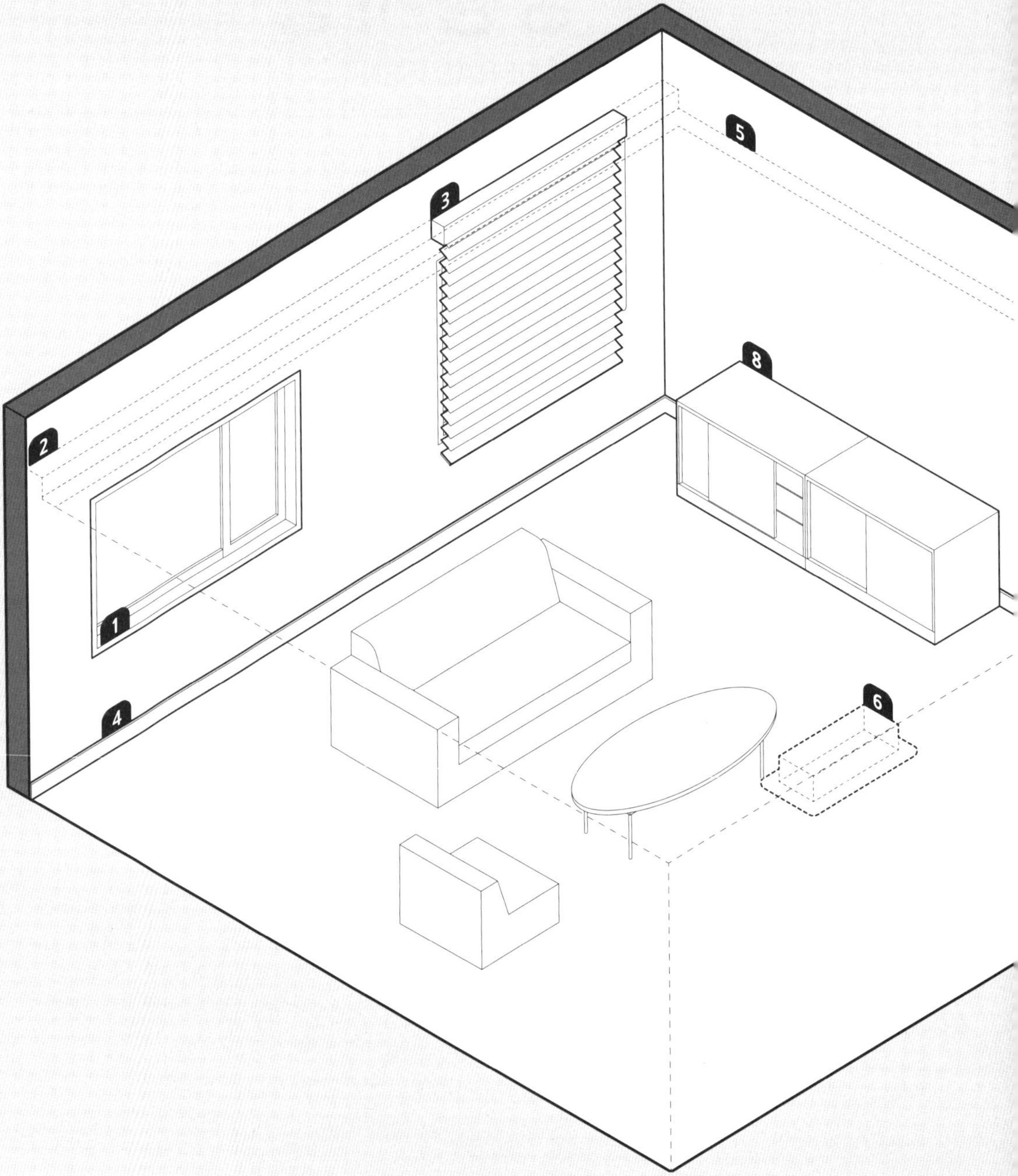

1
2
3
4
5
6
8

공통사항

GENERAL ITEMS

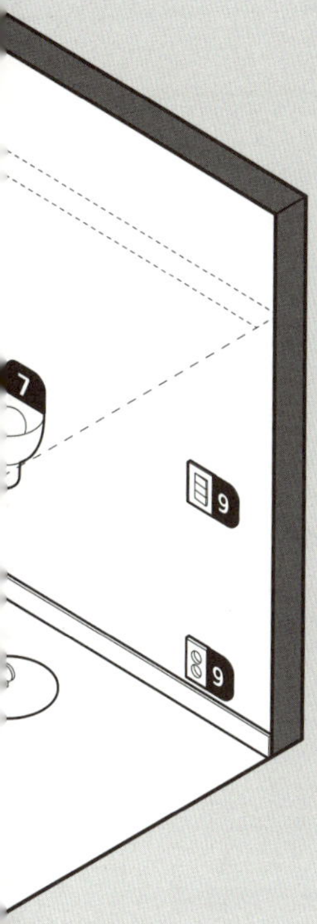

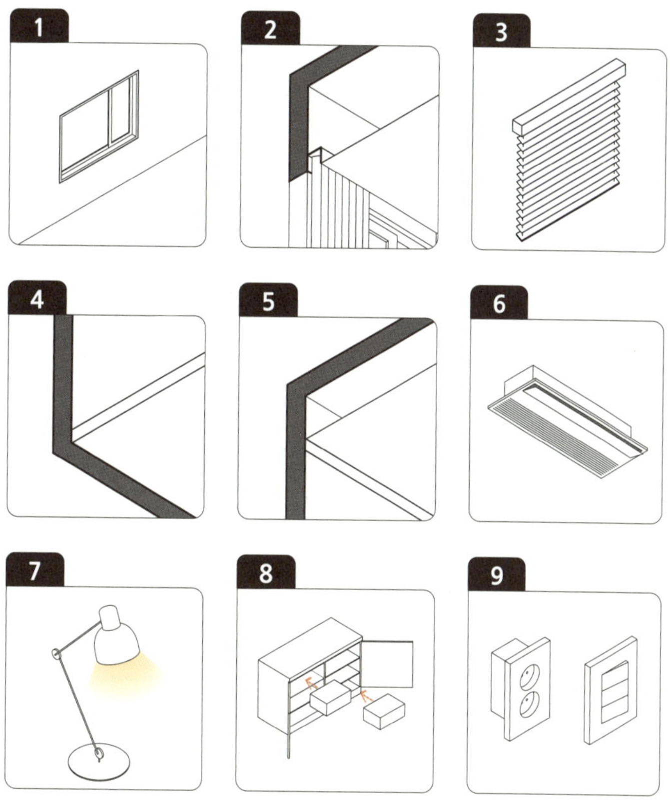

1. 창 높이

건축적으로 창은 문[1]과 함께 내부와 외부공간을 시지각적으로 연결하는 통로이며 내부와 외부에서 모두 노출되어 전체 건축물 디자인에 영향을 미친다. 기능적으로는 채광, 통풍, 조망 및 붙박이 가구로써 편의성을 담당한다.

문은 사람의 출입을 담당하므로 항상 바닥에 붙여 있지만 창은 그렇지 않다. 따라서 건축가는 위와 같은 여러가지 요인을 종합적으로 분석하여 창의 위치와 크기를 결정하는데 실내 디자인 측면에서 편의성은 창의 하부틀과 창대Sill의 높이 및 깊이와 연관이 있다.

창 아래 높이를 결정하는 창대Sill와 너비를 결정하는 문설주Side Jamb 외에도 상단의 높이를 결정하는 인방Lintel의 높이 또한 공간의 성격과 연출 의도에 따라 자유롭게 설계가 가능하지만, 일반적으로는 천장이나 커튼박스 하단까지 높여서 채광, 통풍, 조망을 극대화한다.

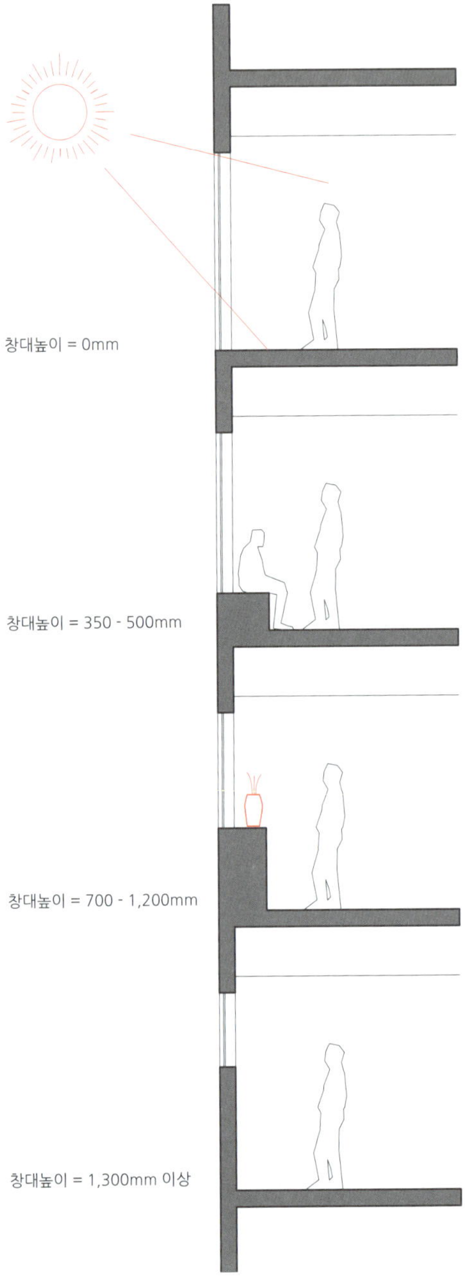

1 창과 문을 합쳐서 창호窓戶라 부른다. 사실 창문窓門 또한 창과 문이 모두 포함된 단어지만 창을 창문으로도 부르기 때문에 구분하기 위해 지게문을 칭하는 戶를 사용한 것으로 보인다. 자주 사용되지 않지만 같은 표현으로 건구建具가 있다.

창대 높이: 0mm

창을 바닥 슬래브Slab가 지지하는 경우로 소위 우리가 말하는 전창Full Height Window의 개념이다. 이 경우 창의 하단은 바닥재와 만나게 되며 넓은 공간감과 개방감을 준다. 전창의 넓은 시야를 누리기 위해서는 넓은 공간이 필요하므로 주로 거실에 적용한다.

창대 높이: 350 - 500mm

창대가 실내 벤치 기능을 하게 되는 높이로 이 경우 깊이 또한 그 역할에 걸맞게 300mm 이상이 권장된다. 깊이가 부족한 경우 긴 의자Bench로써의 기능보다 장식 선반처럼 책이나 소품 등을 진열Display하는 역할이 더 강해진다. 거실에 개방감을 주면서 창대를 통한 기능을 추가하기 위해 사용하거나 침실에 침대를 두지 않거나 매트리스만 두고 생활하는 경우 적용하기도 한다.

창대 높이: 700 - 1,200mm

앉거나 누워 있을 때 외부에서 내부에 있는 사람 몸은 볼 수 없지만 안에서는 밖을 볼 수는 있는 높이로 일반적으로 가장 많이 사용하는 창대 높이다. 침실이나 서재 등에 고루 사용하며 창 앞에 서 있는 경우 팔꿈치를 괴고 몸을 기대어 서 있기 편한 높이기도 하다. 따라서 이 경우 창대의 깊이는 곧 선반으로 활용 가능하며 서재의 경우 사무실처럼 물건을 올려두고 적극적으로 활용 하거나 침실에서는 협탁Bedside Tables, 침대 벤치 등의 이동식 가구와 함께 분위기를 조성할 수도 있다.

창대 높이: 1,300mm 이상

1,300mm 이상의 창대 높이에서 조망 기능은 크지 않다. 단열재를 포함한 벽체와 창의 깊이를 감안하면 여성은 가까이에서는 외부를 보기 힘든 높이다. 그래서 일반적으로 채광과 환기의 기능이 강한 화장실 창호에 적용한다. 화장실 창은 고측창Clerestory이나 천창Skylight을 설치할 수도 있지만, 건축주의 성향과 건축가의 의도에 따라 일반 실처럼 낮은 창을 쓰더라도 습기에 강한 알루미늄 재질의 창호 부착형 블라인드를 설치하면 사생활Privacy 확보도 가능하다.

2. 커튼박스Recessed curtain track

원래 커튼박스는 나무나 천으로 만들어서 노출된 커튼 하드웨어Hardware[2]를 가리는 펠멧Pelmet 또는 밸런스Valance라고 부르는 장치였다. 창의 크기가 바닥에서 천장 끝까지 상하로 커지면서 과거처럼 천장면에서 하부로 돌출된 펠멧 · 밸런스 창의 상단을 가려서 채광, 통풍, 조망 등의 기능을 방해하게 되므로 천장을 ㄇ 모양으로 파서 더 높인 것이 현재 커튼박스가 되었다.

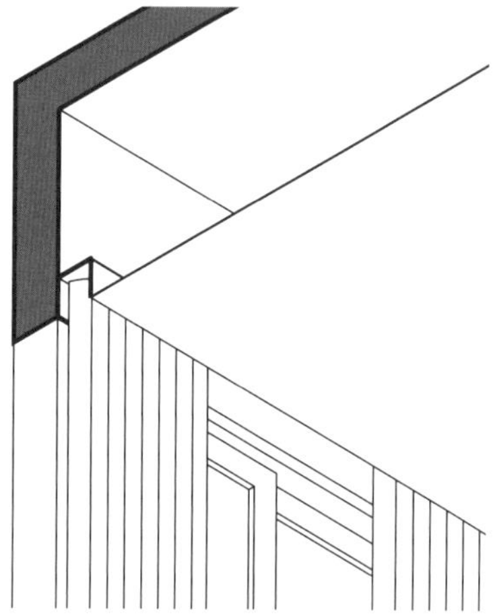

커튼박스

일반적으로 주택이나 근린생활시설의 천장은 석고보드Gypsum Board나 MDFMedium Density Fiberboard로 마감을 하는데 이 재료들은 밀도가 낮고 강도가 떨어지기에 하중이 실릴 경우 바스러지거나 찢어진다. 따라서 커튼박스 상단 천장은 반드시 커튼 하드웨어와 커튼을 나사로 지지하고 고정할 수 있도록 합판Plywood[3]이나 금속재로 마감해야 한다.

---

2 봉Rod이나 링Ring, 몰딩Moulding 등

3 사실 한자의 뜻만 따지면 MDF, OSBOriented Strand Board, PBParticle Board 등도 모두 합판合板이지만 건축 · 인테리어에서 합판은 얇은 나무 조직을 가로, 세로로 교차해 접착재로 붙여 만든 Plywood만을 칭한다.

3. 블라인드Blinds · 쉐이드Shades

커튼박스는 커튼을 설치하기 위해 고안된 공간이지만 필요에 따라 블라인드를 설치하기도 한다. 블라인드는 커튼과 달리 작동 방식과 형태에 따라 여러가지 종류로 나뉜다.

횡형 블라인드 Horizontal Blinds

횡형 블라인드는 베네치안Venetian 블라인드로도 불리는데 18세기 페르시아에서 고안되어 상인들에 의해 베네치아에 들어왔다고 알려져 있다. 베네치아에서 횡형 블라인드가 성행한 이유는 나무로 만든 가로 부재가 아름다운 베네치아의 풍경을 실내로 담아내는 동시에 위에서 내리쬐는 태양광과 바다에 비쳐서 들어오는 태양광을 차단하기 쉬웠기 때문이다.

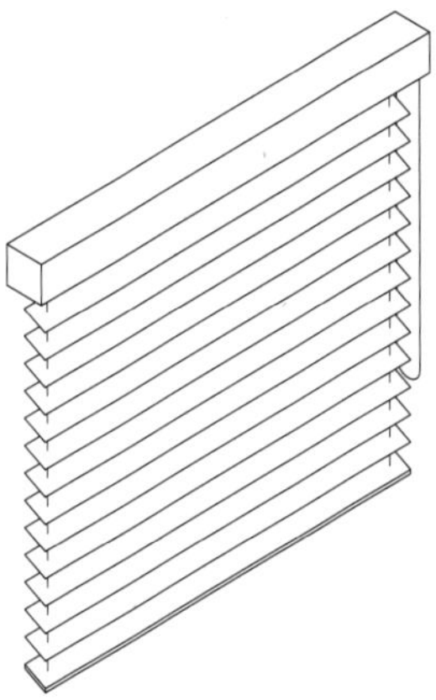

횡형 블라인드
Horizontal Blinds

동서남북 어느 방향에 있는 창에 설치해도 실내로 유입되는 빛의 양을 조절하기 쉽기 때문에 가장 많이 사용하는 방식이나, 완전히 닫고 가로 부재를 밀착시켜도 그 형태적 특성 때문에 틈으로 미세하게 빛이 새어 들어온다는 단점이 있다. 또한 사용하면서 블라인드 재료인 나무가 쪼개지거나 알루미늄이 휘는 경우도 발생한다. 한국에서 횡형 블라인드는 가로 부재의 재료를 따서 알루미늄Aluminium 블라인드나 우드Wood 블라인드로 부른다.

종형 블라인드 Vertical Blinds

횡형과 반대로 세로로 긴 부재와 틈Slit을 사용하여 빛, 바람, 시선을 조절하는 것으로 부재의 깊이가 깊고 틈이 넓어 창의 너비가 넓은 전창에 주로 사용한다.

열고 닫는 작동 방식이 좌우로 움직여 열고 닫는 커튼과 같고 주로 천 재질을 사용하고 하부가 고정되어 있지 않아 공기의 흐름에 따라 하늘하늘 흔들린다. 이 점은 공간적 연출로 활용을 할 수도 있지만 창을 열고 블라인드를 닫았을 경우 고정되어 있지 않은 블라인드 하단이 바람에 지속적으로 흔들려 무게 추 역할로 달아놓은 플라스틱이 서로 부딪혀 반복되는 소음이 발생하기도 한다.

횡형 블라인드와 달리 아주 얇은 천을 사용하고 그 깊이가 깊으며 상하로는 연결된 하나의 부재로 되어있어 빛을 완벽하게 차단하는 것도 가능하다.

롤 블라인드 Roller Blinds

롤 스크린으로도 부르는데 상단과 하단 봉에 천이나 합성 소재 등을 말아서 제작하고 줄을 이용해 블라인드를 말아서 열고 풀어서 닫는 방식으로 작동한다. 상단 롤러에 블라인드를 말고 푸는 방식이기에 무조건 하단부터 열리는 단점이 있다. 이것을 횡형 블라인드처럼 사용할 수 있도록 보완하기 위해 소재 자체를 불투명과 반투명으로 처리한 콤비 블라인드Zebra Blinds · Duo Blinds를 사용하기도 한다.

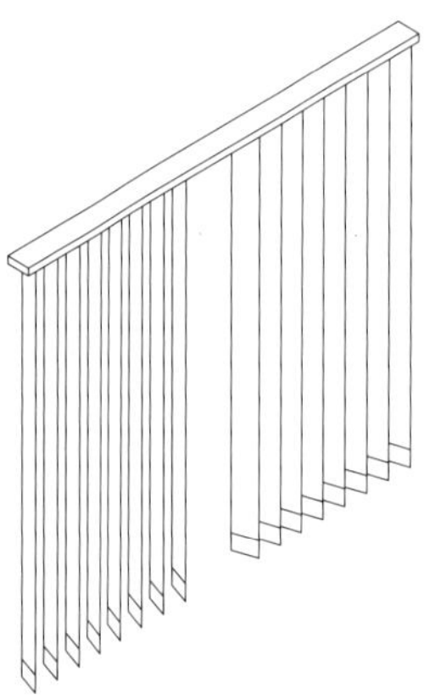

종형 블라인드
Vertical Blinds

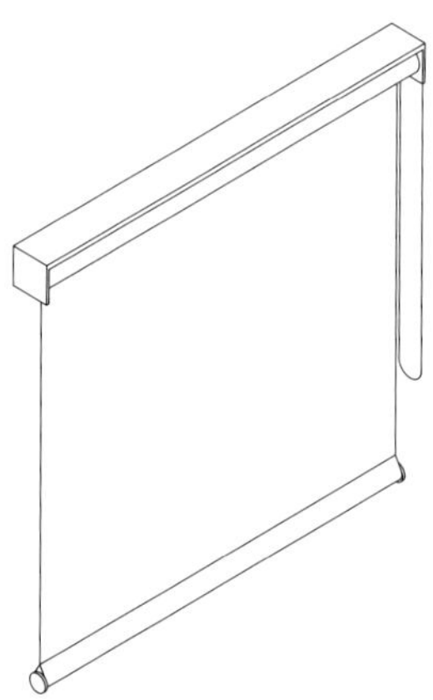

롤 블라인드
Roller Bilnds

로만 블라인드Roman Blinds

이름에서 알 수 있듯 고대 로마에서부터 뜨거운 태양광과 말과 마차가 발생시키는 흙먼지를 차단하기 위해 젖은 천으로 창을 가리는 것에서 시작되었다. 리넨Linen이나 삼베로 만든 블라인드의 중앙 봉을 줄이나 손으로 이동시켜 계단식으로 접어서 여닫는 방식이다. 현재는 두꺼운 천Fabric 소재로 만들어 소재 색상과 패턴의 선택 폭이 넓다. 열었을 때 크게 주름진 형태가 아기자기하고 귀엽지만, 천 관리가 어렵고 접어서 고정 할 때 하중을 많이 받기에 주로 습기가 적은 곳에 있는 작고 좁은 창에 사용한다. 또한 롤 블라인드처럼 하단을 올려서 열 수밖에 없으나 콤비 블라인드 방식으로 만들 수가 없어서 섬세한 조작보다는 우아하고 세련된 분위기 조성을 위해 사용한다.

허니콤 블라인드Pleated Blinds

롤 블라인드의 단점을 극복하고 블라인드 부재 사이에 공기층을 만들어 단열 효과를 높이기 위해 개발한 것으로 한국에서는 옆에서 봤을 때 육각형의 벌집 모양을 하고 있기에 허니콤 블라인드로 부른다.

상단과 하단 모두 별개로 개폐가 가능하며 원하는 시야 확보가 가능하고 설치 방식이 독특하고 얇아 커튼박스 없이 창틀에 설치도 가능하다. 천의 투과율에 따라 은은하게 빛이 들어오게 하여 분위기를 조성하거나 암막으로 설치 할 수도 있지만, 모든 부재가 하나로 이어져 있어서 상단과 하단을 열고 닫는 방법 외에 닫은 상태로 시야를 확보하는 것은 불가능하다.

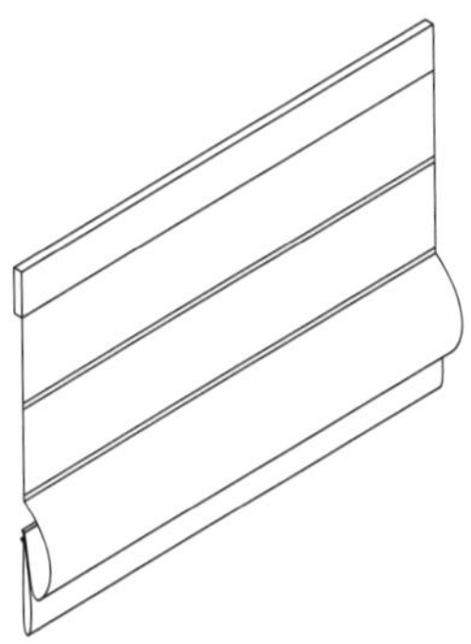

로만 블라인드
Roman Blinds

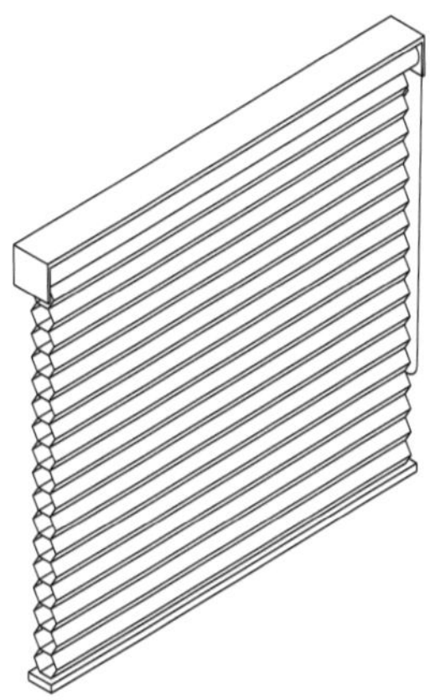

허니콤 블라인드
Pleated Blinds

4. 걸레받이Baseboard

걸레받이의 용도는 크게 두 가지로 볼 수 있다. 첫번째는 바닥과 벽의 재료가 만나는 불규칙한 틈을 가려주는 역할, 두번째는 물기나 여러가지 충돌로부터 벽을 방어하여 깨끗하게 유지하기 위함이다.

첫 번째만을 위한 용도라면 바닥에서 10 - 20mm 정도로 낮은 틈Reveal 조성하여 깔끔하게 해결 할 수 있으나 청소 시에 발생하는 물기나 청소기나 슬리퍼 등으로 인한 벽체의 오염을 막지는 못한다. 요즘은 충돌방지 로봇청소기가 보급되어 청소할 때에도 벽체의 오염을 방지할 수 있어서 깔끔하고 매끈한 벽면을 선호하는 경우 걸레받이를 생략하는 경우도 있지만 아직 보편적인 상황으로 보기는 어렵다.

걸레받이의 본 기능에 충실하려면 최소 50mm 이상의 높이가 필요한데, 일반적으로 기성품을 시공하는 경우 벽체 하단이 걸레받이 두께만큼 돌출되므로 벽체의 전체적인 디자인과 맞는지 확인해야한다. 평Plane 걸레받이를 적용하여 돌출없이 벽체와 같은 면으로 잡거나, 히든Hidden[4] 걸레받이 같이 벽면보다 안쪽으로 밀어 넣는 시공도 가능하며, 어떤 방법이 되었든 걸레받이는 지속적으로 물이 닿아도 괜찮고 충돌에도 강한 알루미늄이나 PVC계열, 걸레받이 전용 페인트 등의 재료를 사용하는 것이 좋다.

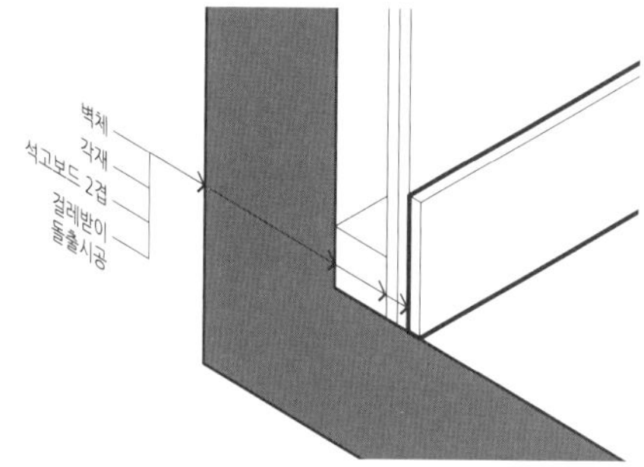

돌출 걸레받이

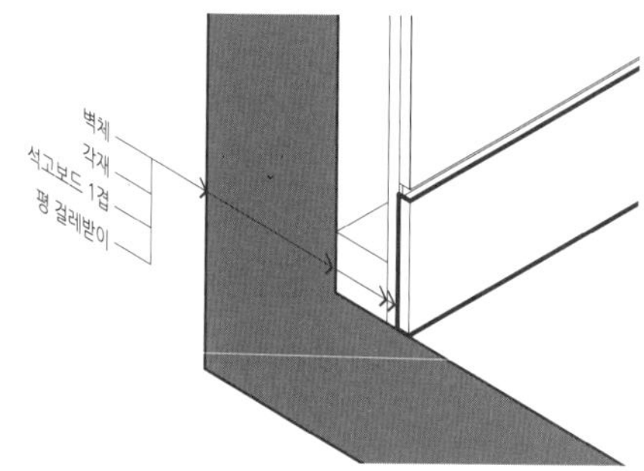

평 걸레받이

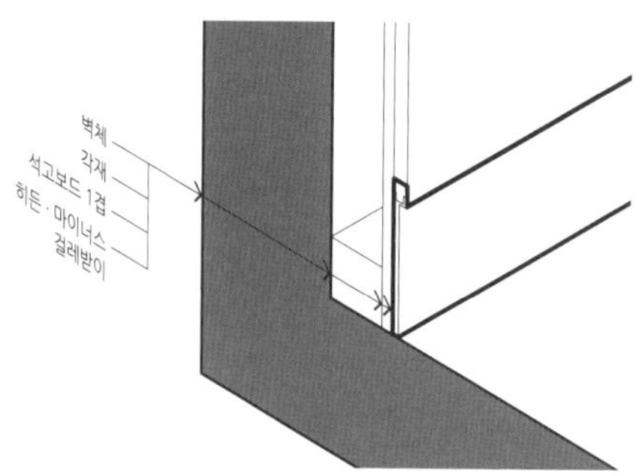

히든 · 마이너스 걸레받이

4 히든Hidden을 마이너스Minus라고도 하여, 마이너스걸레받이, 마이너스몰딩 등과 같이 부르기도 한다. 단면Profile이 움푹 들어간 컨벡스Convex 몰딩과는 다른 개념이다.

5. 천장몰딩Moulding

몰딩Mouding은 사실 인테리어 용어가 아니고 그리스, 로마 건축에서 시작된 건물에 웅장함과 화려함을 주기 위해 부착한 장식띠를 지칭하는 용어이다. 이것이 로마네스크Romanesque와 르네상스Renaissance, 바로크Baroque와 로코코Rococo, 네오클래식Neoclassical과 빅토리안 시기Victorian Era를 거쳐 현대 건축까지 이어져온 것이다. 다만 그 장식적인Ornamental 측면은 근현대 건축풍과 어울리지 않기에 요즘은 바닥, 벽, 천장 재료를 구분하는 기능적인 측면이 더 강하다. 그래서 특별한 경우를 제외하고는 장식적으로 돌출된Convex 몰딩은 사용하지 않고 평Plane 몰딩이나 히든Hidden 몰딩으로 조성하는 추세이다.

다만 바닥 걸레받이나 몰딩과 같이 벽체의 마감재와 천장의 마감재가 만나는 곳 또한 지저분하고 어색하지 않도록 처리를 해야하는데, 원리는 바닥과 벽체가 만나는 곳과 동일하다. 벽체의 경우는 벽면에 몰딩이 결합되었다면, 천장은 천장면에 몰딩이 결합되는 식이다.

한편, 벽체와 천장을 히든 몰딩으로 조성하면 안쪽에 조명을 설치하여 간접 조명Indirect Lighting 효과를 내서 실내 분위기 연출이 가능한 장점도 있다. 특히 천장은 천장면 위쪽으로 100 - 150mm 정도로 과감하게 밀어 넣어서 만든 우물천장Tray Ceiling · Recessed Ceiling이나 역으로 돌출시켜서 만든 역우물천장Reverse Tray Ceiling과 간접조명을 결합할 수도 있다.

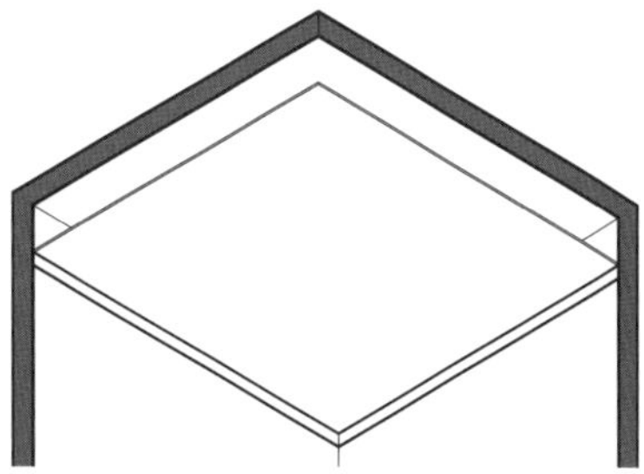

천장몰딩의 역할

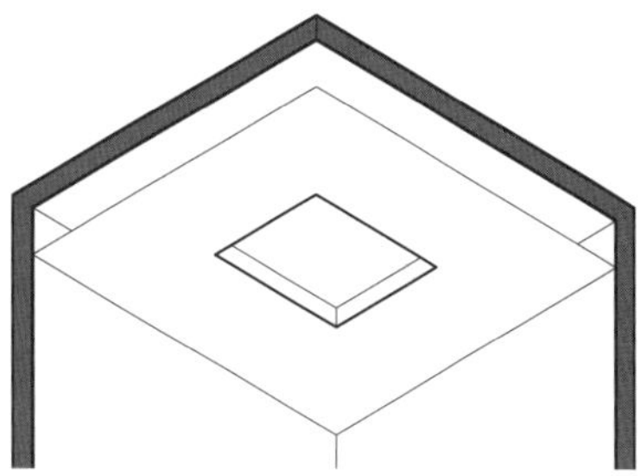

우물천장

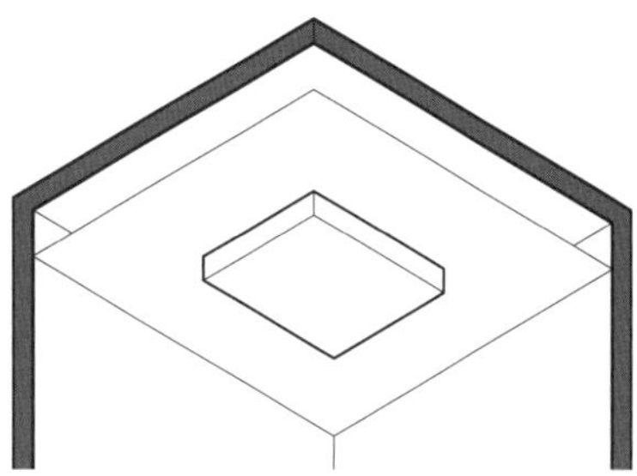

역우물천장

6. 공기조화 시스템HVAC System

실내 설비를 얘기할 때 빠짐없이 등장하는 용어가 공기를 조화롭게 한다는 의미인 공기조화 시스템HVAC System으로 난방Heating, 환기Ventiilation, 공기 조절Air Conditioning을 의미한다.

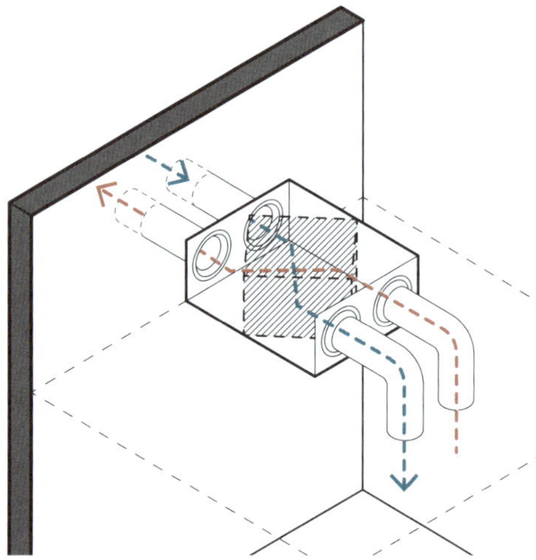

전열교환기

근린생활시설에서 난방은 기계실에서 데운 온수 순환을 이용한 방열기Radiator 방식, 기계실에서 생성된 온수를 코일에 통과시키고, 팬을 통해 실내 공기를 코일로 통과 시켜 난방을 하는 FCUFan Coil Unit 방식, 그리고 시스템 에어컨을 이용한 난방 방식이 많이 사용된다. 주택에서는 대부분 온수관으로 바닥을 데우는 바닥난방을 사용하고 시스템 에어컨으로 난방을 보조하는 경우도 있다.

환기는 문을 열어 자연환기Passive Ventilation를 시키는 것이 일반적이었지만 요즘은 냉난방 통합 에어컨으로 난방을 빠르게 하는 경우도 있으며 전열교환기를 설치하여 기계 설비를 통한 강제환기Active Ventilation를 하기도 한다.

이 중 전열교환기는 장치 내에서 실내외 공기를 교환하며 열과 습기를 회수하는 장치로 에너지 손실을 최소화 하면서 외부 공기를 정화하여 실내에 깨끗한 공기를 넣어주고 겨울철 공기가 건조해지는 것을 막아주는 장치이다.

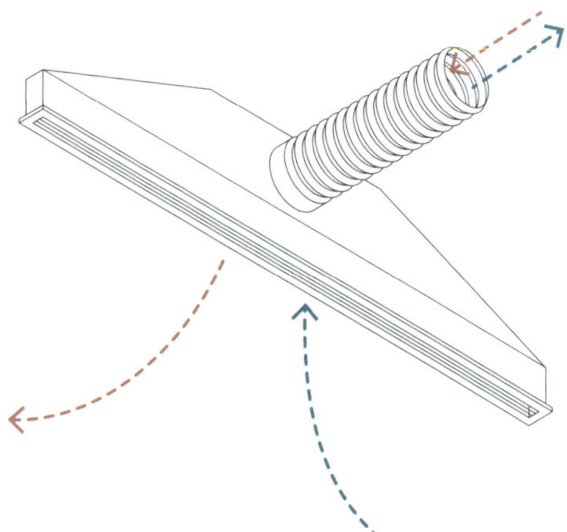

라인 디퓨저

한국에서는 30세대 이상의 공동주택은 시간당 0.5회 이상의 환기가 이루어질 수 있는 자연환기설비 또는 기계환기설비를 설치하도록 하고 있다.[5] 따라서 거의 모든 신축 아파트에는 전열교환기가 설치되어있고 이 흐름에 맞게 요즘은 주택에도 설치하는 빈도가 늘고 있다.

다만 빠른 시공, 낮은 하자율과 단가를 고려해야 하는 아파트와 달리 주택에서는 ABSAcrylonitrile Butadiene Styrene나 철재로 만들어진 원형 공기 배출구를 막는 뚜껑Diffuser Cover를 사용할 이유가 없기에 디자인 요소를 가미해 라인 디퓨저Linear Slot Diffuser로 조성하기도 한다.

에어컨은 그중 세 번째에 해당한다. 곧 실내공기의 온도와 습도를 조절하여 쾌적한 상태로 만드는 역할을 하는 것인데, 예전에는 독립된 가전제품으로 사용하던 것이 건축 · 인테리어 설비와 통합되면서 천장으로 들어가게 되었다. 여기서 시스템이란 단어가 붙은 것은 한 대 또는 두 대의 실외기에 여러 대의 에어컨 배관을 천장 속에서 단배관 또는 다배관으로 결합하여 묶었기 때문이다.

여기서 우리에게 중요한 것은 천장에 들어가는 실내기의 높이와 냉매관, 가스관, 배수관 등의 이동 경로와 두께다. 우리가 보고 있는 천장은 슬래브Slab가 아닌 마감재이고 천장 속 공간은 구조적인 보를 비롯한 수많은 관과 전선 등 기계 · 전기 설비 장치들이 지나가고 있다. 따라서 보와 간섭이 일어나지 않으면서 관들이 꺾이지 않도록 적정한 천장 속 공간의 높이를 계산하여 천장고Ceiling Height 를 결정하는 입체적인 계획이 필요하다.

일반적으로 천장 속 배관의 기울기는 1/50 정도로 잡으며, 달대Hanger를 포함한 실내기의 필요 설치 높이는 적게는 250mm에서 네 방향 실내기의 경우 많게는 400mm까지 필요한 제품이 있으므로 우물천장이나 보 등과 간섭이 일어나지 않도록 계획해야 한다.

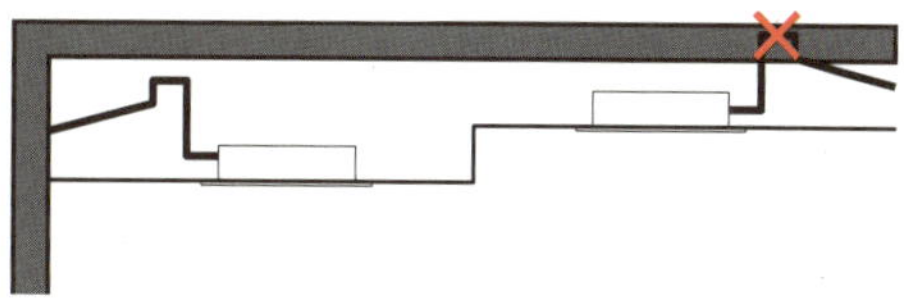

천장 시스템에어컨 단면

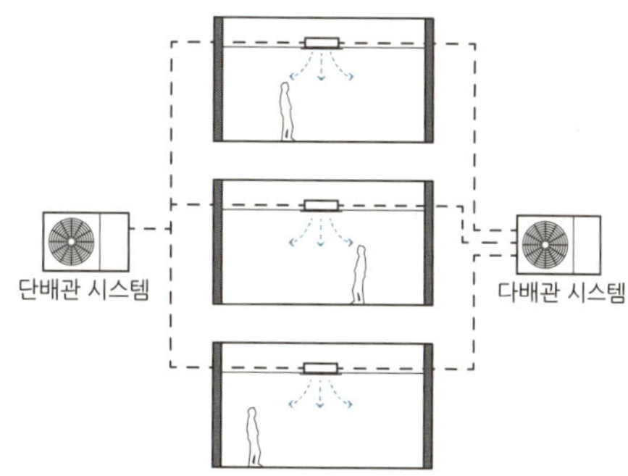

단배관 시스템과 다배관 시스템

5 「건축물의 설비기준 등에 관한 규칙」 제11조(공동주택 및 다중이용시설의 환기설비기준 등)

7. 조명

조명의 구분

일반 조명General Lighting

미적인 효과보다 기능적인 부분에 초점이 맞추어져 있으며 각 용도실에 일정한 조도를 공급하는데 주 목적이 있기에 대부분 천장이나 벽에 직부등Surface-mount Lights · Flush-mount Lights이나 매입등[6]Recessed Lights · Downlights 형태로 설치된다. 다만 식당Dining Room 등과 같이 특정한 부분에 밝은 조도가 필요한 경우 펜던트등Pendant Lights을 사용하여 광원과 물체의 거리를 좁히고 조명을 오브제로 이용하여 독특한 분위기를 조성하기도 한다.

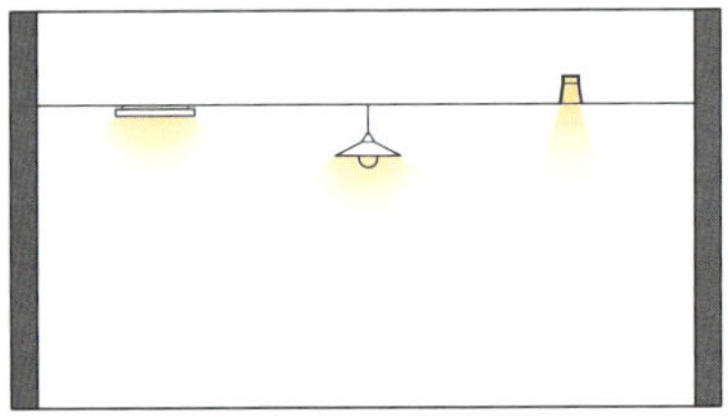

일반 조명General Lighting

간접 조명Ambient Lighting

간접 조명은 적당한 조도와 동시에 빛을 이용한 분위기 조성을 위해 설치한다. 육안으로 광원을 직접 볼 수 없고 벽, 바닥, 천장에 반사되어 산란하는 빛Diffused을 보게된다. 그래서 영어로는 '잔잔한, 은은한'과 동시에 '주위의, 주변의'의 뜻을 가진 앰비언트Ambient라는 용어를 사용하는데 한국에서는 설치 방식과 빛의 방향을 나타내는 간접Indirect이라는 용어를 사용한다.

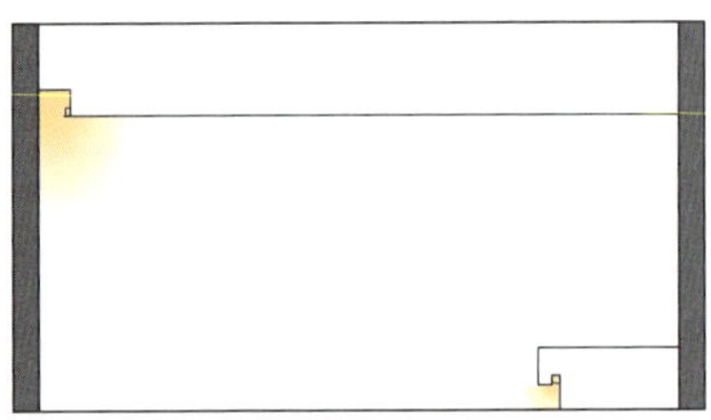

간접 조명Ambient Lighting

작업 조명Task Lighting

6 한자로는 埋入燈으로 '우묵한 땅이나 하천, 바다 등을 돌이나 흙 따위로 채운다'는 의미인 매립埋立과 다른 한자를 사용한다. 따라서 '매립+등'이 아니라 사전에 표제어로 등재되어 있는 '매입등'이 올바른 표기이다

작업 조명은 독서등Reading Lights · Desk Lights이나 요리를 위한 상부장 하단등Under-cabinet Lights, 화장실 거울등Mirror Lights · Vanity Lights 등 특정한 작업에 맞게 설치된 조명을 말한다. 그래서 일반 조명보다 설치 위치나 각도를 세심하게 고려하여 작업 시에 눈부심이 발생하지 않는지 그림자가 생기지 않는지 확인 해야한다.

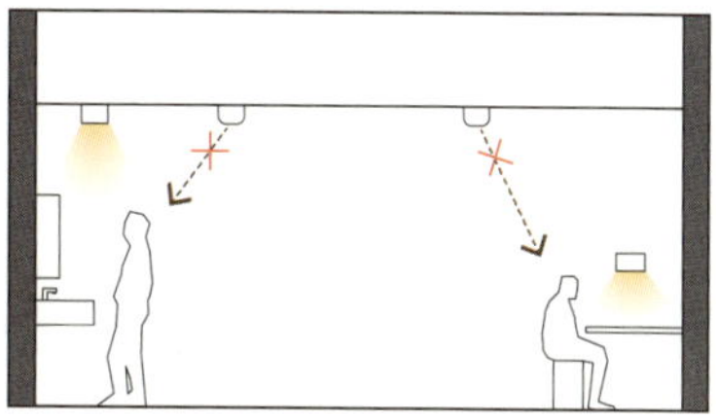
작업 조명Task Lighting

집중 조명 Accent Lighting

소위 스포트라이트Spotlights라고 부르는 조명으로 특정한 건축적 요소, 그림이나 장식품 등을 강조하기 위해 강한 광원을 그 대상에 직접 비추는 조명을 말한다. 작업 조명과 역할이 비슷하지만 그 대상이 사람이나 행위가 아니라 사물이라는 것이 다르다.

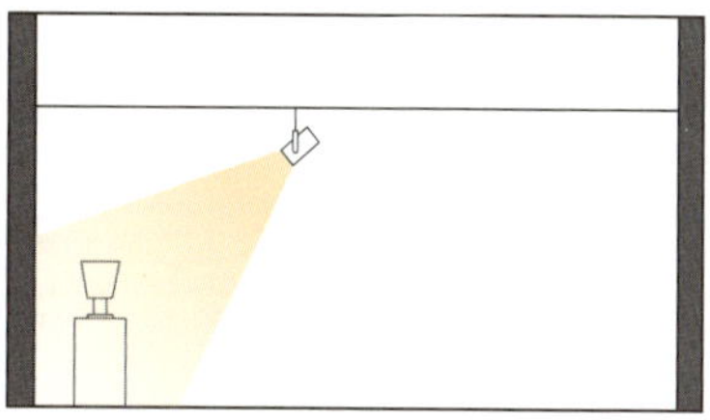
직접 조명Accent Lighting

장식 조명 Decorative Lighting

한국에서 보편적으로 사용하는 인테리어 디자인 어휘와는 어울리지 않기에 일부 음식점이나 소매점Retail Shops 이외에는 잘 사용하지 않는 방식인데, 조도 확보보다는 조명기구 자체의 심미적Aesthetic 효과 때문에 설치한다. 천장에 매다는 샹들리에 조명이나 벽에 부착하는 촛대 조명 등이 있다. 장식 조명들의 공통점이라면 과거에 초에 직접 불을 붙여 이용하다가

장식 조명Decorative Lighting

이후 가스나 석유로 불을 붙이던 조명이 형태는 과거의 모습을 그대로 유지한 채 발광체만 전기를 이용한 전등으로 바뀌었다는 점이다.

조명등Light Bulbs의 색온도Color Temperature

색온도는 절대온도를 이용해 광원의 색을 표현한 수치이다. 절대 온도 단위인 켈빈Kelvin을 사용하며 K값이 높을수록 푸른 빛을 띠며 K값이 낮을수록 붉은 빛을 띈다. 디지털 이미지와 편집에 익숙한 사람이라면 화이트 밸런스White Balance를 조절할 때 색온도 값을 조절한 적이 있을 것이다.

조명기구에 사용하는 전구Light Bulbs에서 색온도 역시 등이 어떤 색의 빛을 발산하는지를 나타내는 수치로 K값을 이용하고 있다. 한국에서는 전구색Warm White · 주백색Daylight · 주광색Cool White으로 구분한다. 전구색은 2,000 - 3,000K 정도 값을 가지며 노란 빛을 띄고 있어 따듯하고 편안한 분위기 조성을 위해 사용한다. 주백색은 4,000 - 5,000K 정도 값을 가지며 노란 빛의 따듯함과 푸른 빛의 차가움을 동시에 느낄 수 있는 중립적인 색온도이기에 주택에서 가장 많이 사용하는 조명색이다. 주광색은 6,000 - 7,000K 정도 값을 가지며 시각적으로 매우 밝은 창백한 흰색을 띄므로 사무실이나 작업실 등 전구 색에 따른 색상 왜곡이 없고 집중력이 필요한 공간에 사용한다.

영어와 달리 한국에서 사용하는 용어는 직관적으로 이해하기 어려우니 색온도를 나타내는 K값이나 사용 용도를 구체적으로 이야기하는 것이 좋다. 시중에 파는 LED 전구의 경우 같은 형태의 제품이라도 2,700K · 4,000K · 6,500K 등과 같이 K값을 달리 표기해 제공하므로 해당 K값에 대한 분위기를 파악하여 적용하면 된다.

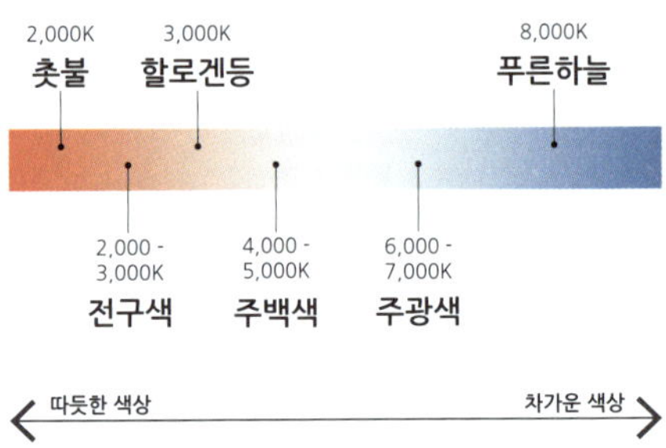

색온도 스펙트럼

8. 수납장

주택이나 근린생활시설 모두 수납은 해당 용도로만 사용하는 창고를 제외하고 각 실의 용도에 맞는 크기와 형태로 수납장을 계획한다.

수납장은 '수납장의 종류'에 따른 변화는 없지만 용도에 따른 '문의 종류'와 개폐 방식이 다르고, 그에 따라 사람의 점유 면적도 달라진다.

'수납장의 종류'는 설치 위치와 용도에 따라 현관 신발장, 주방 수납장, 거실 티비장, 침실 수납장, 드레스룸, 서재 책장, 화장실 수납장 등과 같이 구분할 수 있다. 각 수납장에 대해서는 연관된 장Chapter에서 자세히 설명하였다.

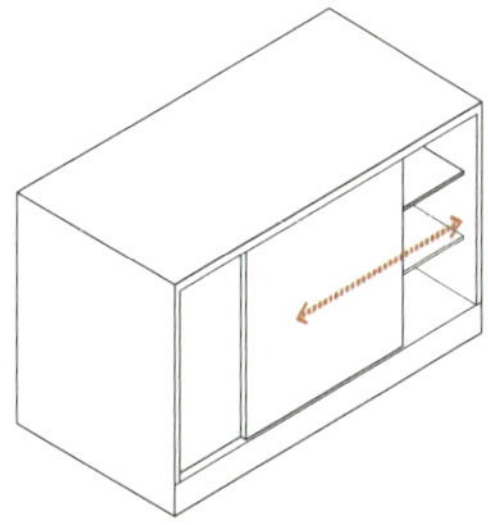

문의 종류_미닫이 방식Sliding Type

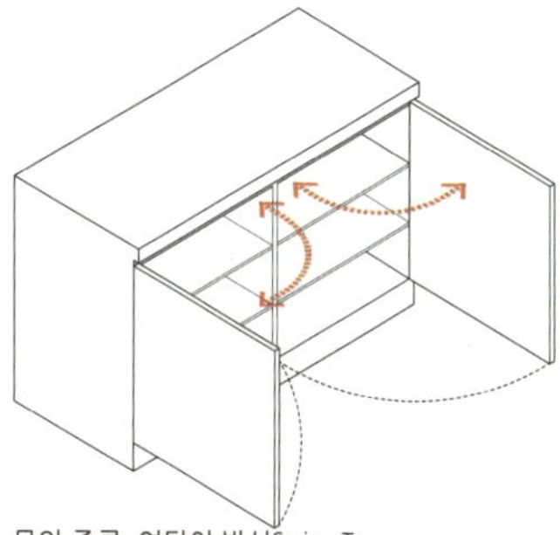

문의 종류_여닫이 방식Swing Type

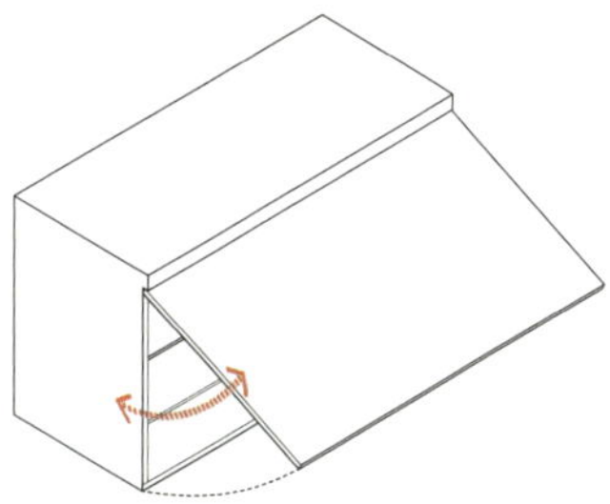

문의 종류_플랩 방식Flap Type

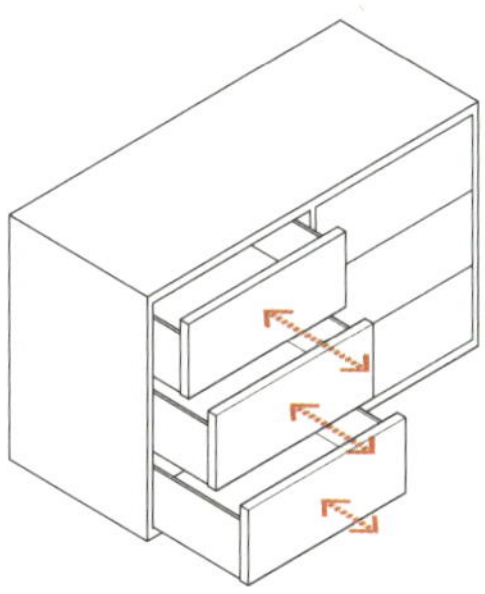

문의 종류_서랍 방식Drawer Type

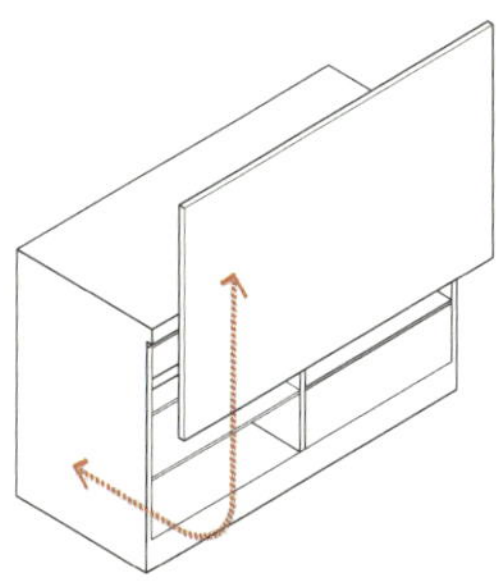

문의 종류_리프트업 방식Lift-up Type

9. 콘센트와 스위치

콘센트Socket와 스위치Switch의 위치와 높이는 기본적으로 사용성에 의해 결정된다. 스위치는 각 실을 출입할 때 서서 사용한다고 가정하여 설치하므로 그 높이와 위치를 정하는 것이 어렵지 않지만, 콘센트는 각 실에 맞는 가구와 사용하는 기기에 따라 조성 위치가 달라지므로 실의 용도와 예상 가구 배치에 따른 변화가 필요하다.

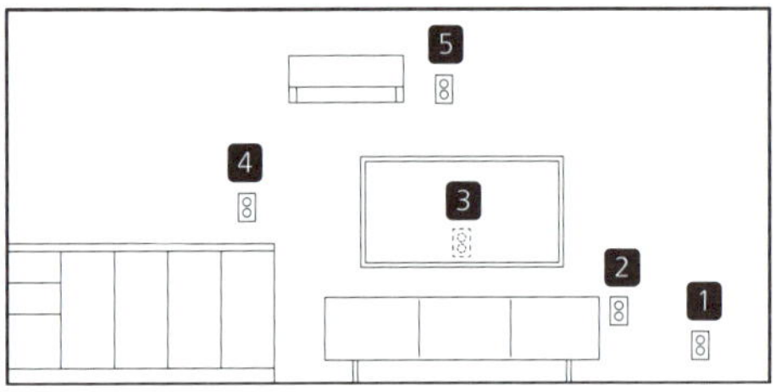

1. 일반적인 콘센트 높이 : 100mm
2. 자주 사용하는 콘센트 높이 : 300 - 400mm
3. 가구 위에서 사용하는 콘센트 높이 : 1,000 - 1,200mm
4. 주방 콘센트 높이 : 작업대로부터 150mm
5. 벽걸이 에어컨 콘센트 높이 : 1,800 - 2,000mm

기성 스위치는 그 조절 버튼의 개수에 따라 1구부터 4구 스위치가 나오는데 출입구가 하나인 실은 하나의 스위치만 있는 것이 일반적이라 2구 스위치면 충분하다. 출입구가 두 개 이상인 실이나 복도, 야외 조명 등은 필요에 따라 두 군데 이상에서 제어 할 수 있도록 미리 계획해야 하는데 이 때는 한 쪽으로 버튼이 넘어가는 토글형Toggle Type 스위치보다는 켜고 끌 때 버튼의 위상이 변하지 않는 푸시 버튼형Push Button Type 스위치가 좋다.

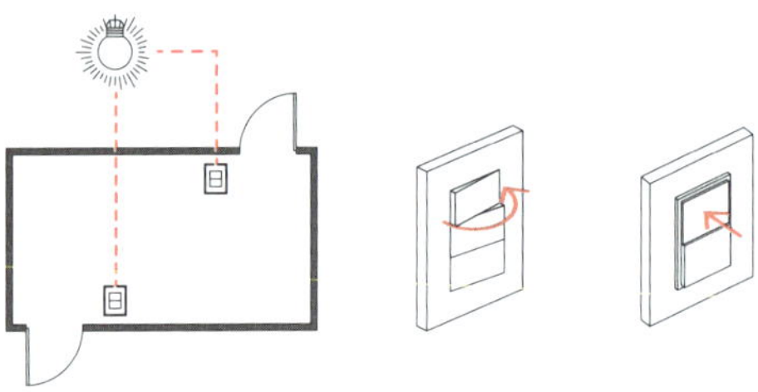

푸시 버튼형 스위치

거실이나 식당, 주방과 같이 벽의 구분이 없이 다른 용도의 실이 나란히 붙어 있고 여러 간접 및 장식 조명을 계획하는 경우 8개에서 많게는 10개의 스위치가 한 공간에 있게 된다. 이 때, 수 년을 사용해도 어떤 스위치가 어떤 전등을 담당하는지 헷갈려 결국 스위치에 덕지덕지

스티커를 붙이고 싶지 않다면 반드시 설계 단계에서 가상의 벽을 그려 용도별 실을 구분하여 스위치 위치를 구분하는 것이 좋다.

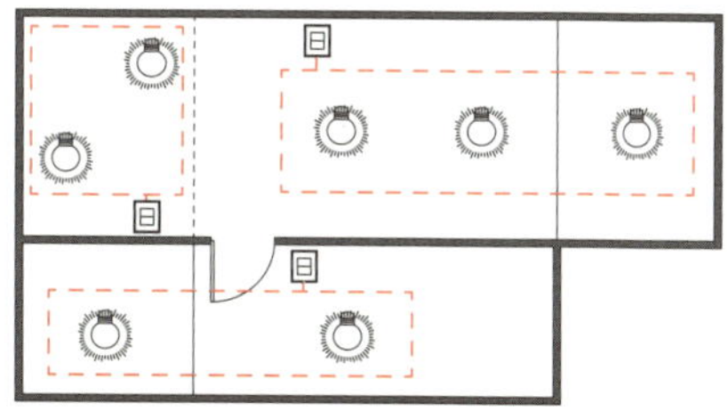

공간별 조명 스위치 분리

스위치 이외에 냉난방 및 환기를 위한 컨트롤러의 위치는 대체로 스위치를 따라간다. 리모컨을 사용하기도 하지만 편의를 위해 스위치와 떨어트려 조성할 경우 오히려 가구의 배치에 따라 사용하기 불편해지거나 전체적인 미관을 깨트릴 수도 있다.[7] 방범 등을 위한 비디오폰을 포함한 월패드는 일반 컨트롤러나 스위치보다 높은 곳에 설치한다. 화면을 보고 확인을 하거나 통화를 해야하기 때문에 손보다 눈의 위치에 가깝게 설치하는 것이 편리하다. 그렇다고 너무 높이 설치하면 스위치나 컨트롤러와 동떨어져 붕 뜬 느낌을 줄 수 있으니 벽에 액자를 배치하듯 비례를 고려할 필요가 있다.

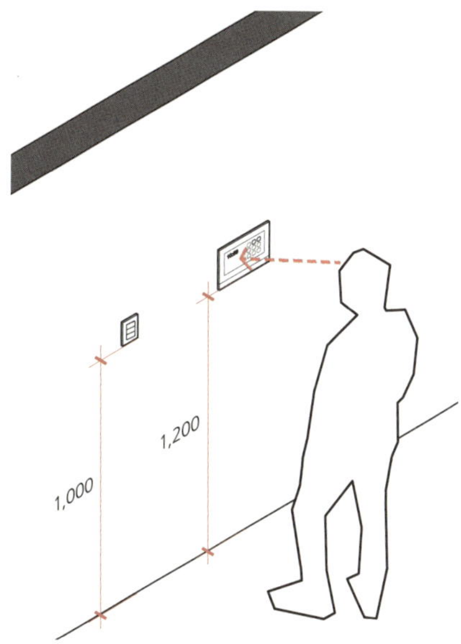

월패드와 스위치의 높이

7 모든 콘센트, 스위치, 컨트롤러 및 그 커버는 기성품이다. 모든 것을 주문 제작Customize하고 및 설치하는 인테리어 풍경 속에 정확하게 그 형상과 색상이 어우러지기 힘들다는 말이다. 최선을 다해 선정해도 완벽하게 맞추기 힘든 기성품들을 방 여기저기에 흩뿌려서 전체적인 조화를 깨는 것은 누구도 원치 않을 것이다.

주택

HOUSING

현관 — 복도

거실 — 주방 — 다용도실

침실 — 드레스룸 — 파우더룸 — 화장실

알파룸 — 차고

외부공간

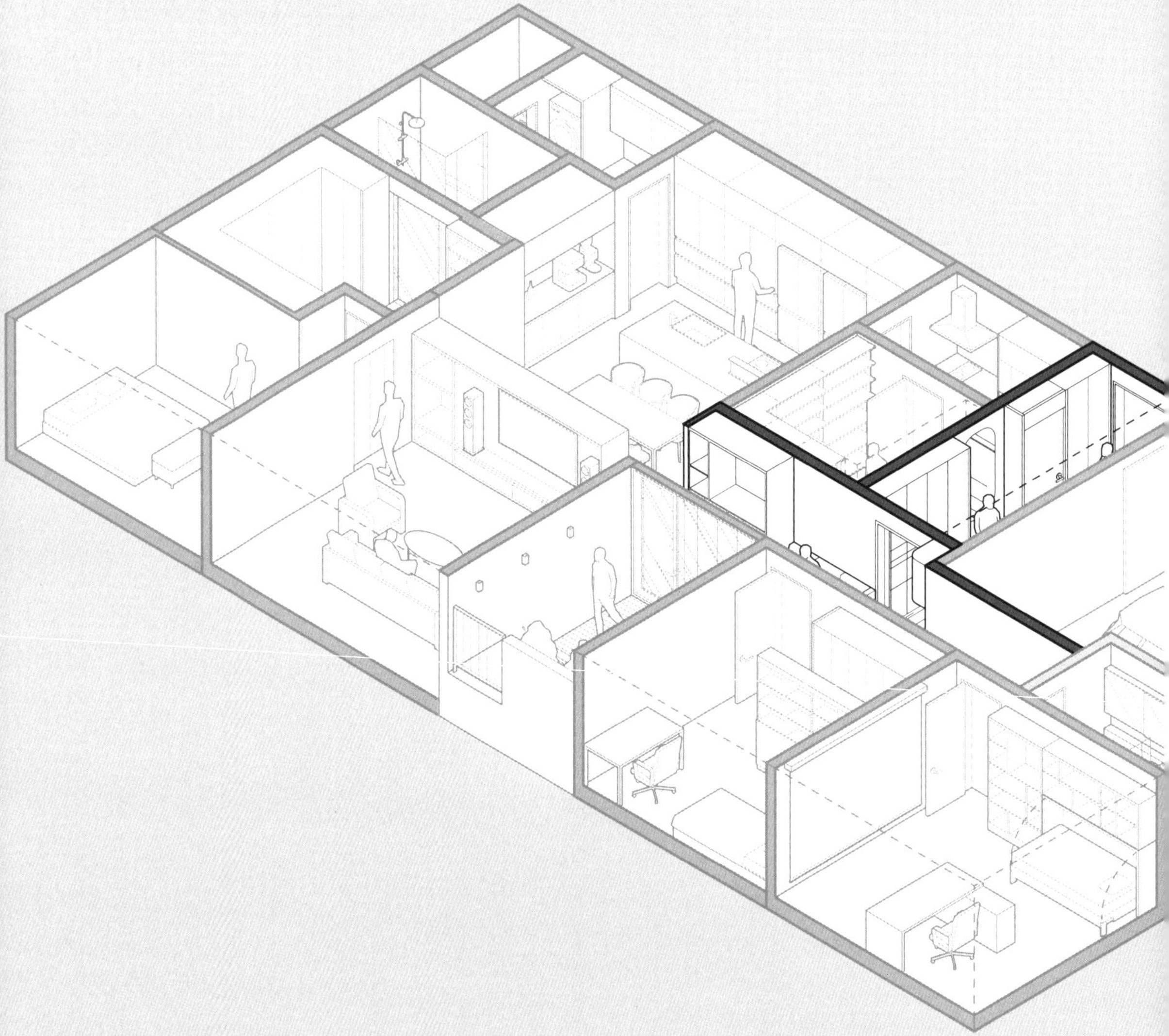

주택

HOUSING

현관 — 복도

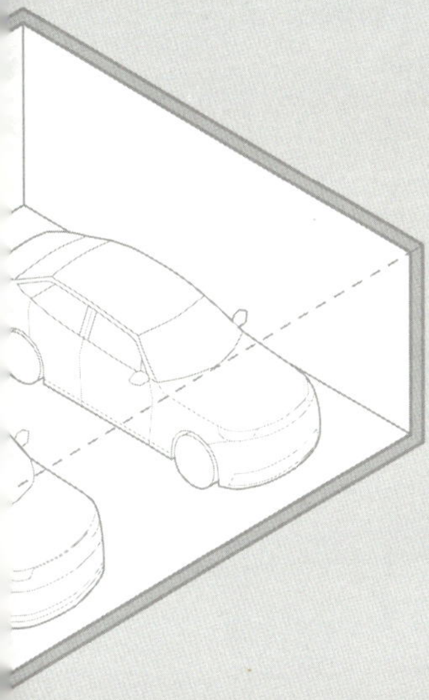

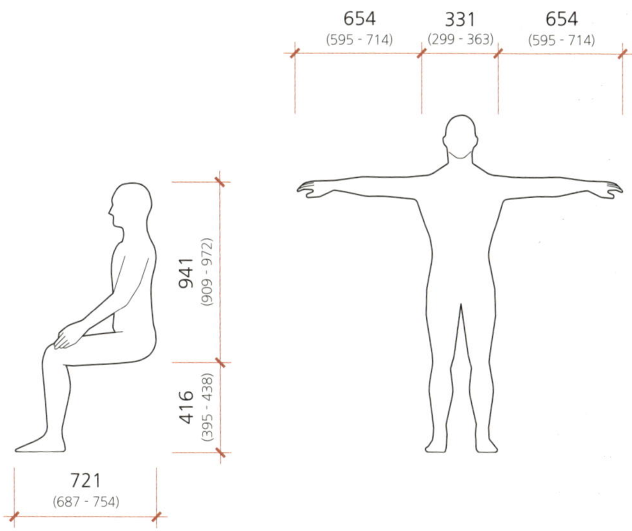

현관의 마루

전통 한옥[1]에는 대문Main Gate은 있지만 현관문Front Door이 없다. 각 방에서 바로 내 집의 영역 중 외부공간인 마당으로 나가는 문이 있기 때문이다. 그리고 방과 마당 사이에는 마루가 있다. 마루는 외부와 내부를 잇는 공간적 전이 공간Transition Space이나 완충 공간Buffer Space의 역할을 하는데 그 중 툇마루와 쪽마루는 잠시 걸터앉아 매무새를 정리하고 신발을 신고 벗는 실용적인 기능을 가진 곳이었다.

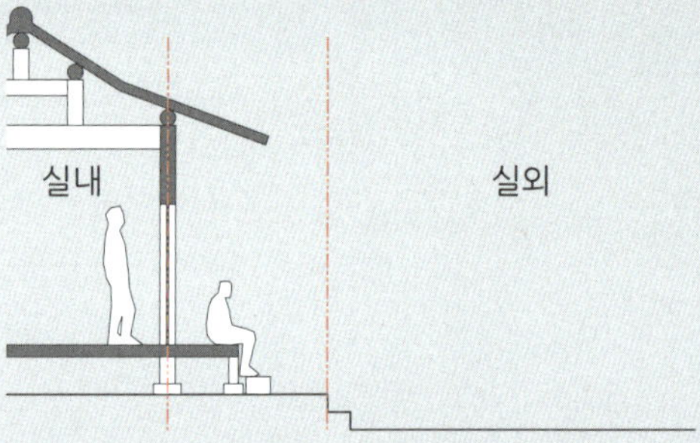

전통한옥의 마루

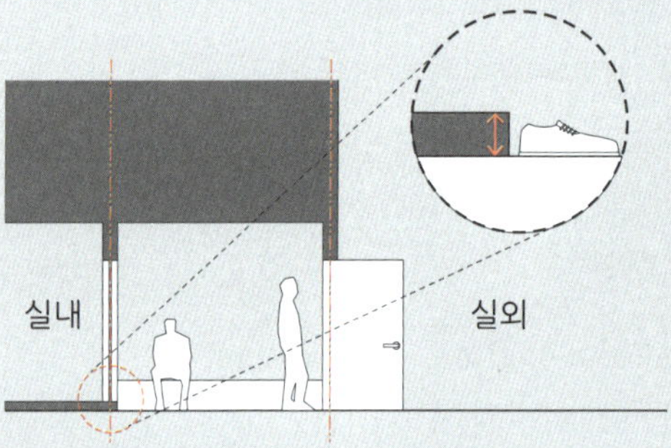

현대 주택의 현관

한국에서는 일제강점기 때 일본에서 보급한 주택과 한국전쟁 복구 작업의 일환으로 퍼진 단순화된 서양식 주택을 거쳐 1960 - 70년대부터 전통 한옥과 양옥이 결합된 한국식 양옥이 단독주택[2]과 아파트를 중심으로 본격적으로 지어지기 시작했다.

그 과정에서 부엌과 다른 실들의 높이가 같아지고 입식 생활이 도입되면서 전통 한옥에

1 '한옥Korean-style House'이라 하면 양옥이 완전히 정착되기 전 목구조나 벽돌조를 사용해 일부 형태와 공간을 서구식으로 개조하면서 전통 가옥처럼 보이도록 만든 집들도 포함하여 생각할 수 있기에, 이 책에서는 '한국 전통 건축양식을 사용해 지은 재래식 가옥'을 '전통 한옥'이라 칭하였다. 한국 법규에서는 「한옥 등 건축자산의 진흥에 관한 법률」 제2조(정의) 제2항에 따라 '한옥'을 주요 구조가 기둥 · 보 및 한식지붕틀로 된 목구조로서 한국 전통양식이 반영된 건축물 및 그 부속건축물로 정의하고 있다.

2 단독주택과 아파트 뿐만 아니라 건축법에서 다루는 모든 단독주택과 공동주택에 같은 형식의 현관이 적용되었다. 「건축법 시행령」 [별표 1 (용도별 건축물의 종류)]에 따라 단독주택은 단독주택, 다중주택, 다가구주택, 공관을 포함하며, 공동주택은 다세대주택, 연립주택, 아파트, 기숙사를 포함한다.

있던 온돌[3]은 아궁이 불에서 연탄 아궁이, 연탄 보일러, 기름 보일러를 거쳐 가스 보일러로 변경되었다. 실내에서는 여전히 신발을 벗고 바닥이 따듯한 곳에서 생활은 하지만, 공간 구성과 형식은 양옥인 새로운 모습으로 나타난 것이다. 전통 한옥에는 없었던 신발을 벗는 한국식 현관이 단독주택에서 아파트까지 적용되면서 모든 주택이 같은 형태의 현관을 갖게 되었다.

이런 역사 속 변화 과정 때문에 한국 주택의 현관은 전통 한옥이 가지고 있었던 전이 공간으로서의 역할을 제대로 수행하지 못하고 있다. 흙 먼지와 물을 막기 위한 낮은 단을 제외하면 현관부터 거실, 각 방까지 평평한 바닥으로 변했다.

여기서 우리가 잃어버린 것이 기능적인 퇴退로서 현관이다. 그렇기에 가능하다면 현관을 넓게 조성하고 외부로 통하는 창호를 내고, 앉아서 신발을 신고 벗을 수 있는 현대식 마루Bench를 조성하는 것이 좋다. 단독 주택을 신축한다면 마당과 현관 사이에 대청과 같은 넓은 반 외부공간인 포치Porch를 계획하는 것도 좋다.

---

3 전통 한옥에서 구들을 깔고 불을 지펴 돌을 달구어 난방을 하던 것이 현대식에서는 XLCross Linked Polyethylene관, PBPolybutylen관, STSStainlessSteel 주름관, PVCPolyvinyl Chloride관 등을 조합해 보일러로 데워진 온수를 바닥에 흐르게 하여 난방 하는 온수관 난방으로 바뀌었다.

복도 너비Width

복도는 사전적으로 방이 한쪽 또는 양쪽에 있는 긴 통로를 말하는 것이지만 계획적 측면에서 복도는 거실과 그렇지 않은 공간으로 보는 것이 타당하다. 다시 말해 우리가 특별한 활동을 위해 일정 시간 동안 머물며 공간을 점유하는 거실[4]과 그 거실 간을 이동하기 위해 존재할 수 밖에 없는 통행로의 구분이다. 따라서 복도는 일반적으로 그 점유 시간이 짧고 일시적이며 이동이라는 목적 이외에 특별한 기능이 없다.

이론적으로는 목적성이 확실한 거실은 넓게, 복도는 좁게 만들면 좋겠으나 복도는 각 실 간 뿐만이 아니라 실과 외부를 연결하는 길도 되므로 피난 시 이동과 가구 등 큰 물건 이동을 고려하여 너비 결정해야 한다. 주택에서 복도는 통행로와 가구 이동에 방해가 되지 않는 수준의 너비가 확보 됐다면 단순한 통행로 이상의 기능을 부여할 수 있다. 일부 복도 벽에 수납장이나 선반, 책장 등을 계획하거나 외부나 다른 내부 공간과 이어진 창을 내어 빛과 풍경을 담을 수도 있다.

4 우리가 흔히 말하는 Living Room은 미국식 표현으로 영국에서는 Sitting Room, Lounge로 호주에서는 Lounge Room으로 불린다. 건축법에서 말하는 거실은 용어적 표현으로 미국에서 부르는 Living Room이 아니라 사람이 거주하는Living 방Room의 개념으로 「건축법」 제2조(정의) 제1항 제6목 거주, 집무, 작업, 집회, 오락, 그 밖에 이와 유사한 목적을 위하여 사용되는 방에 가깝다. 가깝다고 표현 한 것은 Living Room과 Dining Room처럼 '벽 등으로 막아서 구분하는 개념'인 방이 아닌 벽이 없이 활동 영역으로 구분되는 거실이 존재하기 때문이다.

다만 누구나 이용할 수 있는 공용부Public Space의 복도와 공용부를 지나 특정인만 이용할 수 있는 전용부Space of Exclusive Ownership의 복도는 계획적으로나 법적으로나 구분해서 생각해야한다.[5]

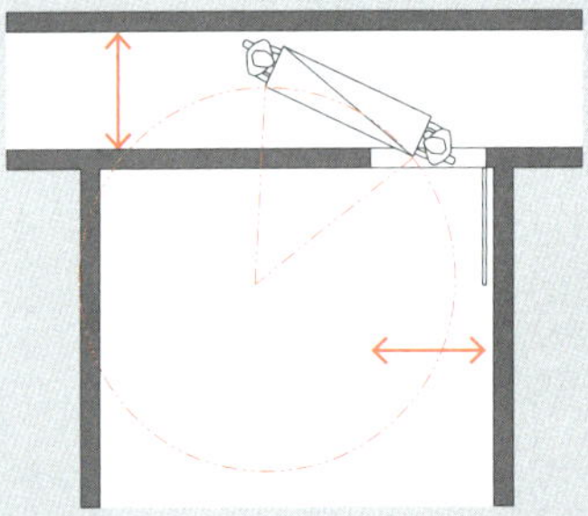

복도 너비에 따른 회전반경

5 특정한 시설의 공용부와 전용부에 대해서 일정 유효너비 Minimum Clear Width 이상을 확보해야하는 시설 및 면적 기준이 법적으로 세세하게 정해져 있는 경우도 있다. 복잡하기에 결론만 말하면 단독주택의 전용부에 대해서는 법적인 복도 유효너비 규정이 없기에 건축주의 의지와 설계자의 의도에 따라 결정할 수 있다.

현관 신발장

신발장은 신발 뿐만 아니라 우산, 청소 도구, 운동 용품, 각종 스프레이 등 다양한 일상용품을 수납한다. 자주 신는 신발이나 너비가 넓은 용품 등은 신발장 하단에 두는 것이 좋으므로 신발장의 최하단은 최소 150mm 이상 띄우는 것이 좋다. 또한 나가면서 매무새를 확인할 수 있는 전신 거울을 문과 결합하면 기능의 통합이 가능하다.

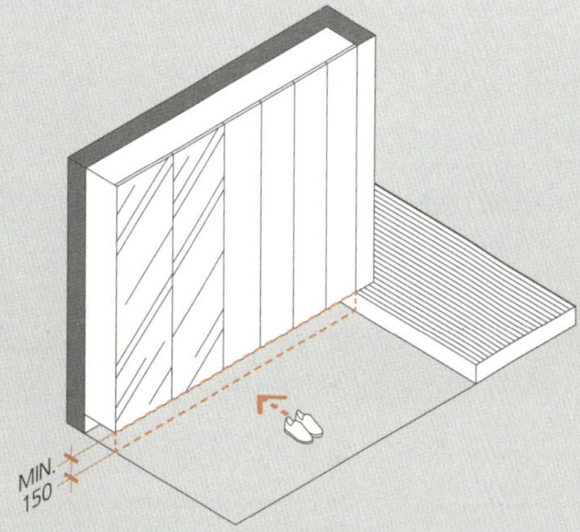

현관 신발장 하부 공간 및 전신거울 문

다른 어떤 수납장보다 길이가 길기 때문에 이동이 가능한 높이 조절식 선반으로 조성하고 그 간격을 촘촘하게 하는 것이 좋다. 다만 높이 조절식 선반으로 조성하면 선반의 너비에 특히 유의해야한다. 선반의 자중과 다양한 물건의 하중을 바닥까지 내려 지지할 수 있는 세로 프레임 없이 선반 한 칸 너비를 900mm가 넘게 조성하면 장기적으로 중앙부 쳐짐이 발생할 수 있다.

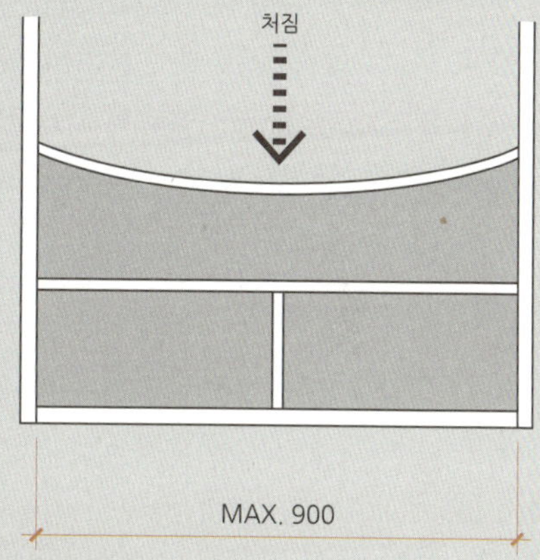

수납장 한 칸 최대 너비

문이 열리는 방향

문이 열리는 방향은 문을 여는 주체를 중심으로 결정한다. 문은 당기는 것보다 미는 것이 편하기에 사용 주체가 밀 수 있도록 설계를 하는 것이다. 하지만 들어가고 나갈 때 미는 방향이 달라지기에 어디를 중심으로 미는 곳으로 볼 것인가가 중요하다.

문은 열었을 때 문짝이 동선을 방해하거나 공간을 분할하지 않는 방향으로 열리도록 한다. 현관문을 제외한 모든 문은 공용부Public Space 방향이 아닌 각 실 쪽으로 열리게 하는 것이 원칙[6]이다. 문이 실 바깥쪽으로 열릴 경우 문을 열 때 공용부를 지나는 사람을 문으로 칠 수도 있고, 문을 열어둘 경우 문짝이 벽으로 붙지 못해 공용부 공간 효율이 떨어지기 때문이다.

전통 한옥의 경우 문 열리는 방향이 반대인데, 현관문은 안쪽으로, 각 방은 바깥쪽으로 열리게 되어있다. 이 또한 한옥의 독특한 공간의 구성과 배치에 따른 것으로 각 실에서 바로 바깥으로 나갈 수 있고 마루와 넓은 외부 마당을 가지고 있기에 공간적 효율보다 사용 주체와 행위에 더 집중할 수 있었기 때문이다.

6 서양의 단독 주택에서는 현관문도 안쪽으로 열리는데, 포치Porch라 부르는 현관 바깥 공간을 별도로 조성되어 있기 때문이다. 포치는 반 외부공간으로 집 내부와 레벨이 같고 사람이 머물기도 한다. 서양에서는 현관 안쪽으로 신발을 벗어 둘 이유가 없기에 신발이 문에 걸릴 일도 없기 때문이다.

이와 비슷한 논리로 주택과 달리 공공이 사용하는 시설은 피난 시 빠르게 각 실을 탈출할 수 있도록 피난 방향인 실 바깥쪽으로 밀어서 열리게 설계 및 시공을 하도록 법으로 규정하고 있다.

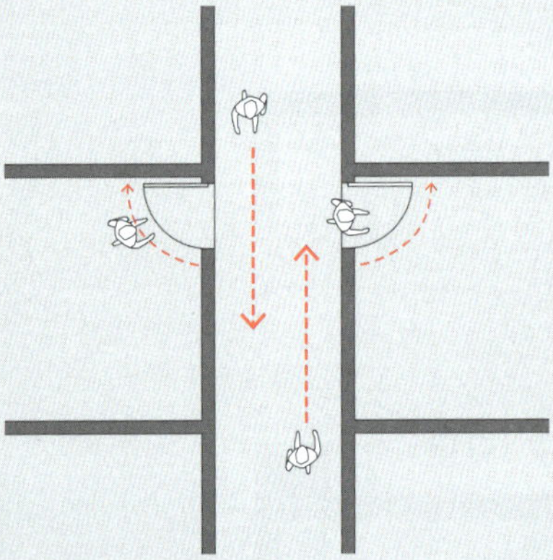

공용부와 면한 공간의 문 개폐방향

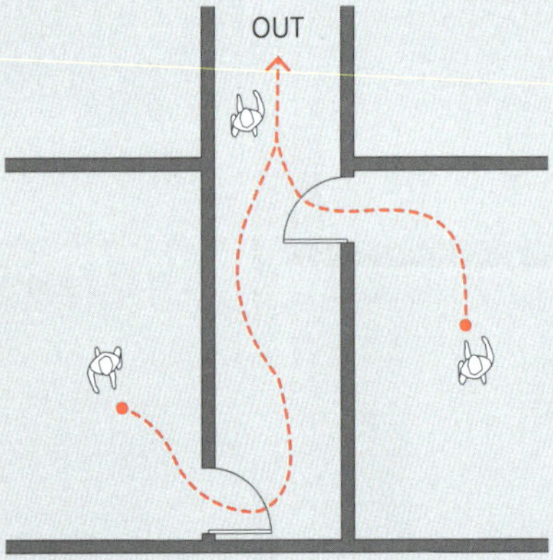

공공건축물의 문 개폐방향

아파트 전형

현관 — 복도

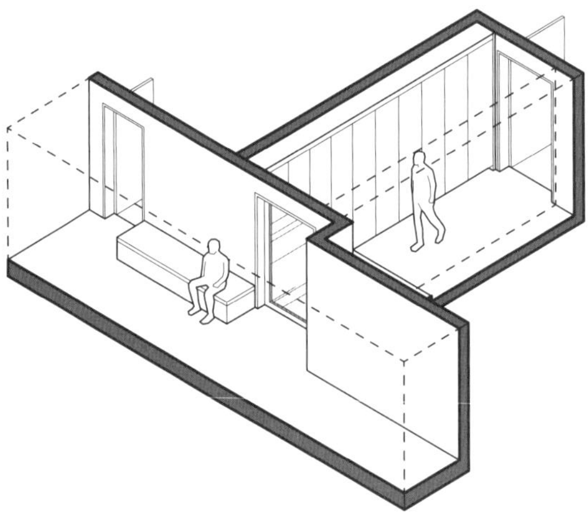

인테리어 변형

현관 — 복도

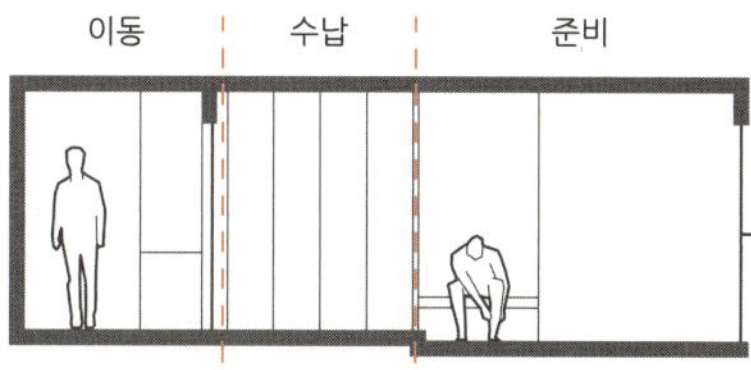

현관 세분화

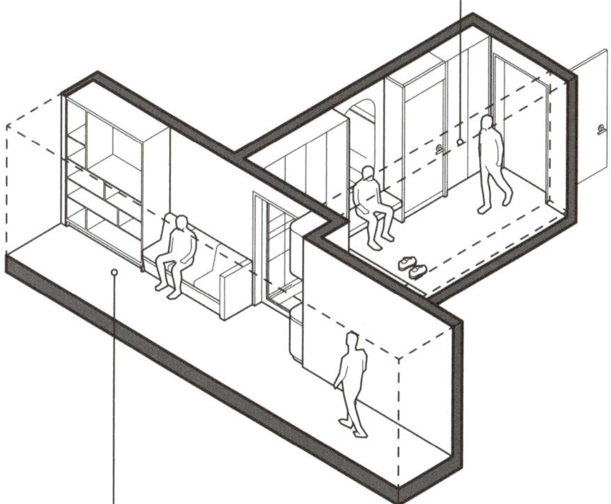

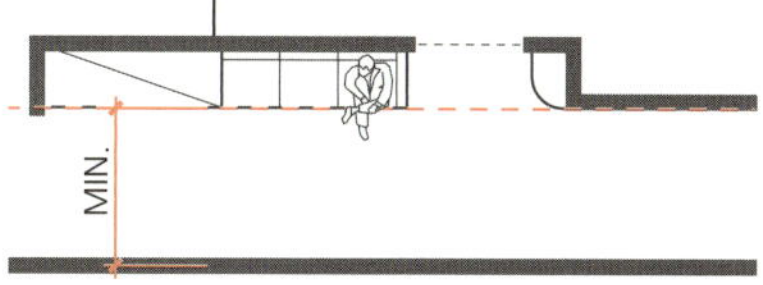

최소 복도 너비 확보 후 붙박이 가구로 디자인 일체화

인테리어 변형

현관 — 복도

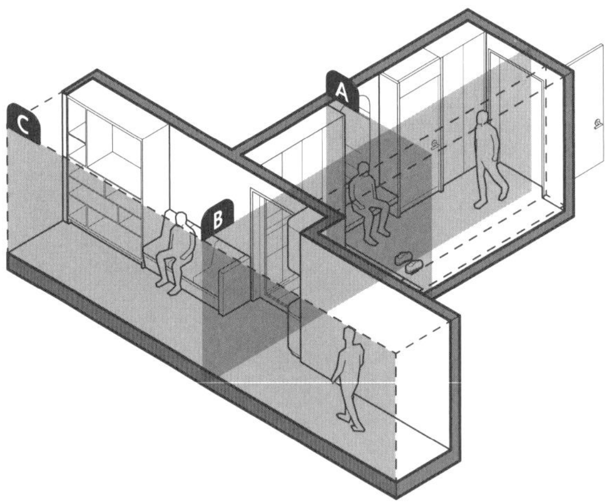

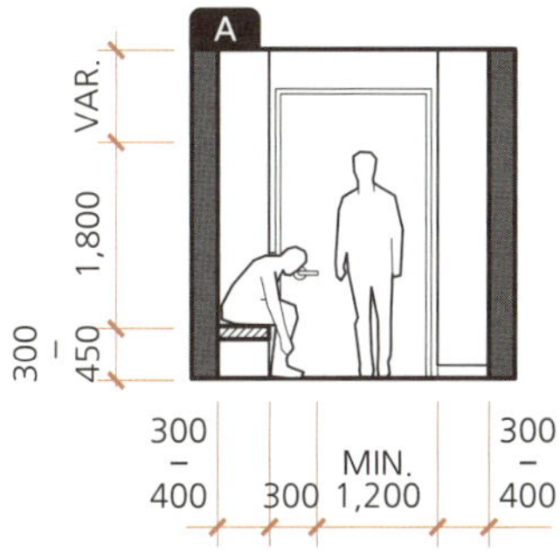

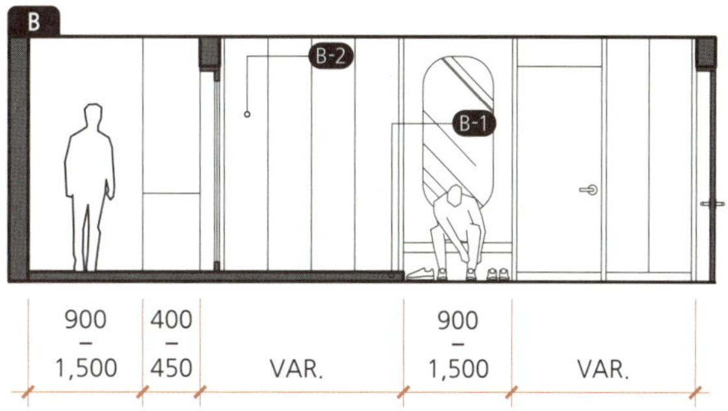

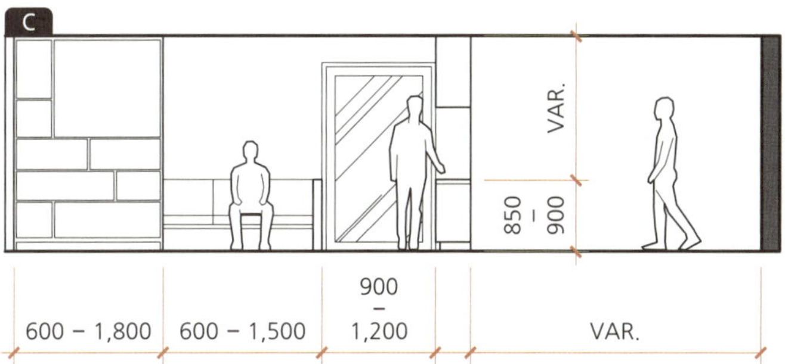

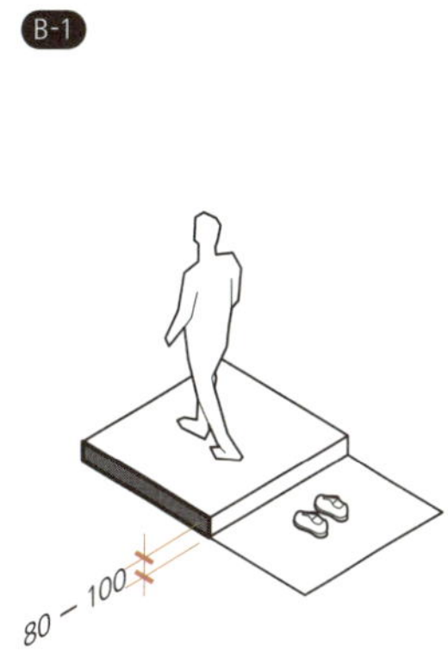

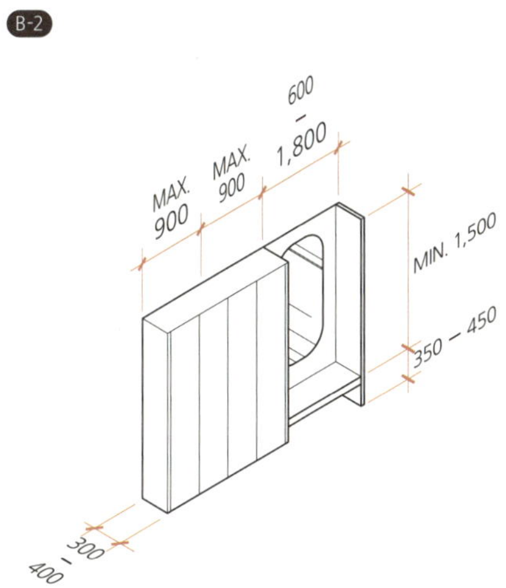

복도에서 가구 회전 가능여부 확인

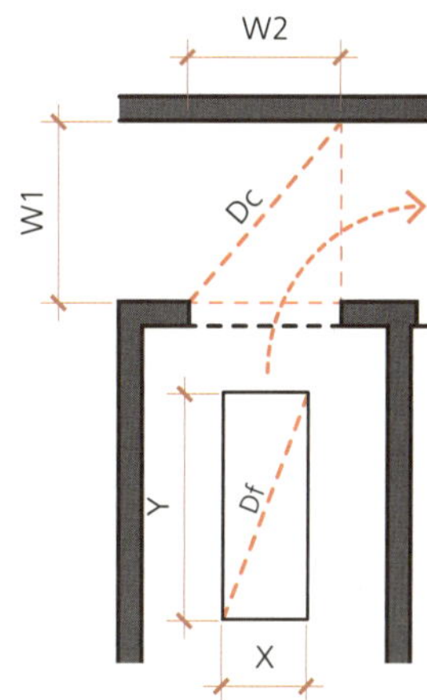

$Dc \geq Df$

$Dc = \sqrt{W_1^2 + W_2^2}$

$Df = \sqrt{X^2 + Y^2}$

Dc = 복도 대각선 길이
Df = 가구 대각선 길이

건축 변형

현관 — 복도

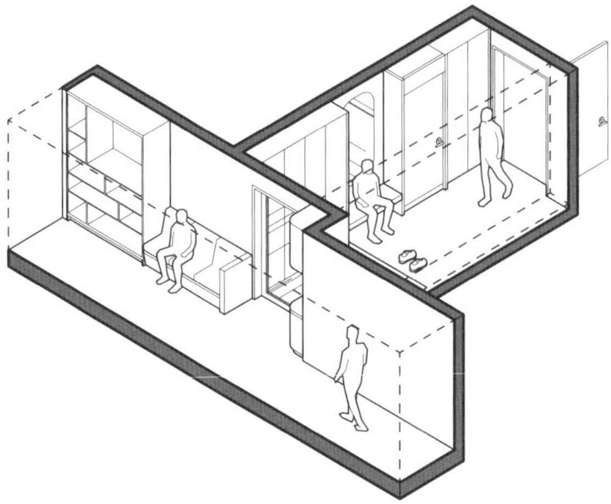

현관 길이 확장

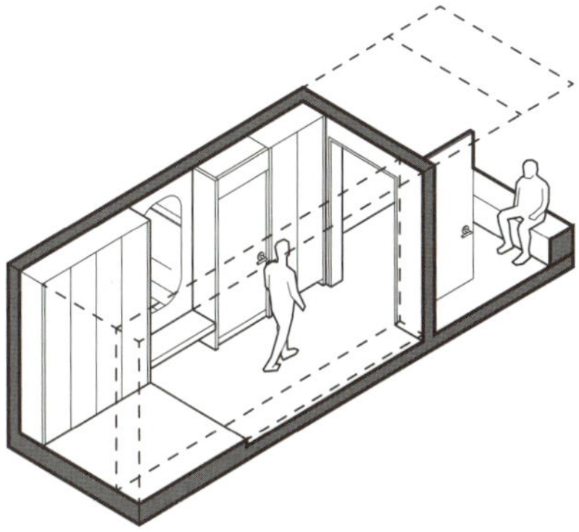

캔틸레버 구조나 처마를 통한 외부현관 형성

현관 너비 확장

현관 너비 확장으로 자전거 및 스포츠 용품 등 실내보관

현관 길이 확장

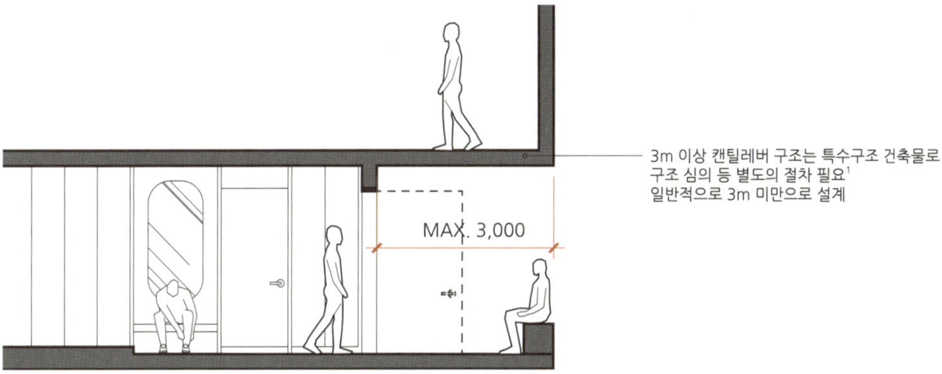

캔틸레버 구조를 통한 외부현관 형성

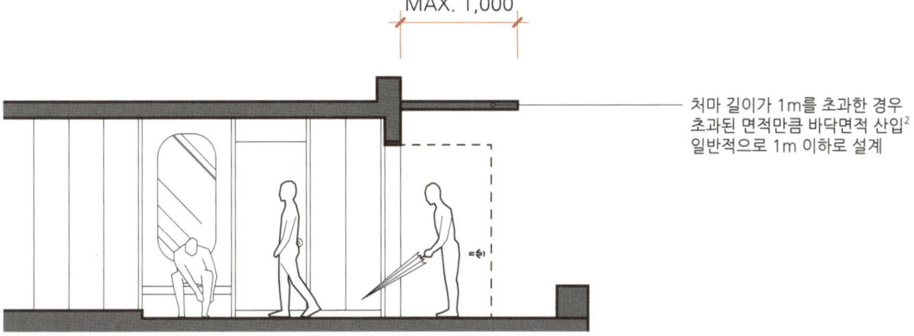

처마를 통한 외부현관 형성

1 「건축법 시행령」 제2조 (정의) 제18호
2 「건축법 시행령」 제19조 (면적 등의 산정 방법) 제1항 제2호

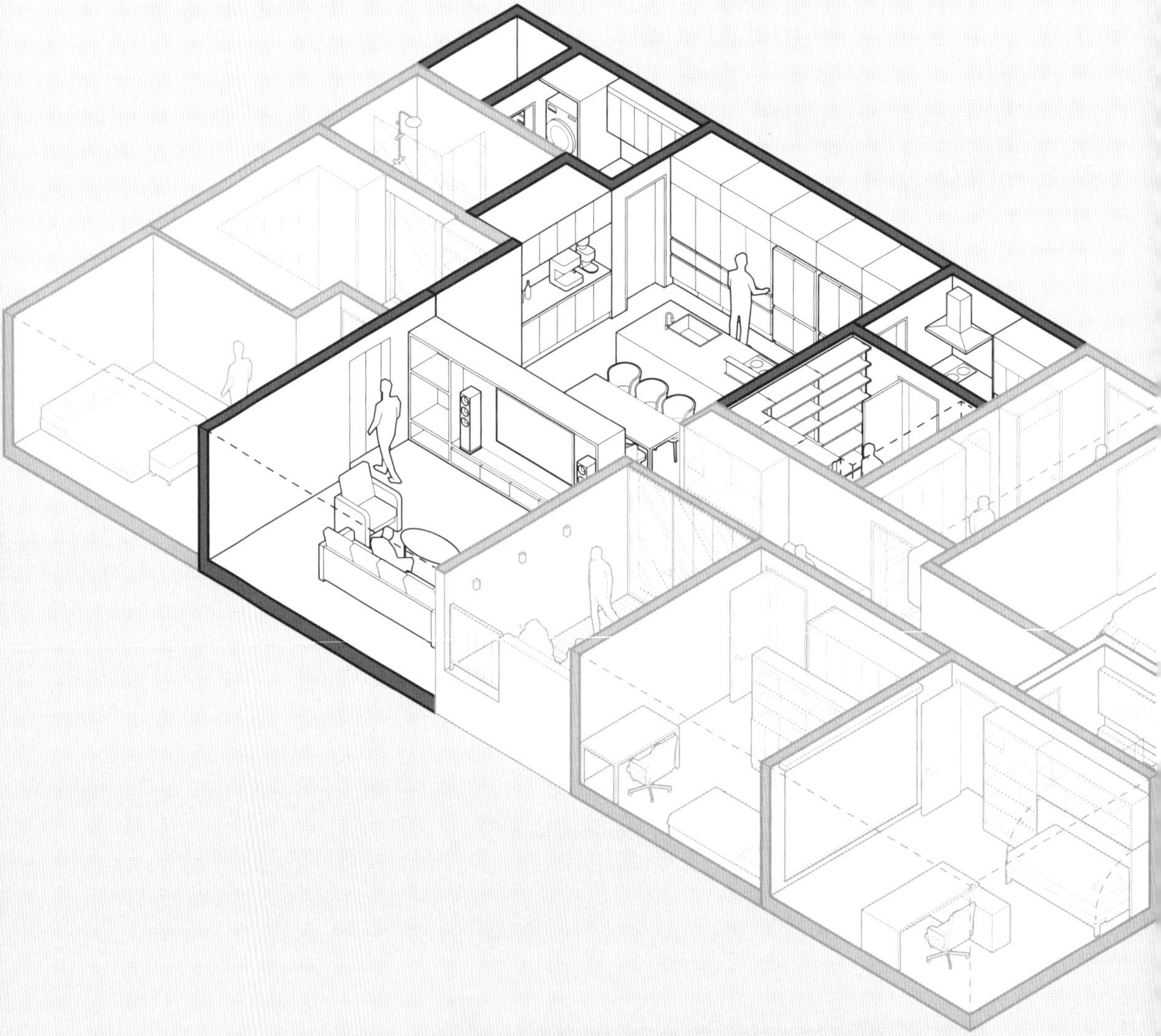

주택
HOUSING

거실 — 주방 — 다용도실

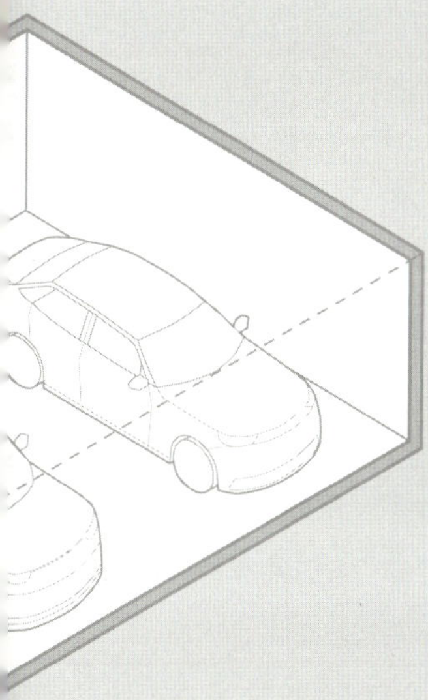

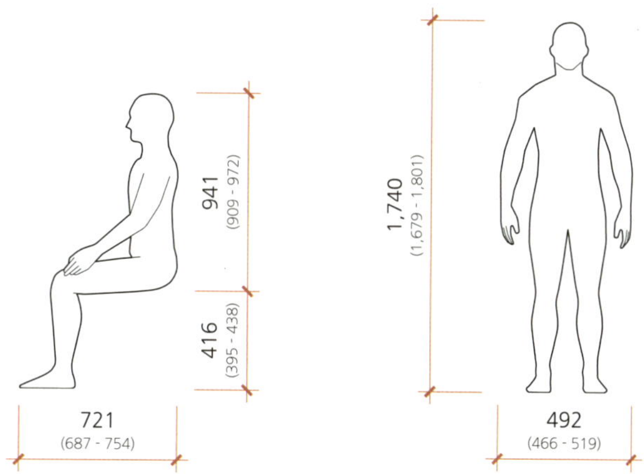

거실 티비장

티비장은 티비를 올려놓고 동시에 필요한 셋탑박스Set-top Box나 공유기 등을 설치 · 보관하기 위해 제작된다. 이 때 셋탑박스나 공유기 등이 그대로 노출되는 경우 미관을 해치므로 수납장의 일부를 열린 칸막이 구조로 제작하여 두는 것이 깔끔하다. 필요에 따라 적외선 방식의 리모컨이 작동할 수 있으면서 속은 잘 보이지 않도록 어두운 빛깔의 유리문을 두기도 한다.

벽걸이 티비 브라켓의 보급으로 셋탑박스나 공유기 또한 벽체에 매입하거나 티비 뒷벽에 부착하여 사용하면서 티비장을 두지 않기도 하지만 여전히 리모컨 등을 보관하기 위한 수납장의 기능과 더불어 사운드바Soundbar나 블루투스 스피커, 또는 분위기 조성을 위한 디퓨져나 조명기기를 올려두는 선반 용도로 두기도 한다. 이런 경우 답답하고 전면이 꽉 막힌 큰 수납장으로 조성하기 보다는 벽체에서 하중을 지지하는 방식이나 다리를 만들어 하부를 띄우는 방식을 추천한다

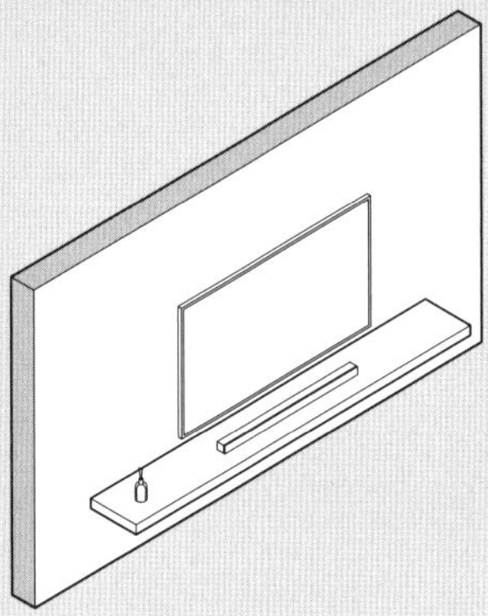

벽걸이 티비 및 선반

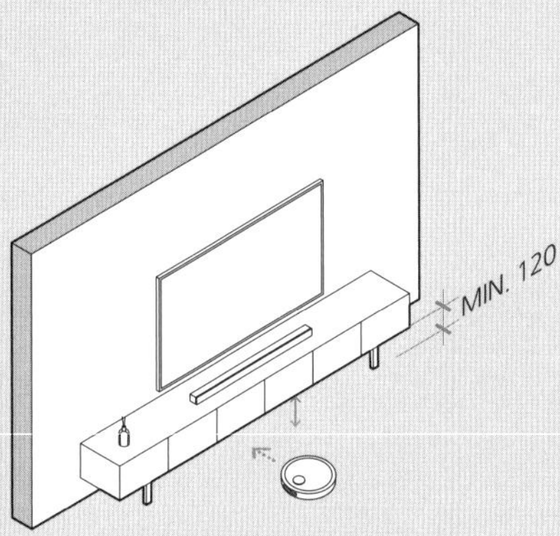

수납장 하부 최소 높이

바닥재

바닥 마감재는 대리석, 타일, 목재 마루, 콘크리트 폴리싱, 카펫 등 여러가지가 있지만 한국은 계절 변화에 따른 연간 온도 차이가 극명하고 주택에서는 바닥 난방을 한다는 점을 고려해 마감재를 선택해야한다. 한국 주택에서는 대부분 천연 · 인조 대리석, 자기질 타일, 장판, 마루재 안에서 마감재를 선택한다.

대리석과 타일

천연 대리석은 고급스럽고 오염에 강하지만 비싸고 난방을 가동한 뒤 데워지는데 시간이 오래 걸리는 단점이 있다. 특히나 액체를 흡수하는 경향이 있어 밝은 천연 대리석에 커피나 와인을 쏟고 바로 제거를 하지 않으면 변색이 일어나기도 하며 관리를 제대로 하지 못할 경우 표면 구멍 사이사이에 곰팡이가 생기기도 한다. 돌가루를 레진Resin이나 시멘트와 반죽하여 만드는 인조 대리석은 다른 장단이 있다. 일단 천연 대리석보다 가격이 저렴하고 오염에도 강하지만 반대로 열에는 약하다. 수분을 흡수하지 않아 모르타르로 붙여 시공을 할 경우 부착력이 떨어지며 에폭시Epoxy 본드로 시공할 경우 난방에 따른 팽창, 수축이 반복되면서 깨지거나 뒤틀릴 수도 있다. 또한 동일한 대리석 패턴이 반복되고 표면을 아크릴제로 코팅을 하기 때문에 표면이 미끄러워 주의해야한다.

대리석을 대체하는 재료로 타일을 사용하기도 한다. 바닥에는 자기질 타일[1] 중 표면을 매끈하게 광택 낸 폴리싱 타일Polished Porcelain Tile을 사용하는데 열전도율과 열기를 보존하는 능력도 뛰어나지만, 아주 미끄럽고 충격에 약하며 반사율 또한 매우 높아 표면이 오염됐을 때 지나치게 눈에 띄는 경향이 있다.

대리석, 타일 모두 300mm 단위의 가로 · 세로 조합으로 사용 가능하나 바닥에 시공하는 경우 줄눈을 적게 넣어 시각적으로 넓고 시원하게 보여지기 위해 600 x 600mm 규격을 주로 사용하며 거실 등 넓은 곳은 400 x 1,200mm나 600 x 1,200mm까지 사용하기도 한다.

1 타일은 자기질 타일Porcelain Tile과 도기질 타일Ceramic Tile로 구분한다. 흔히 섞어 말하는 포세린 타일이나 세라믹 타일은 영어 표현일 뿐 같은 종류 타일을 말한다. 자기질 타일은 1,200 - 1,400℃에서 구워내 무게도 상대적으로 무겁고 두께도 두꺼워 강도가 높으며 내열성이 뛰어나고 물을 잘 흡수하지 않아 바닥재나 외벽에 주로 사용한다. 그에 반해 도기질 타일은 900 - 1200℃로 상대적으로 낮은 온도에서 구워 내며 색상과 디자인이 다양하며 비교적 얇고 가벼운 대신 다공질로 물을 잘 흡수하고 강도 또한 낮아서 내벽타일로 주로 사용한다. 당연히 가격은 자기질 타일이 더 비싸다.

마루재[2]

오래전부터 주택에 주로 사용하던 장판[3]은 초기에는 조선시대 양반집에서 한지에 기름을 먹여 바닥재로 쓰던 '장유지'라는 재료 색상을 그대로 따서 노란색이었다. 1990년대에는 나무결 무늬가 유행하기 시작해서 장판에 나뭇결을 인쇄하여 마치 목재 널빤지를 붙인 바닥처럼 보이게 하기도 하였다.

장판은 한 바닥 전체를 크게 덮어 시공하기 때문에 바닥에 습기가 차서 곰팡이가 쉽게 생겼고 부분적으로 문제가 생긴 곳을 보수할 경우 보기 싫게 눈에 띄게 된다. 또한 가구 등 무거운 물건을 다른 곳으로 재배치 할 때 기존 위치에 가구가 눌린 자국이 선명하게 남는 단점도 있다. 이런 장판의 단점을 보완하고 널빤지를 가공해 붙여 시공할 때 자연스레 생기는 틈을 통해 시지각적 질감을 다르게 만들어 진짜처럼 보이도록 한 마루재가 보급되기 시작했다. 원목마루Solid Wood Floor, 합판마루Plywood Floor, 강화마루Laminate Floor, 그리고 강마루Engineered Wood Floor 등이 주택 바닥 마감에 주로 사용하는 마루재이다.

2 마루는 사전적으로 집채 안에 바닥과 사이를 띄우고 깐 널빤지와 그 널빤지를 깔아 놓은 곳 둘 모두를 지칭한다. 여기서는 널빤지 그 자체 즉, 자재로서 사용한 용어이다. 이에 대한 혼란을 막기 위해 마루 대신 마루재라고 칭하였다.

3 PVC로 만든 시트

원목마루는 내수합판 표면에 2 - 4.5mm 두께의 원목을 붙여 만든다. 표면재로 사용하는 원목의 두께가 상당히 두꺼워 발에서 느껴지는 나무 소리와 질감이 원목 단판처럼 느껴져 고급스럽지만 그만큼 비싸고 바닥 난방열을 전달하기가 어렵다는 단점이 있다.

온돌마루라고도 부르는 합판마루는 원목마루와 같은 방식이지만 내수합판 표면에 0.2 - 0.5mm 두께로 얇게 켠 원목을 붙인 것이다. 원목마루와 구성 방식이 같기에 원목마루로 부르는 사람도 있으나 원목마루와 구분해야한다. 원목마루는 두께가 두꺼워 눌림이나 찍힘에 비교적 강한 반면 합판마루는 표면 원목이 상대적으로 얇은 천연 목재이기에 표면 강도가 약하다. 원목마루와 합판마루 모두 표면은 진짜 목재이기에 물 청소, 스팀 청소가 불가능하며 습도 조절이 매우 중요하다. 또한 바닥에 접착식 시공을 하기에 교체나 수리가 번거롭다.

강화마루는 HDFHigh-Density Fiberboard에 원목 무늬 필름지를 붙이고 고강도 멜라민 라미네이트High-Pressure Melamine Laminate 코팅으로 표면 강화 한 것이다. 유럽에서 강화마루가 개발될 때 그들이 사용하던 원목마루에 비해 두께가 얇아서 걸을 때 충격과 소음이 심했다.

이를 해결하기 위해 바닥에 부직포를 깐 뒤 비접착식으로 시공하였다. 접착제를 사용하지 않고 서로의 돌출부위를 끼워 맞춰 시공하는 방식으로 부분 교체는 용이하지만 걸을 때 소리가 울리고 온도 변화에 따라 수축 팽창하다가 마루 사이가 심하게 벌어지기도 한다. 또한 안 재료로 사용한 HDF는 물이 스며들 경우 물을 먹고 벌어지는 약점이 있다. 예전에는 접착제가 건강에 좋지 않다는 이유로 접착제를 사용하지 않는 강화마루가 인기 있었으나 이제는 친환경 접착제가 많이 개발되어 접착 시공방식을 주로 사용한다. 주택의 다락이나 상업시설에는 온수 바닥 난방을 사용하지 못하고 난방 필름을 사용해야해서 접착제를 사용하지 않는 바닥 마감재를 여전히 사용하기도 한다.

강마루는 내수합판에 원목 무늬 필름지를 압착하고 고강도 멜라민 라미네이트High-Pressure Melamine Laminate코팅[4]으로 표면 강화한 것이다. 안 재료에 HDF를 사용하는 강화마루보다 훨씬 습기에 강하고 온수 배관을 통한 열전도율도 높다. 접착식으로 시공하기에 현가식 시공Floating Installation을 하는 강화마루보다는 부분 보수에 있어서 조금 번거로운 편이다. 가격은 마루재보다는 비싸지만 여전히 싼 측에 속해서 최근 대부분 공동주택에는 큰 고민 없이 강마루를 사용하는 추세이다.

4 HPM또는 HPL로 줄여 쓴다. 강화마루와 강마루 모두 가격대에 따라 LPMLow-pressure Melamine Laminate로 코팅 되는 제품도 있다. 일반적으로 LPM은 코팅 시트Sheet가 1장, HPM은 2장 이상이다. HPM, LPM은 가구 표면에서 흔히 볼 수 있는 것으로 함침Impregnation용 원지에 열경화성 멜라민 수지를 침투, 흡수 시켜서 표면을 만들어 내는 것이다.

모든 마루는 마루를 까는 방식에 따라 다음과 같이 분류할 수 있다.

일자 패턴 Straight Pattern

주로 사용하는 방식으로 벽돌을 엇갈려 쌓는 방식과 모양이 같다. 시공 방식이 간단하고 방 크기나 비례에 상관 없이 재료를 낭비하지 않고 합리적으로 사용할 수 있다. 시각적으로 단정하고 안정적이며 편안한 느낌을 준다. 널빤지를 방의 긴 쪽과 수평으로 맞추면 방이 더 커 보이는 효과가 있다.

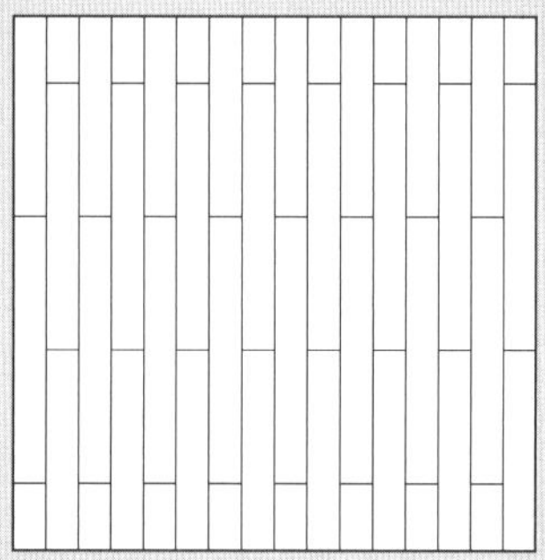

벽돌 패턴

요즘은 문턱을 만들지 않는 추세이기에 복도 벽과 패널 긴 방향을 수평으로 일치시켜 시각적으로 경쾌하고 시원한 느낌을 확보하고 연결된 방까지 그 방향을 맞추는 경우도 있다. 일자 패턴은 단방향 널빤지 위치에 따라 다시 벽돌 패턴Brick Pattern, 계단 패턴Stair Step Pattern, 무작위 패턴Random Pattern으로 나뉜다. 한국에서는 기성품 너비가 95 · 120 · 150 · 190mm로, 길이는 900 · 1,200 · 1,800 · 2,200mm 등으로 가로 대비 세로가 매우 긴 널빤지로 제작되고, 긴 판재를 가장 빠르게 시공할 수 있는 방법인 계단 패턴을 주로 사용한다.

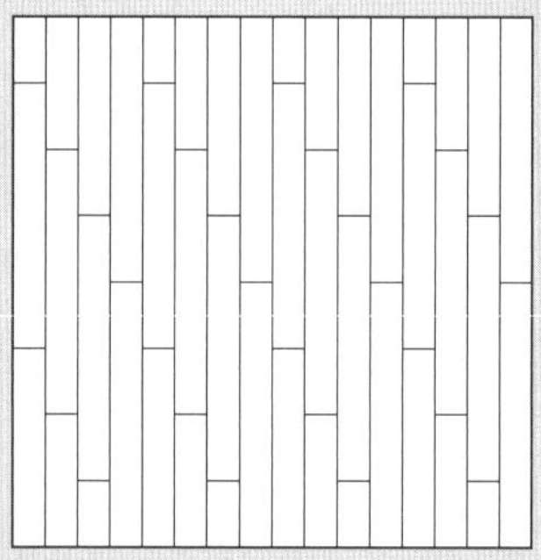

계단 패턴

헤링본 패턴Herringbone Pattern

패턴이 청어Herring 뼈를 닮았다고 해서 붙은 이름이다. 인접 널빤지를 90°로 만나게 하여 V 모양이 연속되도록 시공한다. 역동적이고 우아한 느낌을 주며 고전적이거나 모던한 디자인에 모두 잘 어울린다. 일자 패턴에 비해 계획 단계에서부터 정확한 제품 선택에 따른 바닥 패턴 디자인이 필요하며 상대적으로 길이가 짧은 헤링본 전용 제품을 사용해야한다. 또한 인건비가 많이 들고 작업자의 숙련도가 마감 품질에 큰 영향을 준다. 두겹으로 해링본 패턴을 만드는 더블 헤링본 패턴도 있다.

쉐브론 패턴Chevron Pattern

헤링본 패턴과 비슷해 보이지만 큰 차이가 있다. 두 널빤지가 90°로 만나지 않고 일정한 각도로 연귀 맞춤Mitered Edge을 하여 V자 모양을 만든다. 일자 널빤지를 일정한 각도로 하나씩 잘라서 사용하는 경우는 거의 없고 짧은 변을 미리 사선으로 가공한 쉐브론 전용 널빤지를 사용하며 제품에 따라 V의 안 각이 정해진다. 헤링본 패턴이 짧은 지그재그 선을 그리는 것과 달리 쉐브론 패턴은 V자 중앙과 좌우로 길게 직선 패턴이 나오게 되며 이에 따라 시각적으로 강렬하면서도 동시에 우아한 느낌을 준다. 헤링본 패턴과 마찬가지로 계획 단계에서부터 단위 부재가 만나는 각도나 길이를 결정하는 등 치밀한 계획이 필요하다. 일자 패턴에 비해 상대적으로 인건비가 많이 들며 작업자의 숙련도가 중요하다.

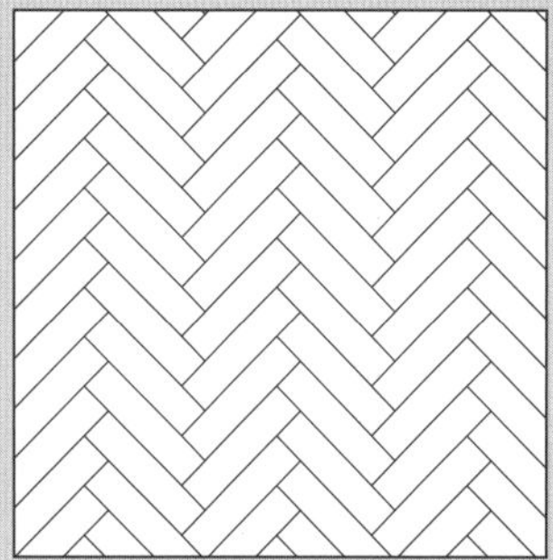

헤링본 패턴

쉐브론 패턴

쪽모이 패턴Parquet Pattern

널빤지 3 - 7 장이 하나의 정사각형을 만들고 그 정사각형이 모여서 더 큰 패턴을 만드는 방식이다. 자세히 보면 헤링본과 쉐브론 패턴을 모두 포함하고 있으며 길게 이어진 선들은 수직, 수평으로 만나 복잡하면서도 정교하고 시원한 느낌을 준다. 기본 패턴을 다양하게 변화 시킬 수 있어서 대저택이나 궁전 등에 주로 사용했다. 정사각형 패턴 바깥쪽으로 길이가 긴 널빤지를 교차시킨 베르사유 패턴Versailles Pattern과 바구니직조 패턴Basketweave Pattern[5], 정사각형 패턴 바깥쪽으로 연귀 맞춤을 한 테두리 널빤지를 둘러 삼각형, 사각형, 마름모와 같은 기하학적 형태 조화를 만드는 몬티첼로 패턴Monticello Pattern[6] 등이 있다. 장식적이고 단위 패턴이 하나의 널빤지 단위가 아닌 널빤지가 모인 면으로 인식되기에 넓은 바닥에 적용하는 것이 좋다. 형태와 비례 조합이 다채롭고 다양한 나무를 섞어 고유의 색상과 무늬를

베르사유 패턴

바구니직조 패턴

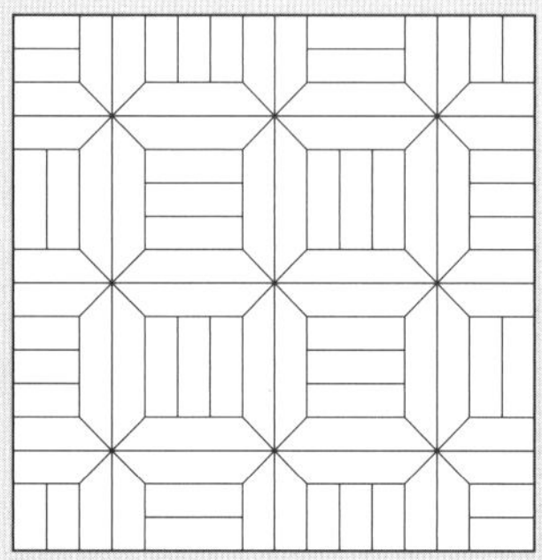

몬티첼로 패턴

5 베르사유 패턴과 바구니직조 패턴은 중앙부 사각형과 테두리 널빤지의 비율에 따라 달라진다.

6 몬티첼로Monticello는 이탈리아 말로 작은 언덕이란 뜻으로 미국 제3대 대통령 토머스 제퍼슨Thomas Jefferson이 미국 버지니아주 샬롯빌Charlotteville, VA 언덕에 사저를 지을 때 집에 붙인 이름이다. 몬티첼로에는 여러가지 마루 패턴이 있는데 응접실에서 기존에 볼 수 없었던 프랑스 쪽모이 패턴을 응용한 몬티첼로 패턴이 있었기에 자연스럽게 패턴 이름이 되었다. 사저에서 볼 수 있는 몬티첼로 패턴은 가운데 정사각형이 서너 개의 널빤지가 모여서 구성된 것이 아닌 하나의 큰 체리나무Cherrywood 널빤지로 되어있었고 테두리를 너도밤나무Beechwood 널빤지로 감싸 무늬를 차이를 주었다.

조합해 바닥을 만들어 갈 수 있다.

따라서 변형된 패턴으로 계획할 때 어떤 패턴을 사용할 것인지, 널빤지를 크기와 비례는 어떻게 조합할 것인지, 어떤 수종을 조합해 색상과 나무결 무늬를 조화롭게 할 것인지, 그리고 마지막으로 결정한 재료들을 시공 시점에 수급할 수 있는지 등 고민할 부분이 많다. 당연히 자재비와 시공비가 가장 많이 들며 유지 보수에 신경 써야한다.

너비 혼합 패턴Mixed-width Pattern

여러 너비의 널빤지를 섞어서 패턴을 구성하는 것으로 완전히 무작위로 하거나 일정한 무작위 패턴을 반복하기도 한다. 너비와 길이가 모두 무작위인 경우 자유분방한 분위기를 넘어 정신 없어 보일 수 있기에 길이는 고정하고 한 가지 수종을 사용하는 것이 일반적이다. 자투리 너비 널빤지도 버리지 않고 사용 가능해 경제적이며 어디에도 없는 독특한 패턴을 만들 수 있다. 하지만 아무리 무작위라 해도 계획 없이 시공하는 것은 좋지 않으며 어떤 너비와 길이들을 조합할지 미리 계획하고 시공 시 무작위를 통제하는 능력이 필요하다. 시각적으로 매우 눈에 띄고 자칫 산만해질 수 있기에 상대적으로 작은 방에 적용하는 것이 좋다.

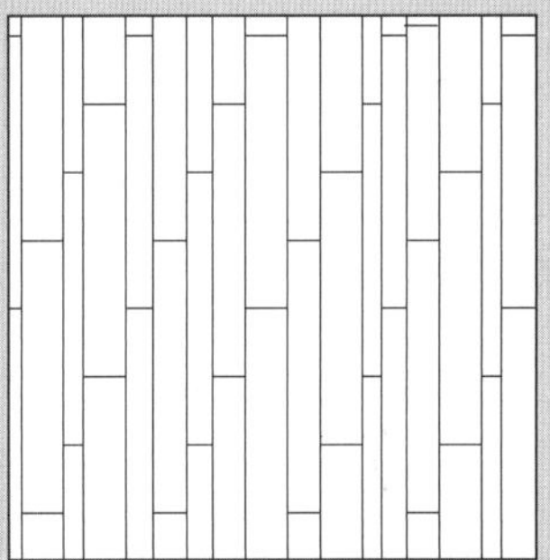

너비 혼합 패턴

아파트 전형

거실

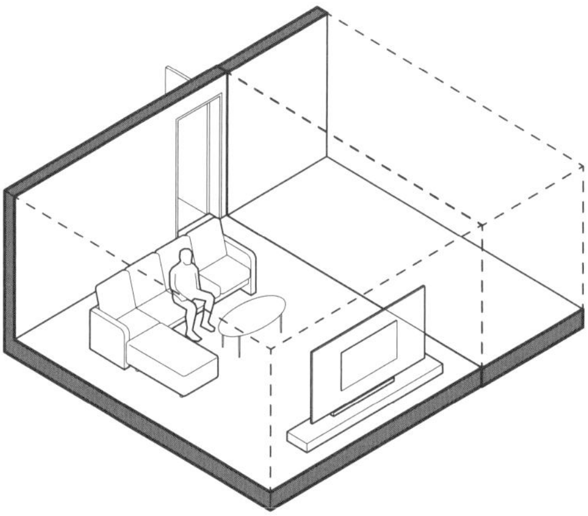

인테리어 변형

거실

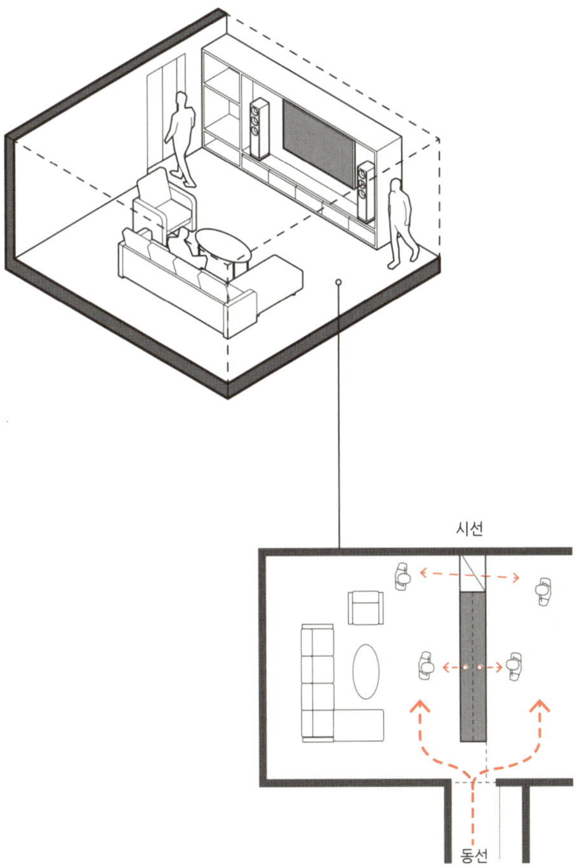

붙박이 가구를 통한 공간 분할

인테리어 변형

거실

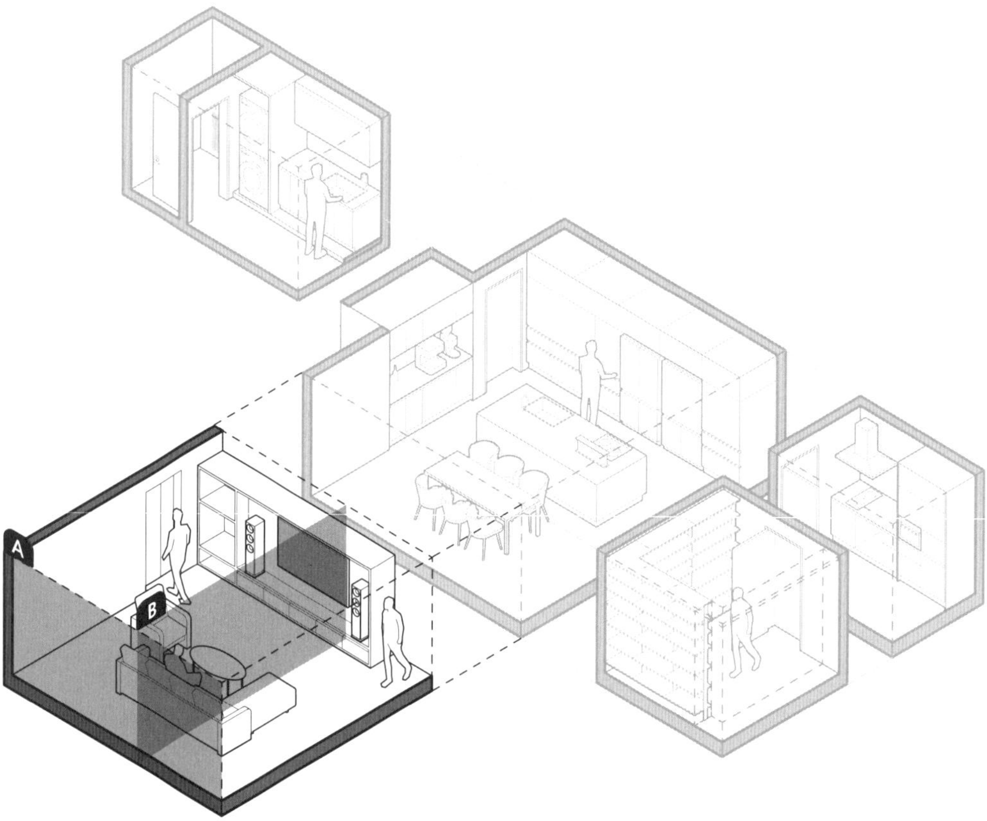

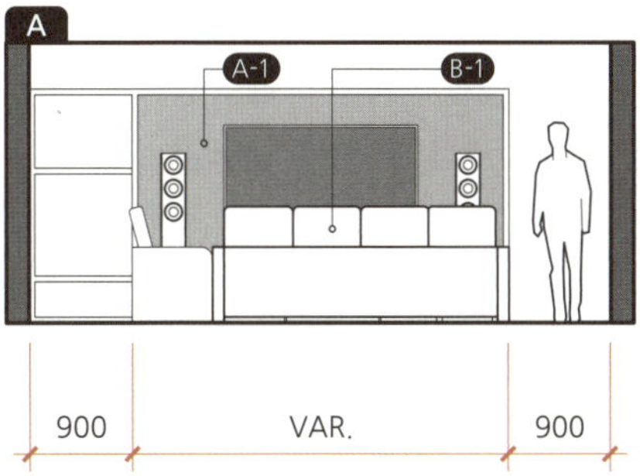

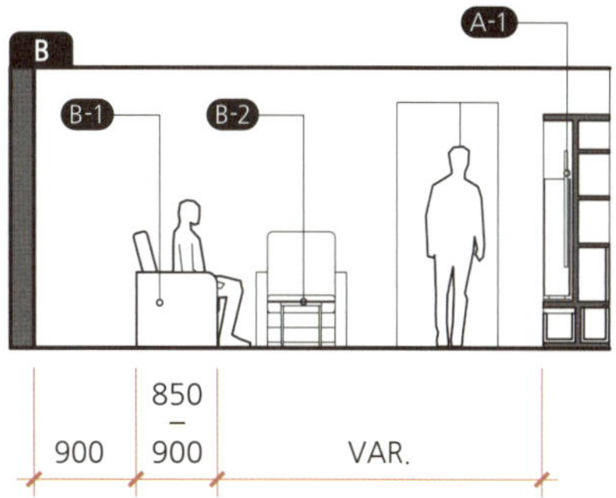

A-1

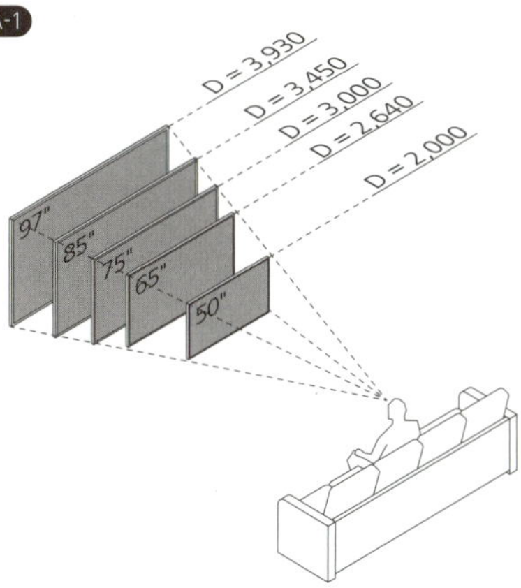

공간 크기에 따른 TV 사이즈 선택
권장거리 = 대각선 길이 x 1.6

inch	cm	권장이격거리(mm)
50	127	2,000
65	165	2,600
75	190	3,000
85	216	3,450
97	246	3,930

B-1

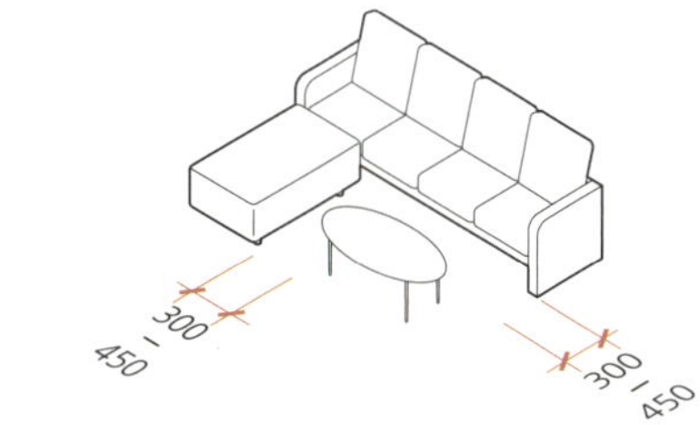

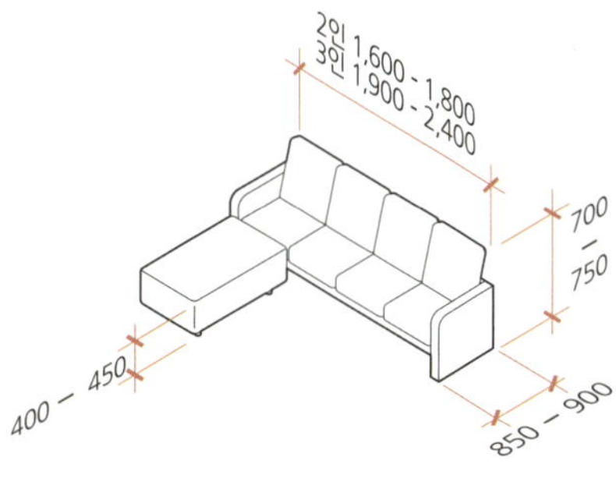

B-2

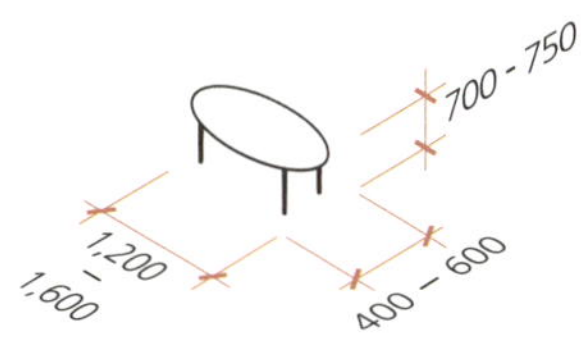

건축 변형

거실

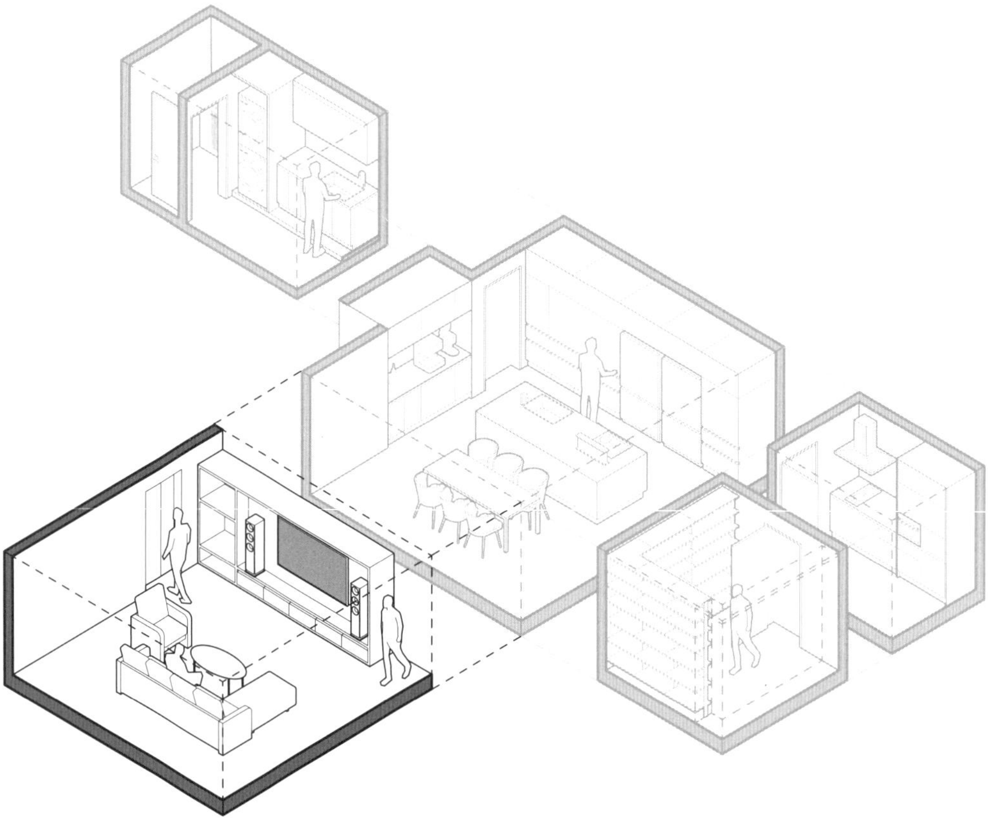

수직적 변형공간 및 공간분할

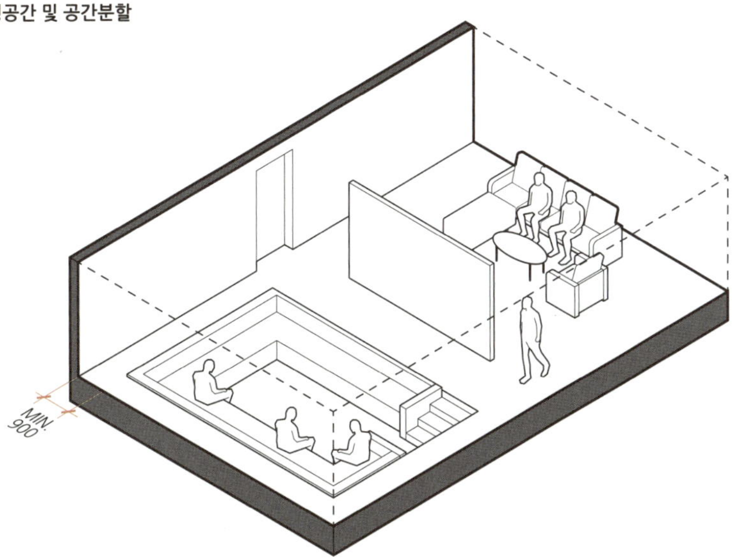

선큰Sunken형 거실공간

외부공간 연계 변형공간

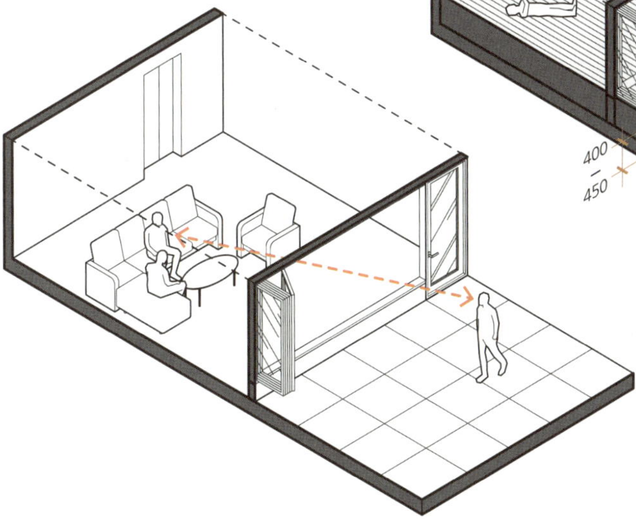

창이나 기단Podium을 통한 외부공간과 거실의 시각적 연계

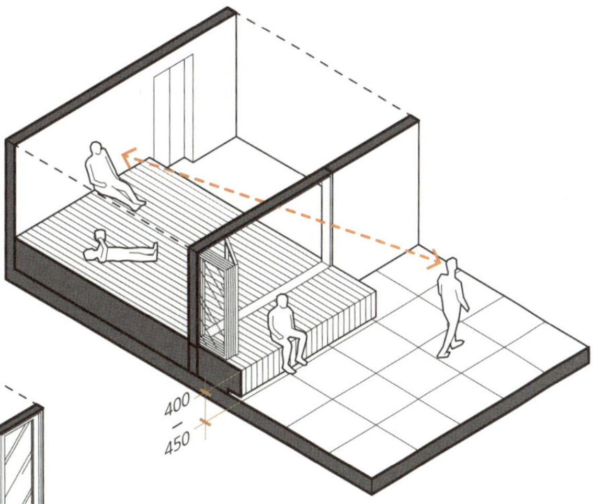

거실 평상을 물리적으로 확장하여 외부공간과 연계

주택

HOUSING

거실 — **주방 — 다용도실**

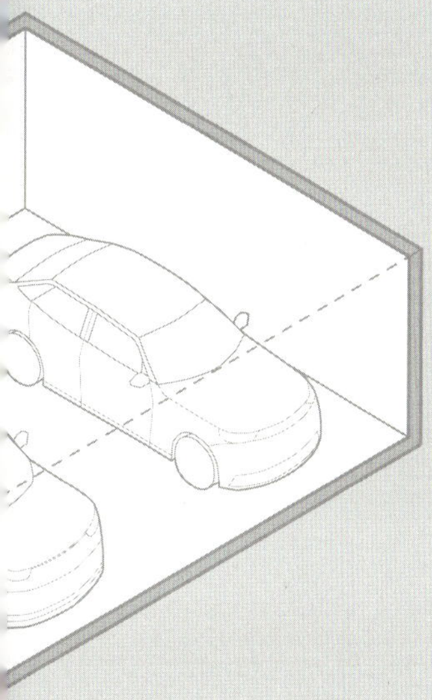

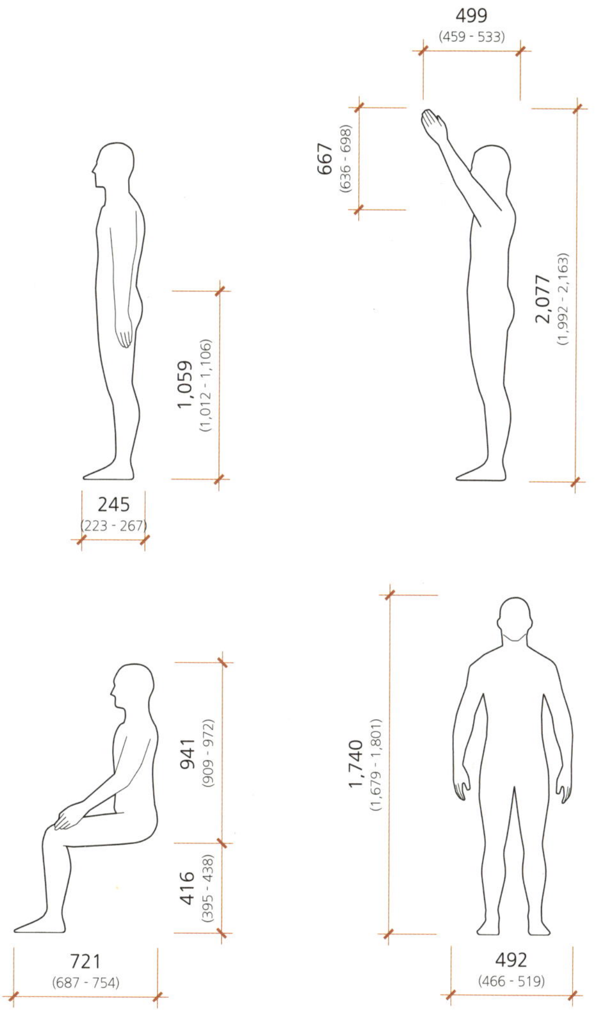

주방 작업대

상판 높이

식당 주방에서 흔히 볼 수 있는 스테인리스 스틸로 만든 기성 개수대Sink는 높이를 800mm로 제작한다. 이와 마찬가지로 과거 한국 주택에서도 개수대와 가열대를 포함한 작업대 상판 높이는 800mm로 시작했다. 이는 전통적으로 주방을 여성이 주로 사용하는 공간으로 인식하였고 과거 한국 여성의 평균 신장이 155cm 정도였기 때문이다. 그러나 최근 남성들도 주방에서 요리나 설거지를 하는 일이 늘어나고 한국 성인 남녀의 평균 신장이 급격하게 커지면서 오랫동안 표준으로 자리 잡았던 상판 높이가 변했다.

대체로 이상적인 상판 높이는 사용자 팔꿈치 높이에서 100 - 150mm를 뺀 높이로 본다. 밀가루를 반죽하거나 고기를 다지는 등 과격한 움직임을 자주 한다고 가정하면 200mm를 빼기도 한다. 하지만 본인의 팔꿈치 높이를 재서 기억하고 있는 사람은 많지 않기에 이를 공식화하여 인테리어 분야에서 사용하고 있는 것이 [사용자 키 / 2 + 50mm] 이다.

키가 170cm인 사람을 기준으로 계산한 적정한 상판 높이는 1700 / 2 + 50 = 900mm이 되는 것이다.[1]

현재 한국 공동주택에서 일괄적으로 적용하는 개수대를 포함한 상판 높이는 850 - 870mm이며 옵션으로 900mm까지 제공하고 있다. 과거에 비해 50 - 100mm가 올라간 수준이지만 신축이나 주방 인테리어 리모델링을 생각하고 있다면 주로 사용하는 사람들의 팔꿈치 높이와 작업 내용을 고려하여 제작하는 것이 좋다.

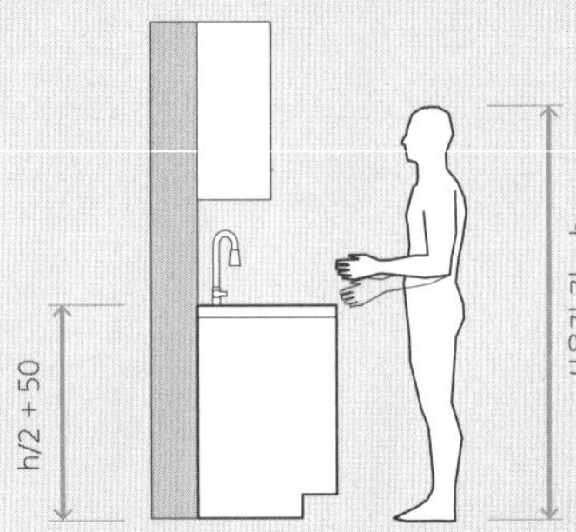

작업대 높이

1 다만 상판보다 아래쪽으로 많이 내려가 있는 개수대가 아닌 작업대 높이보다 높은 곳에서 손이 움직이게 되는 가열대를 기준으로 생각해보면 적정하다는 기준이 50 - 100mm까지 차이가 날 수 있다. 그러나 현실적으로 주방 작업대 높이 차이를 두어 조성하는 것보다 같은 높이로 하는 것이 1. 시각적으로 보기도 좋으며 2. 시공하기도 편하고 3. 꺾인 부분이 없어 파손될 우려도 적기에 같은 높이로 조성한다.

작업 공간

과거 개수대는 너비 450 - 500mm 정도를 많이 사용했지만 최근에는 주방이 넓어지면서 평균 600mm 정도로 커졌다. 개수대는 요리를 할 때나 설거지를 할 때도 모두 사용하는 주방에서 가장 오래 사용하는 시설로 공간에 여유가 된다면 클수록 좋다. 현재 구입 가능한 기성 개수대 중 너비가 가장 넓은 제품이 1,000mm로 그 이상은 한 가족이 사용하기에 불필요하게 넓은 치수라고 보면 된다.

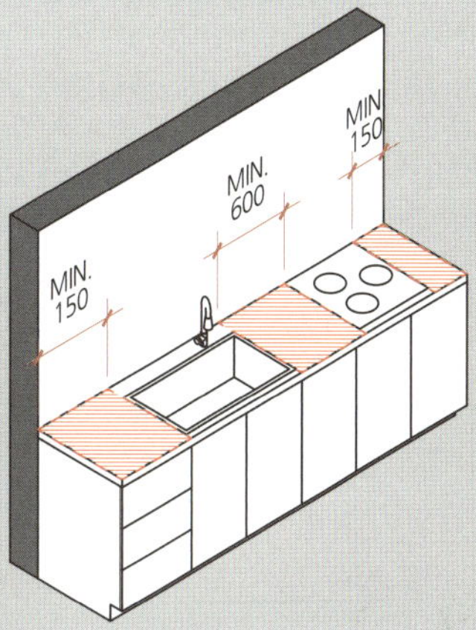

개수대와 가열대 이격거리

개수대와 가열대 사이 조리 공간은 사람의 어깨 너비를 생각했을 때 최소 600mm 이상이 필요하고 여유롭고 편안하게 작업하려면 양팔을 벌린 작업 반경[2]만큼 공간을 늘릴 수도 있다. 가열대와 벽 또는 개수대와 벽 사이는 벽에 열기가 전해지거나 물이 튀는 것을 방지하기 위해 150mm 이상 이격이 필요하니 모두 더하여 길이를 계산하면 된다.

2 대체로 본인의 키와 비슷하다.

주방 후드

주방에서 조리 시 발생하는 연기, 기름 등을 흡입하여 배출하는 장치이다. 과거에는 흡입된 오염된 공기를 외부로 내보내는 두꺼운 관Duct이 벽과 천장을 따라 연결되어 후드는 무조건 벽에 붙여 계획을 하였는데 최근에는 필터를 통해 공기를 정화하여 다시 주방으로 내보내 주는 덕트가 필요 없는Ductless 필터형 후드도 많이 개발되어 공간 활용을 높이고 있다.

벽에 부착해서 노출시켜 설치Wall-mounted하거나 상부장에 매입Under-cabinet Built-in해 설치하는 경우 후드의 하단과 상부장의 하단을 맞추어 시각적으로 정돈시키는 것이 좋다. 단독주택인 경우 수납장 기능을 극대화하고 군더더기 없는 깔끔한 디자인Minimal Design을 채택하기 위해 후드를 천장에 매달아Ceiling-mounted 사용하거나 작업대 하단에 숨겨서 사용하는 다운드래프트Down-draft system 방식을 채택하기도 한다.

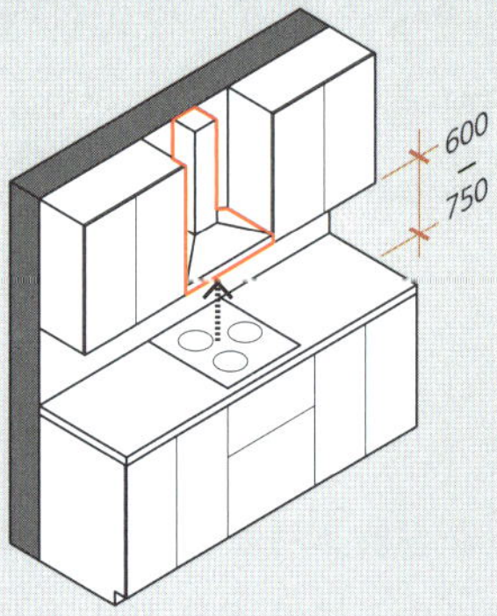

벽부식 후드Wall-Mounted

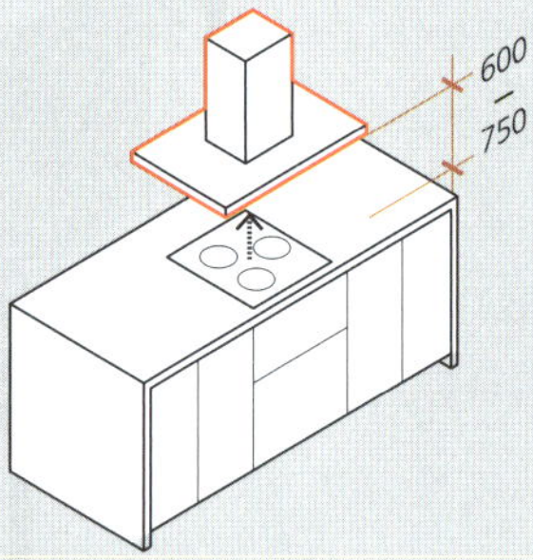

천장고정식 후드Ceiling-mounted

후드는 쿡탑Cooktop에서 너무 가까우면 시야에 방해가 되고 열기에 노출이 되며, 그렇다고 너무 멀면 집진 성능이 떨어진다. 오염된 공기가 상승하며 방사형으로 퍼지는 범위가 넓어지므로 쿡탑의 크기나 너비에 따라 어느 정도 차이는 있지만 일반적으로 쿡탑으로부터 600 - 750mm 떨어진 높이로 설치한다.

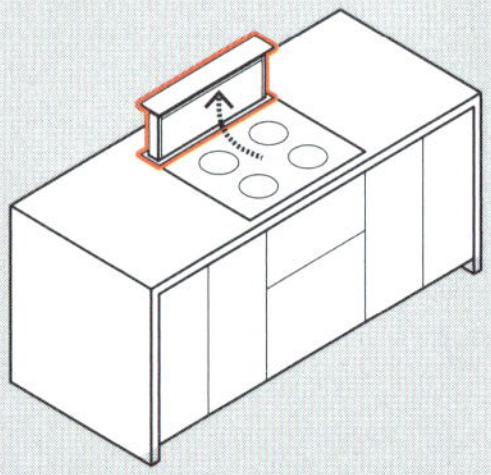

다운드래프트 후드Down-draft system

주방 수납장

주방 수납장은 크게 상부장Wall Cabinets과 하부장Base Cabinets으로 나뉜다. 대체로 상부장에는 접시 등과 같이 가벼운 물건을, 하부장에는 후라이팬, 냄비 등과 같은 무거운 물건과 눈으로 확인하며 꺼내야 하는 수저Cutlery나 조미료 · 향신료 등을 수납한다.

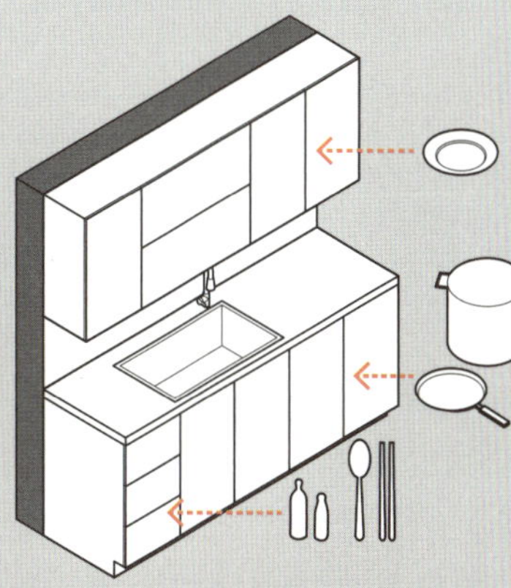

수납장 구성과 수납물품

가볍고 쉽게 조작이 가능한 여닫이식으로만 구성된 상부장과 달리 하부장은 여는 방식이 여닫이 방식Swing Type, 미닫이 방식Sliding Type, 서랍 방식Drawer Type으로 달라진다.

또한 주방 수납장 중 여닫이식 문은 그 너비가 400mm가 넘어갈 경우 일반적인 가구 경첩Hinge으로는 문 처짐Sagging이나 경첩 탈락이 발생할 수 있으니 주의해야한다.

특히 수납장 문의 마감 재료로 건식 무늬목[3]이나 집성목을 사용하는 경우에는 필름지를 붙이는 일반적인 방식보다 훨씬 더 무거워진다는 점도 추가로 고려해야한다. 수납장의 심재Core는 대부분 PB나 MDF를 사용한다.

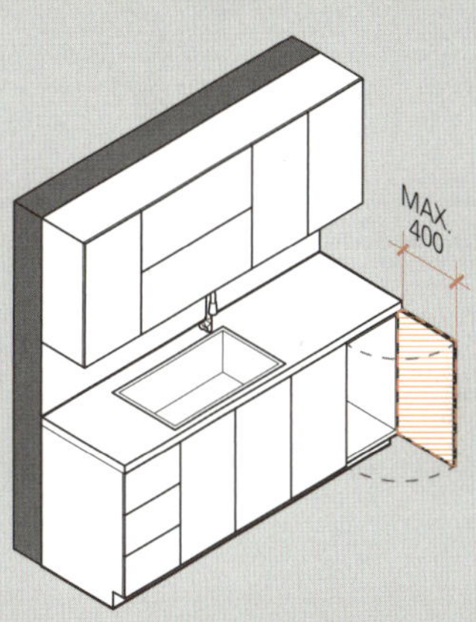

여닫이문 최대 너비

3 0.1 - 0.3mm 두께의 나무 결 무늬로 된 PVC나 PET 계열로 만든 필름을 부착하는 습식 무늬목과 달리 건식 무늬목은 원목을 0.3 - 0.6mm 두께로 절삭하여 마감면에 붙이고 뒤틀림을 방지하지 위해 반대쪽에도 두꺼운 필름지를 부착하게 된다. 필요에 따라 건식 무늬목 마감면에 오일스테인Wood Stain이나 우레탄 코팅제Urethane Varnish 등을 발라 질감이 돋보이게 한다.

아파트 전형

주방 — 다용도실

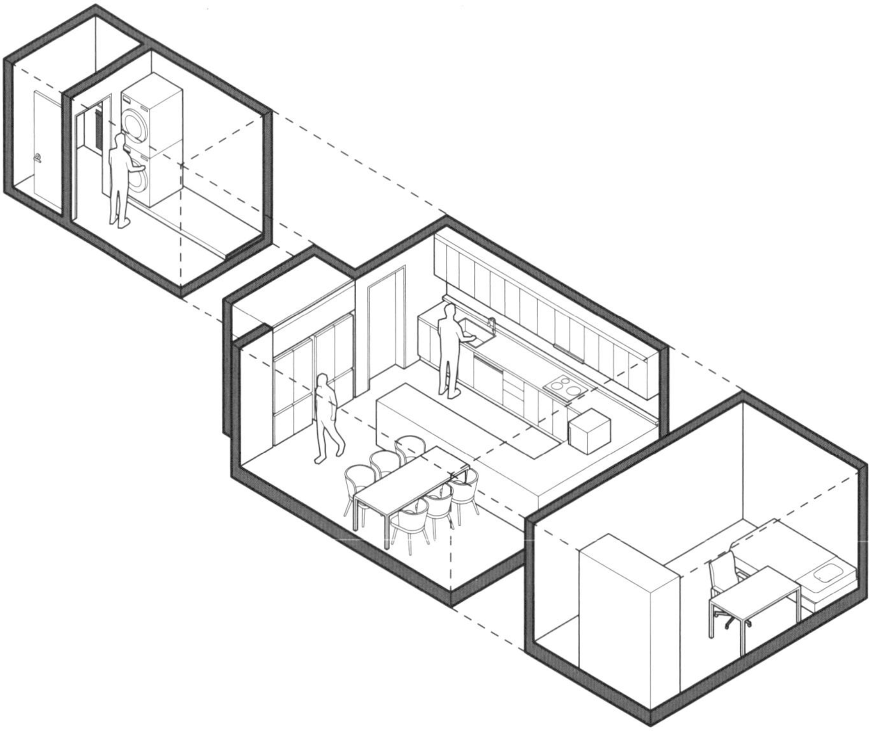

인테리어 변형

주방 — 다용도실

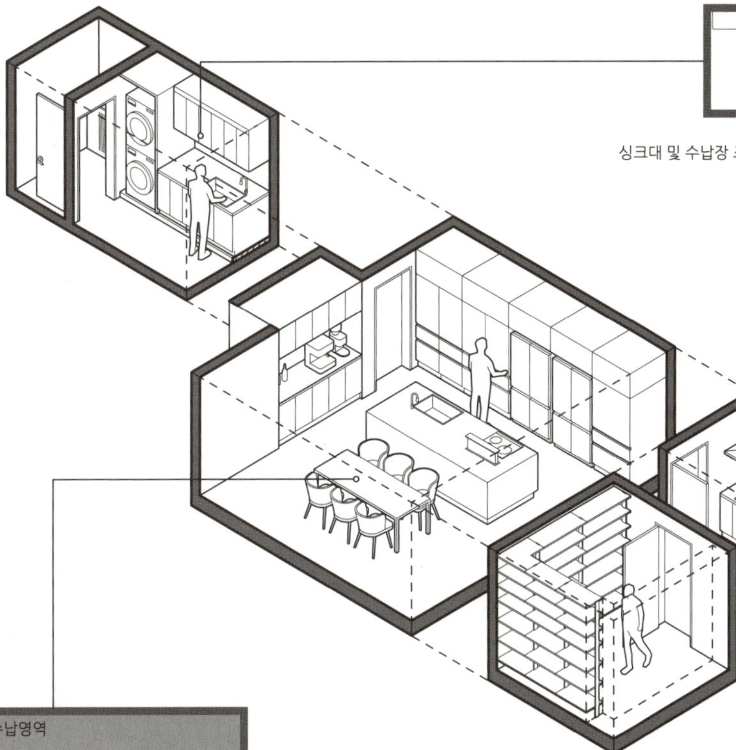

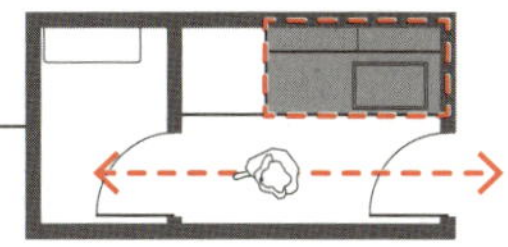

싱크대 및 수납장 조성으로 다용도실 기능 강화

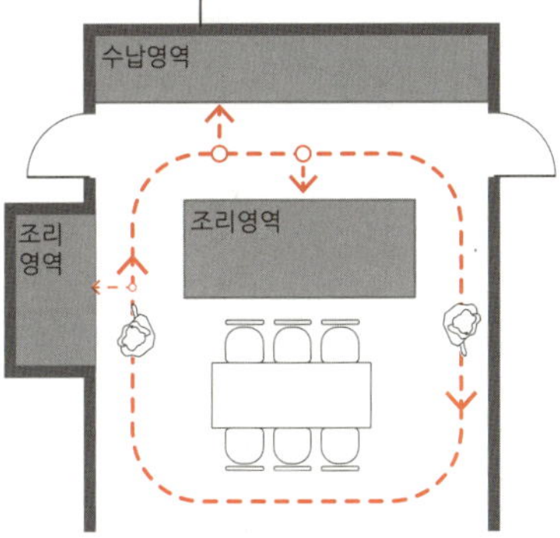

수납 및 조리 영역 구분

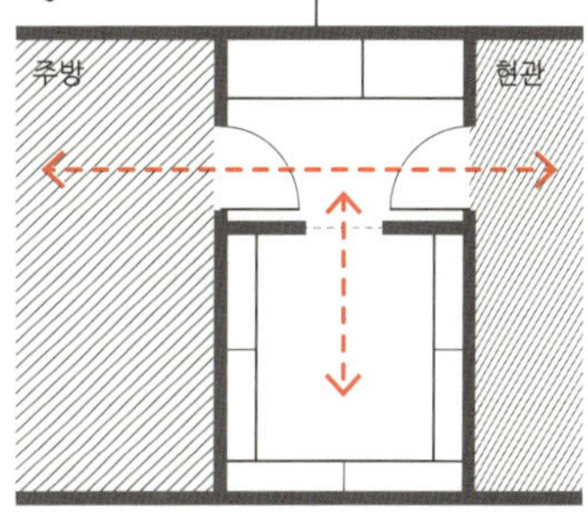

보조 주방 및 식료품 창고 조성

인테리어 변형

주방 — 다용도실

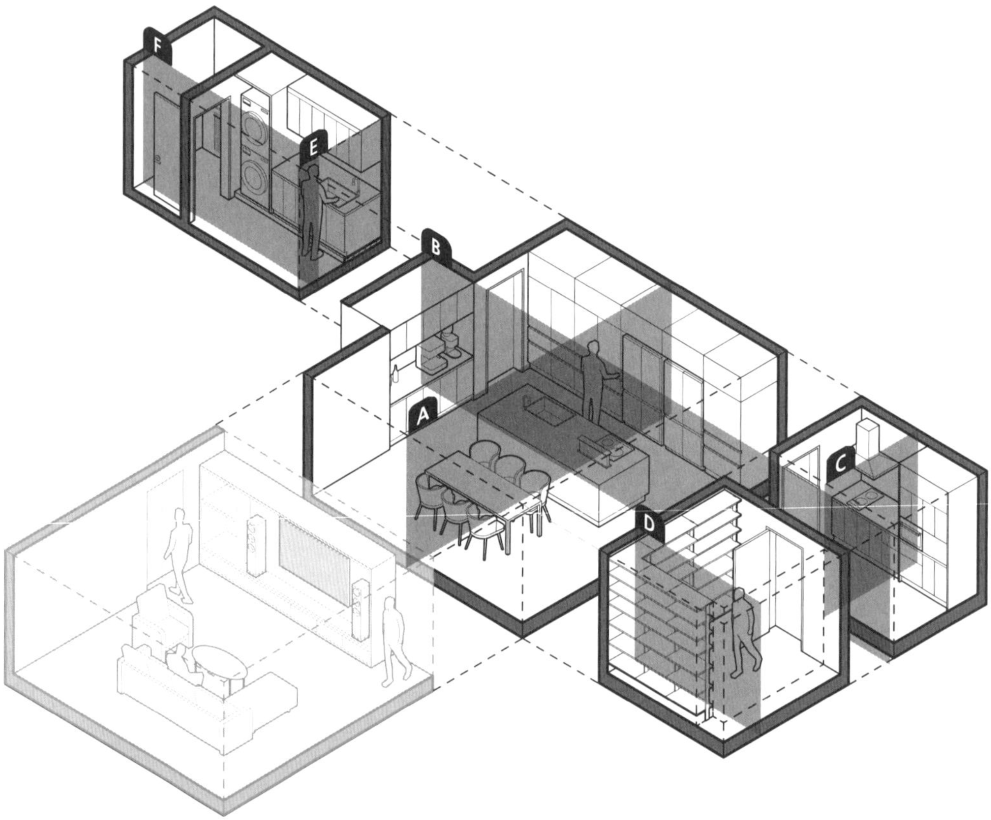

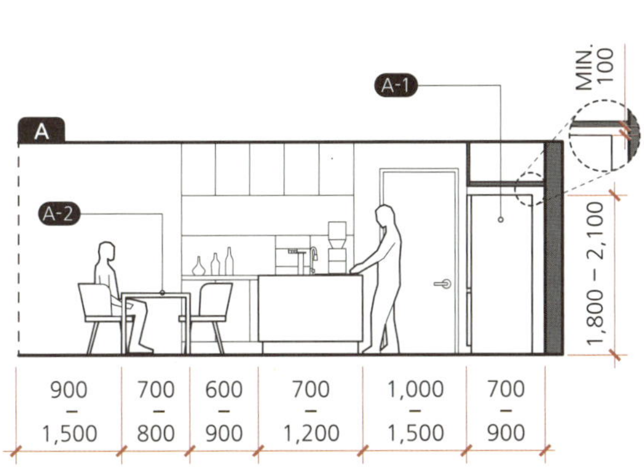
A
A-1
A-2
MIN. 100
1,800 – 2,100
900 – 1,500
700 – 800
600 – 900
700 – 1,200
1,000 – 1,500
700 – 900

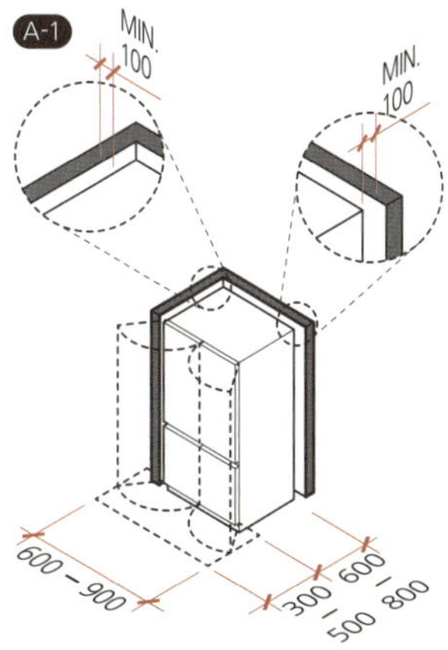
A-1
MIN. 100
MIN. 100
600 – 900
300 – 500
600 – 800

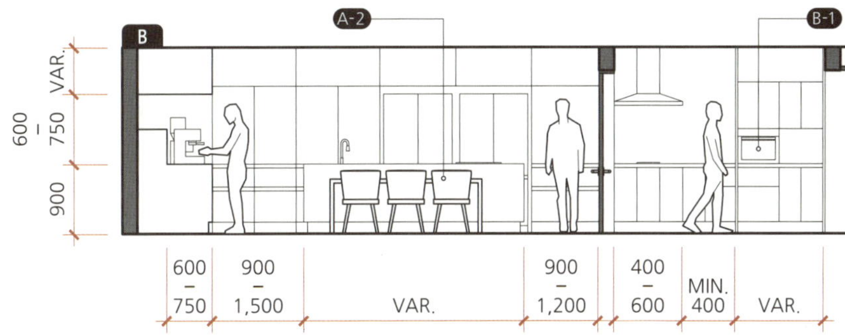
B
A-2
B-1
VAR.
600 – 750
900
600 – 750
900 – 1,500
VAR.
900 – 1,200
400 – 600
MIN. 400
VAR.

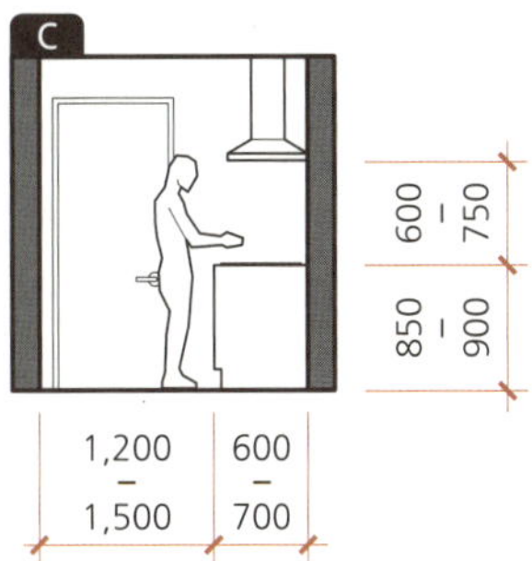
C
600 – 750
850 – 900
1,200 – 1,500
600 – 700

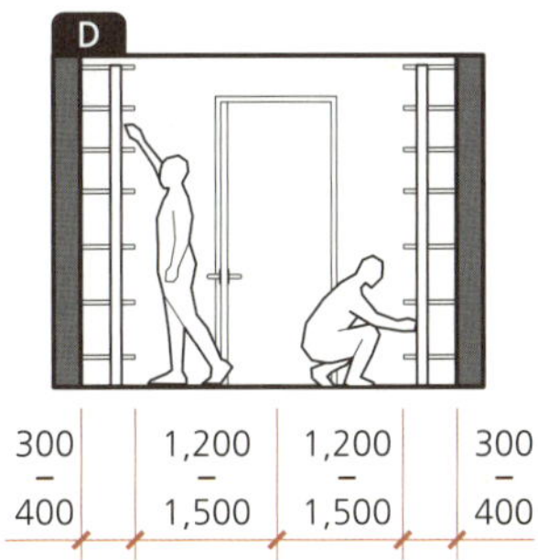
D
300 – 400
1,200 – 1,500
1,200 – 1,500
300 – 400

전자레인지 및 광파오븐

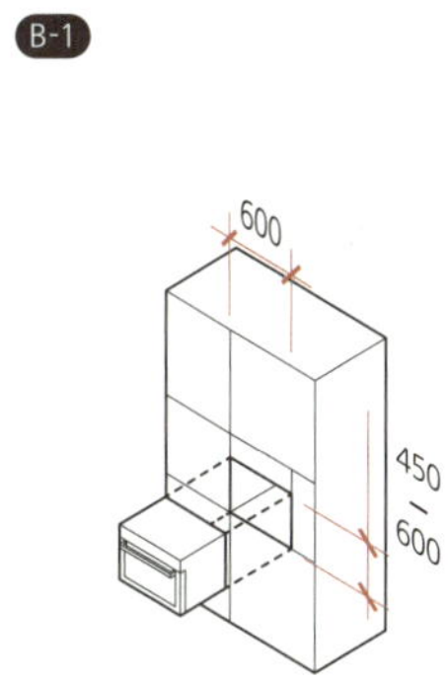
B-1
600
450 – 600

개수대 및 조리대 치수

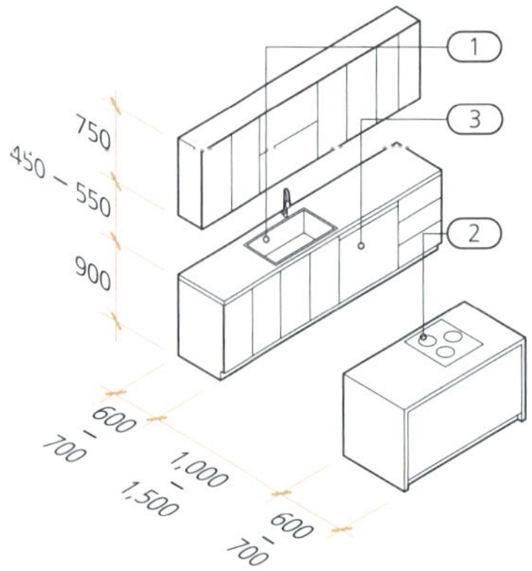

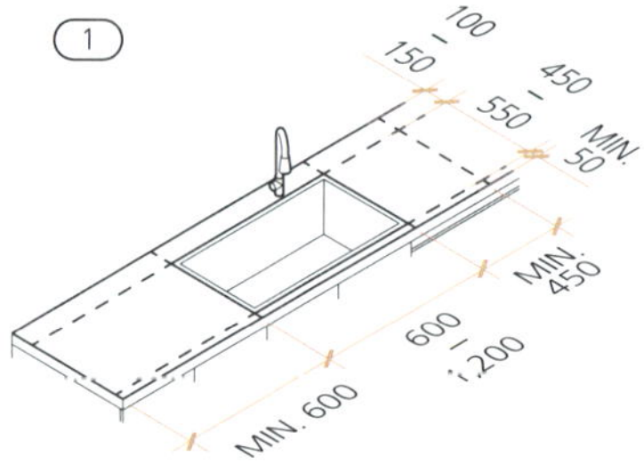

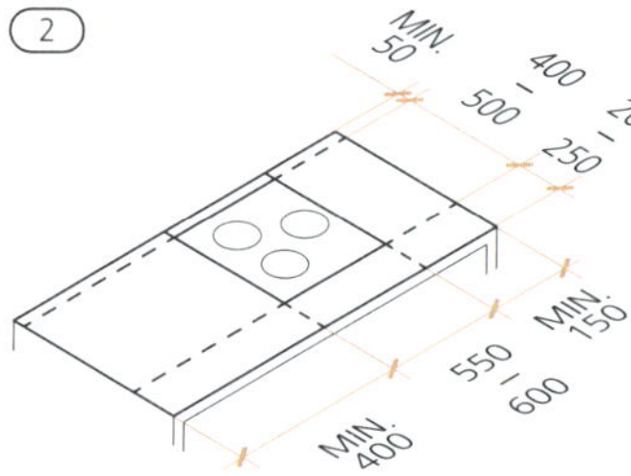

식기세척기

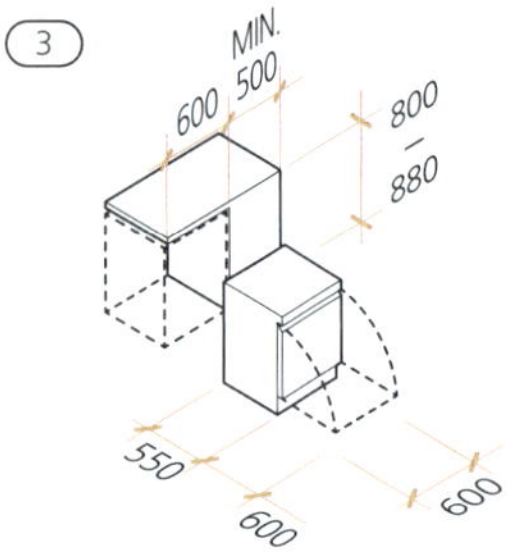

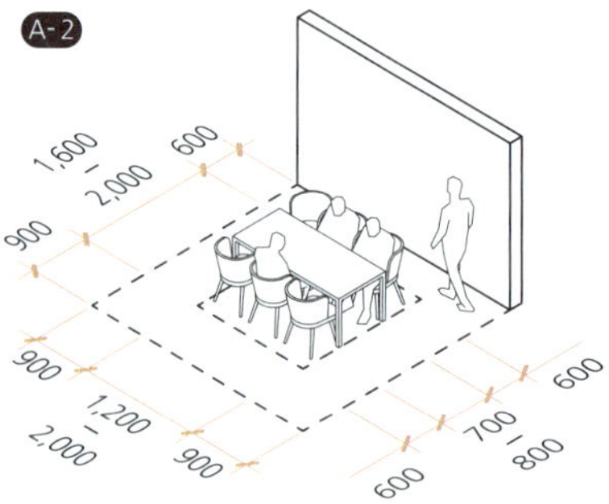

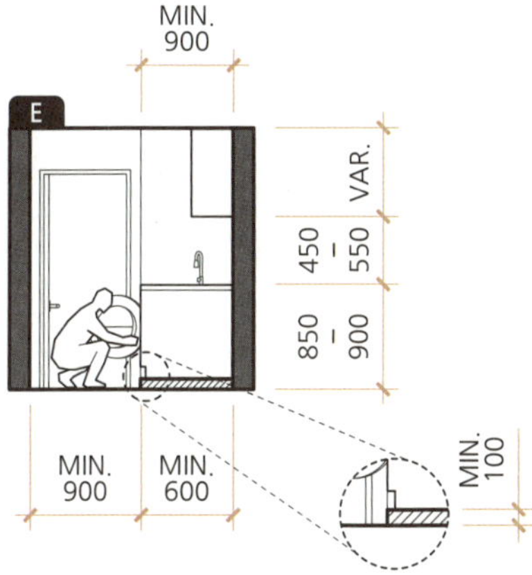

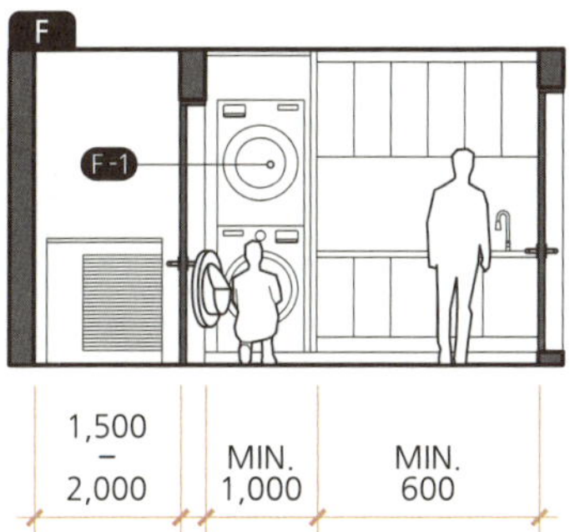

드럼 세탁기

F-1

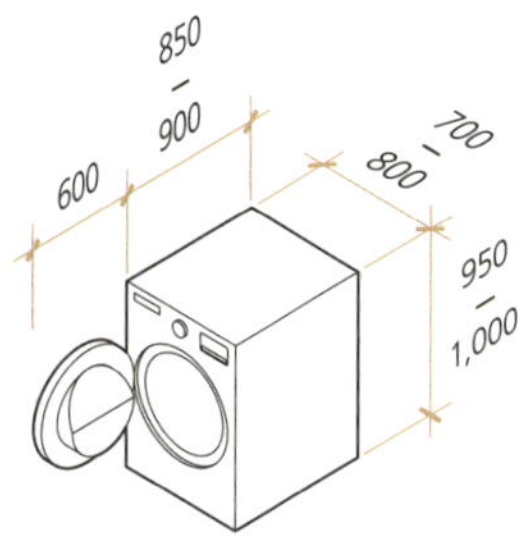

드럼 세탁기 및 건조기

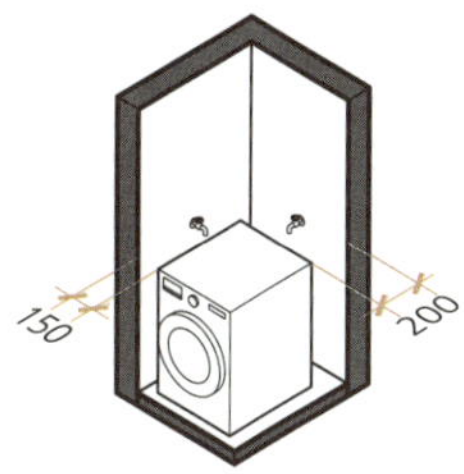

수전 위치에 따른 이격거리

건축 변형

주방 — 다용도실

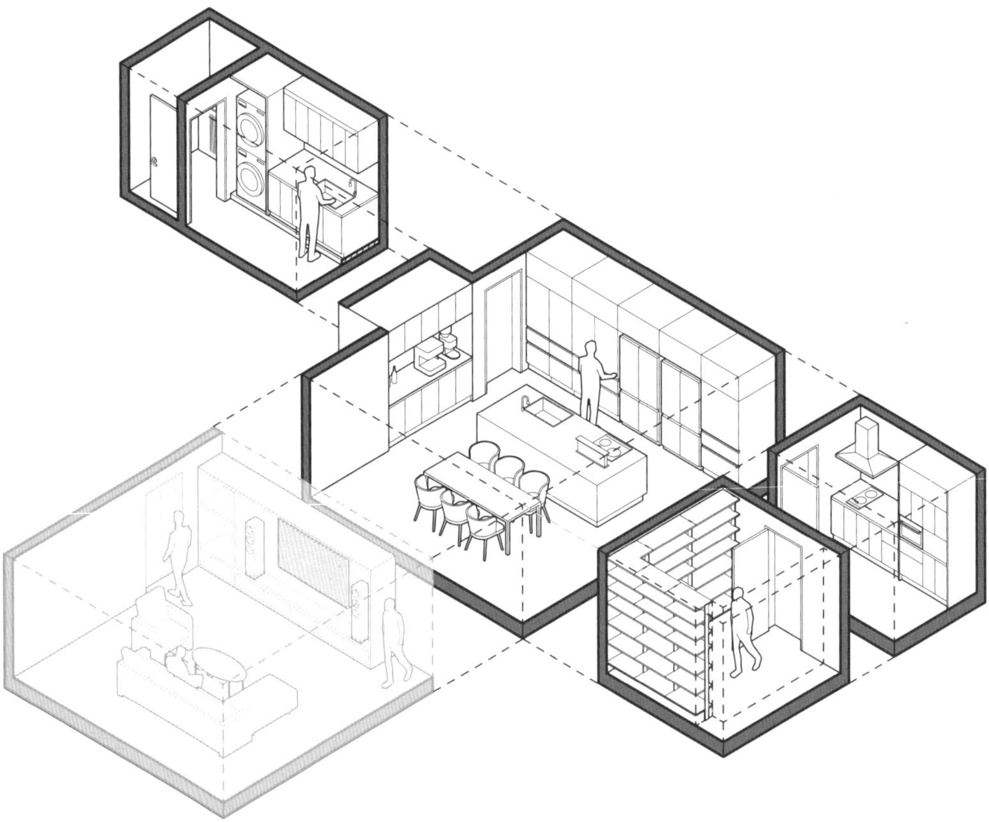

수직적 공간 분할

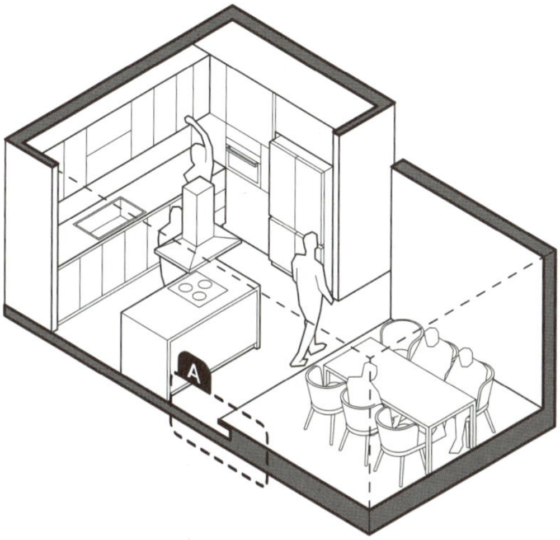

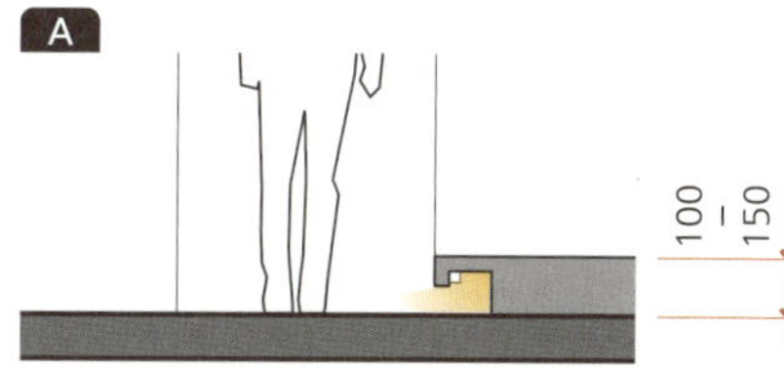

식당 기단부 간접조명

수평적 공간 분할

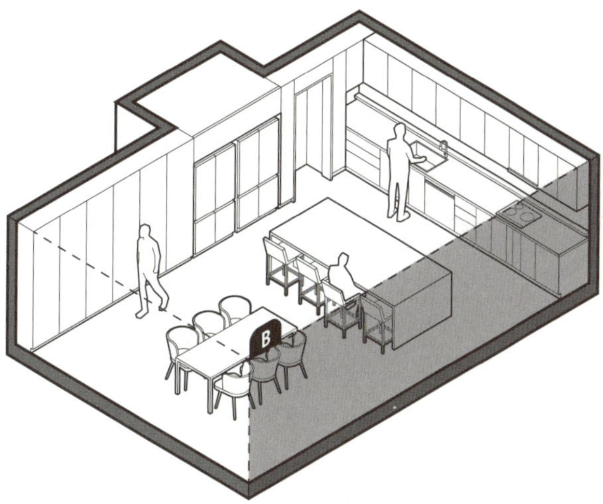

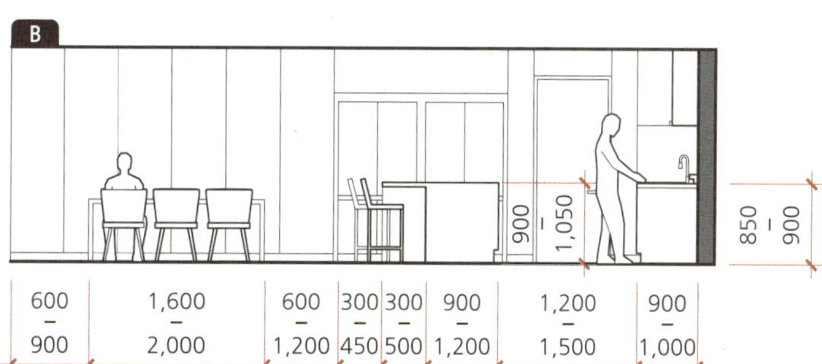

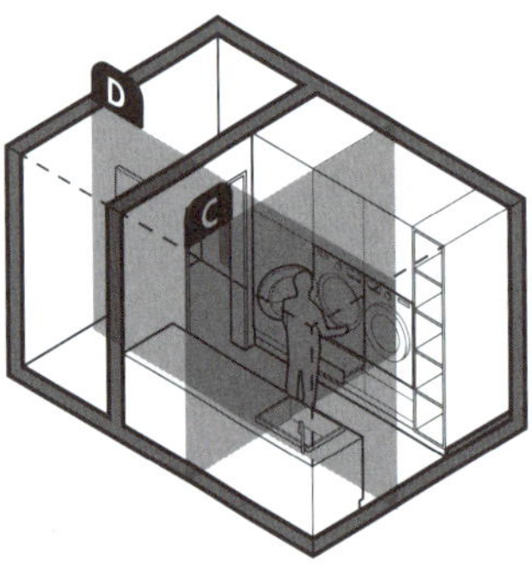
D
C

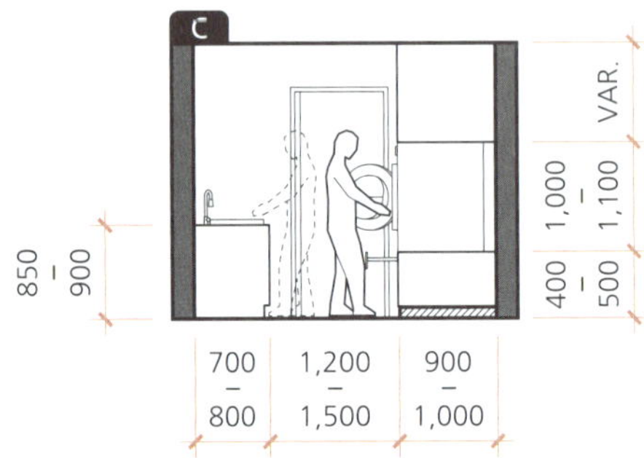
C
VAR.
1,000
–
1,100
400
–
500
850
–
900
700
–
800
1,200
–
1,500
900
–
1,000

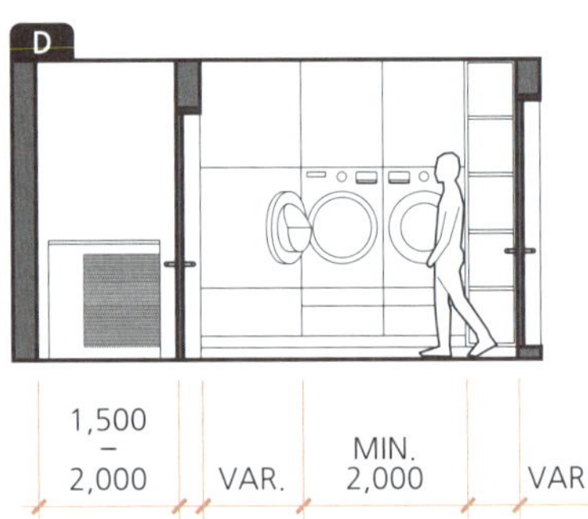
D
1,500
–
2,000
VAR.
MIN.
2,000
VAR.

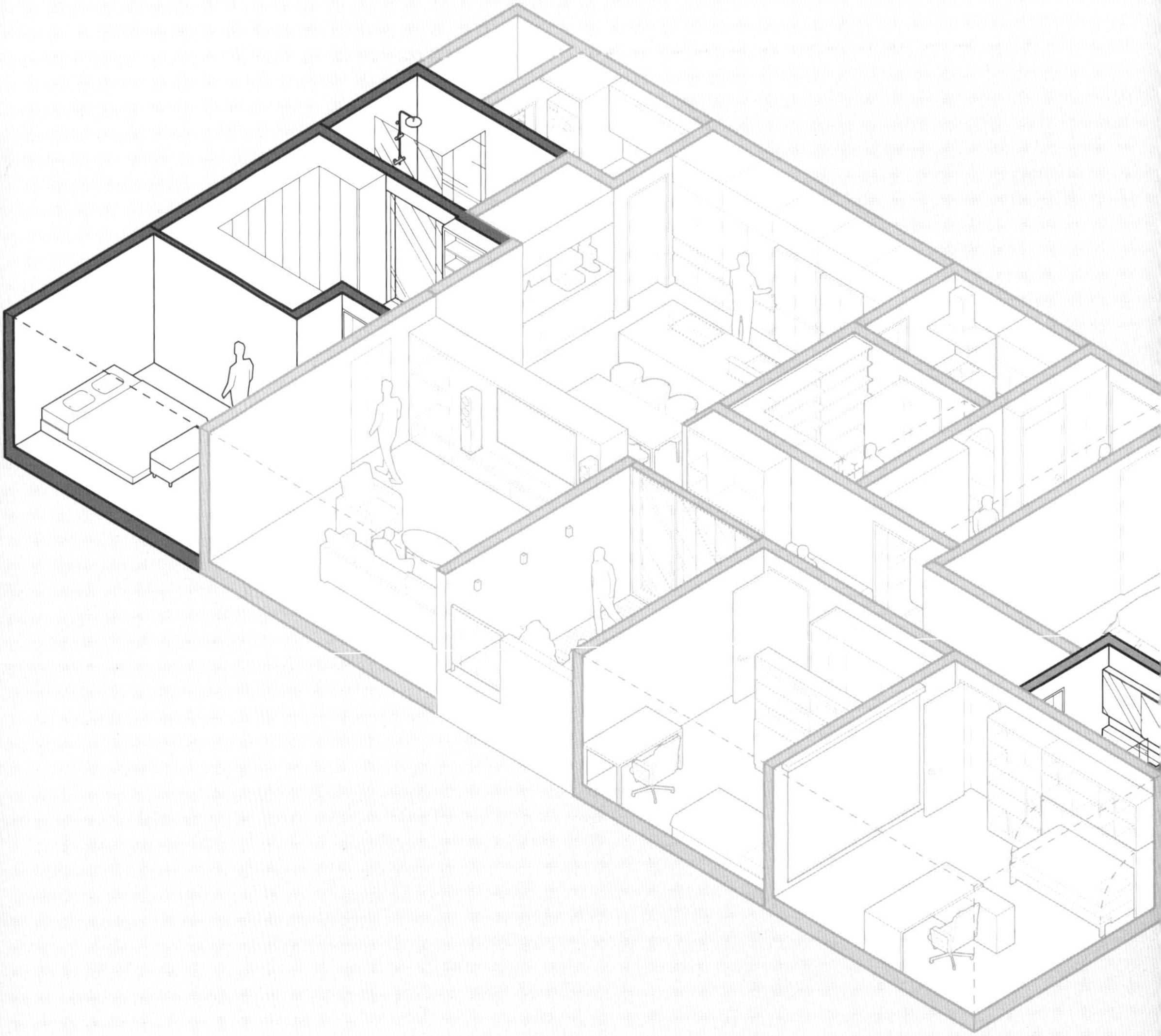

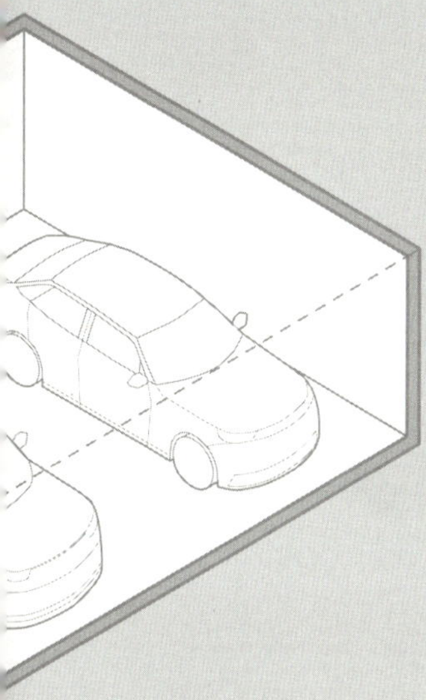

주택

HOUSING

침실 — 드레스룸 — 파우더룸 — 화장실

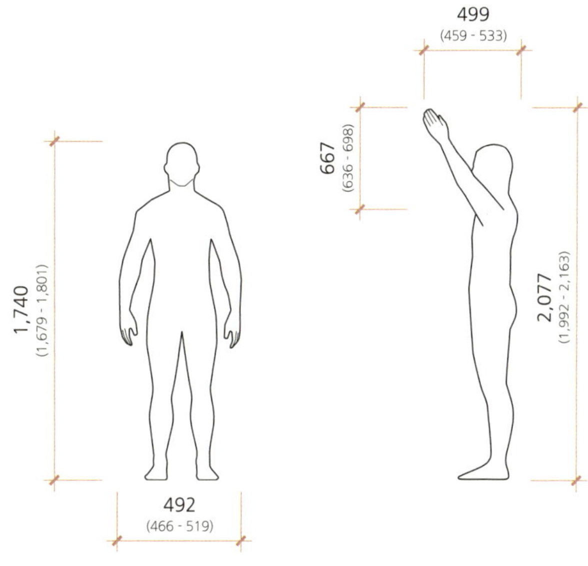

침실 헤드보드Bedroom Headboard

침대를 구입해본 사람들은 누구나 침대의 머리 공간 위에 높이 솟아 있는 판Board을 본적이 있을 것이다. 이 헤드보드는 원래 단열재가 개발되고 보급되기 전 밤과 새벽 찬 공기로부터 머리를 보호하는 역할로 만들어졌다. 지금은 단열재 덕분에 기능적으로 헤드보드의 역할이 많이 줄어들었지만 여전히 다리와 머리 위치를 구분하고 베개가 떨어지거나 벽에 머리가 부딪히는 것을 방지하기 위해 그 전형을 유지하고 있다. 더 나아가 독서를 위한 쿠션과 조명을 설치하거나 수납 선반을 결합하여 기능적으로 발전된 헤드보드를 가지고 있는 침대도 있다.

기성 침대를 사용하지 않고 매트리스 받침에 하부장 기능을 추가하여 제작하는 사례도 늘어났는데 이 때는 침대와 결합된 헤드보드를 사용할 이유가 사라진다. 헤드보드를 침대에 포함된 요소로 보지 않고 인테리어 벽체로 전환할 수 있는 것이다. 벽체에 선반을 만들어 휴대폰이나 조명 등을 두는 침실 협탁의 기능을 분산시키거나 본격적인 수납장이나 장식장을 붙박이로 제작하거나 큰 그림이나 사진, 천이나 나무와 같이 일반 벽체와 다른 재료를 사용하여 침실의 분위기를 조성하는 것도 가능하다.

헤드보드가 없는 침대를 사용하는 동시에 침대가 닿는 벽 또한 일반 벽과 동일한 마감재로 조성하면, 시간이 지나면서 침대가 닿는 벽체만 오염이 심해질 수 있다.

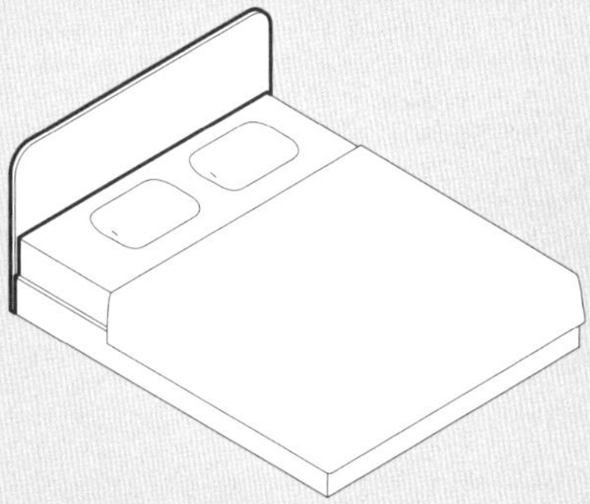

침대 헤드보드

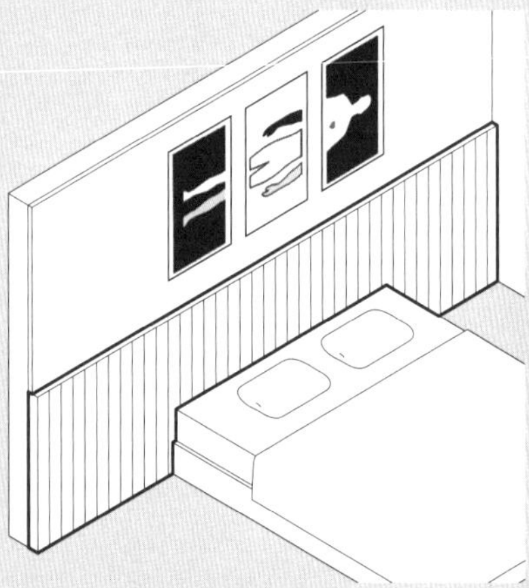

벽체 헤드보드

침실 수납장

침실 수납장은 크게 옷장과 이불장으로 구분할 수 있다. 둘 모두 주방 수납장과 달리 깊이가 600mm 이상으로 더 깊어지며 옷장의 하부는 특별히 서랍장Drawer으로 구성하여 가벼운 옷이나 벨트류 등을 보관할 수 있다.

침실 중 안방Master Bedroom은 옷장 안에 텔레비젼이나 에어컨 등을 매입하여 사용하지 않을 때 수납장 문을 닫아두면 눈에 띄지 않게 설치하는 경우도 있는데, 이런 경우 미리 벽체에 전원을 연결할 수 있는 콘센트를 뽑아 두어야 하고 장의 내판Inner Partition으로 인해 시야각이나 바람의 흐름이 가리지 않도록 사전 계획이 필요하다.

문의 개폐 방식 또한 한 칸에 문 하나를 사용하는 넓은 미닫이문Silding Doors으로 구성하거나 한 칸에 문 두개를 사용하는 양개형 여닫이문Swing Doors으로 구성하는 것 모두 가능하나 앞서 말한 텔레비젼이나 에어컨 등을 장 안에 매입하는 경우 여닫이문을 열었을 때 문짝이 시야와 바람길을 막게 되므로 미닫이문으로 구성하는 것이 좋다.

열어 두었을 때 시야를 가리지 않는 미닫이문과 모든 문을 다 열어둘 수 있고 가볍게 작동이 가능한 여닫이문의 장점을 합친 축회전 여닫이문Pivot Sliding Door 방식이 있는데 하드웨어가 복잡하여 제작 단가와 난이도 올라간다.

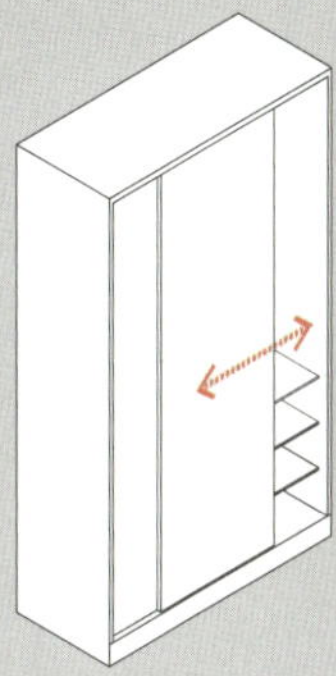

미닫이문 수납장

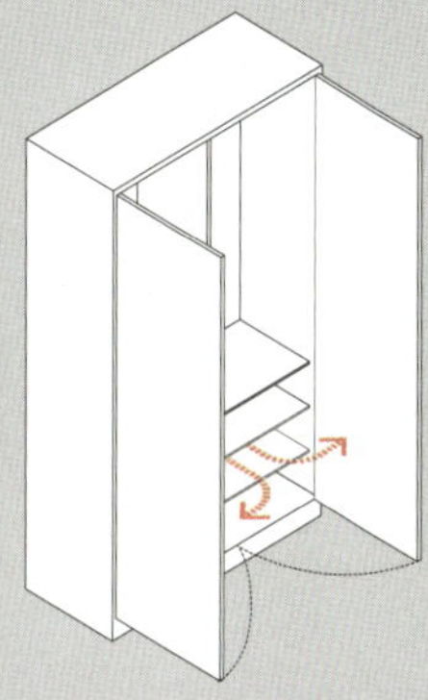

여닫이문 수납장

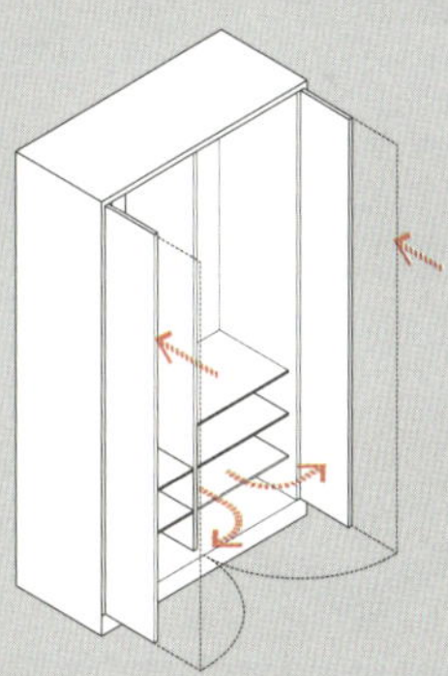

축회전 미닫이문 수납장

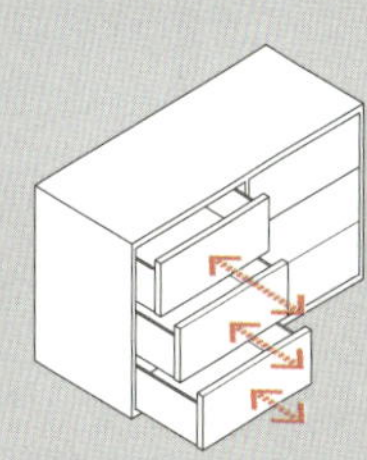

서랍장

아파트 전형

침실_안방

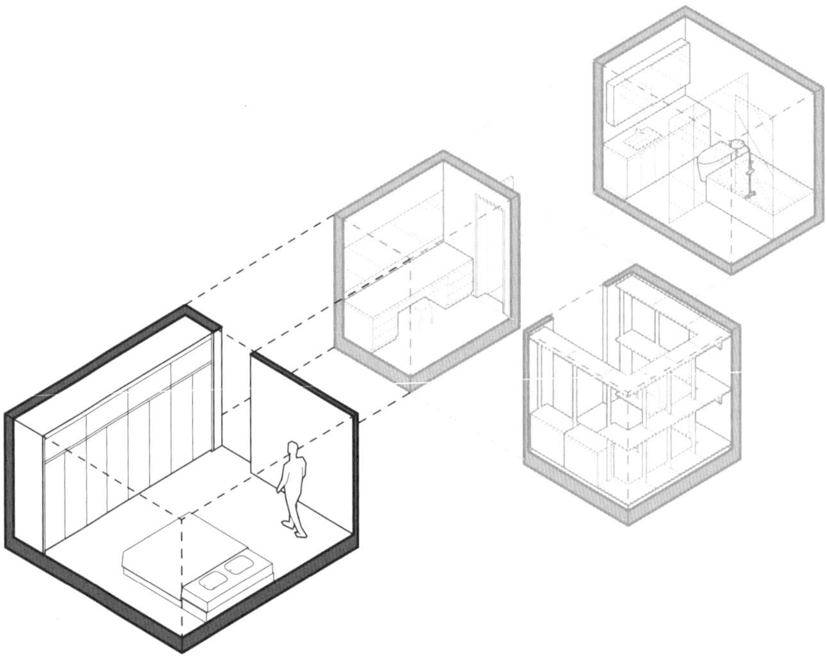

인테리어 변형

침실_안방

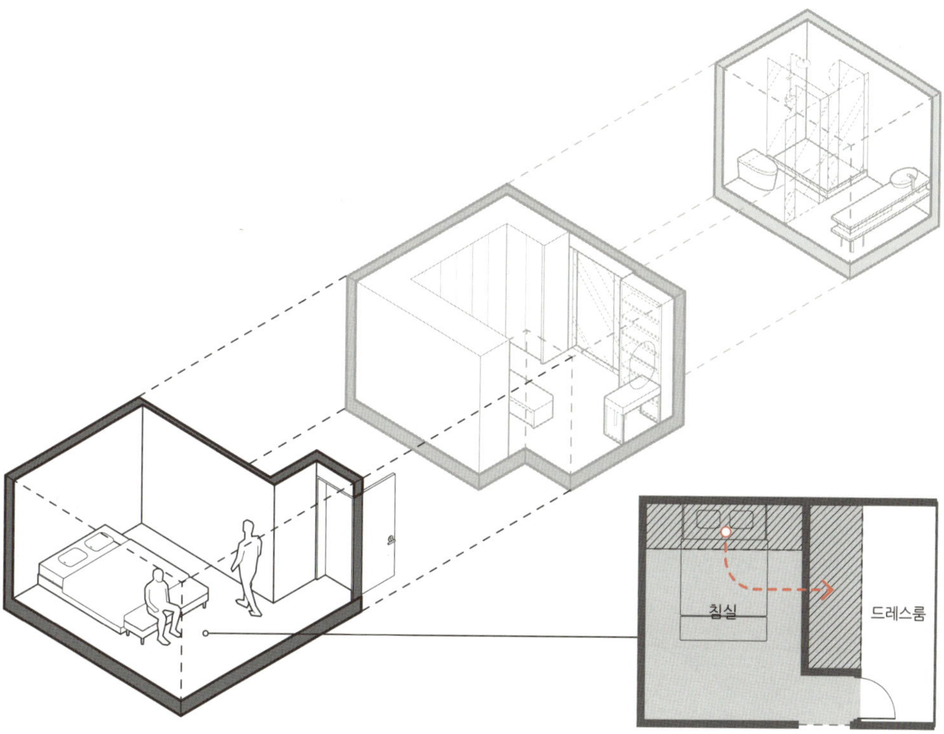

붙박이장의 이동으로 기능적 통합

인테리어 변형

침실_안방

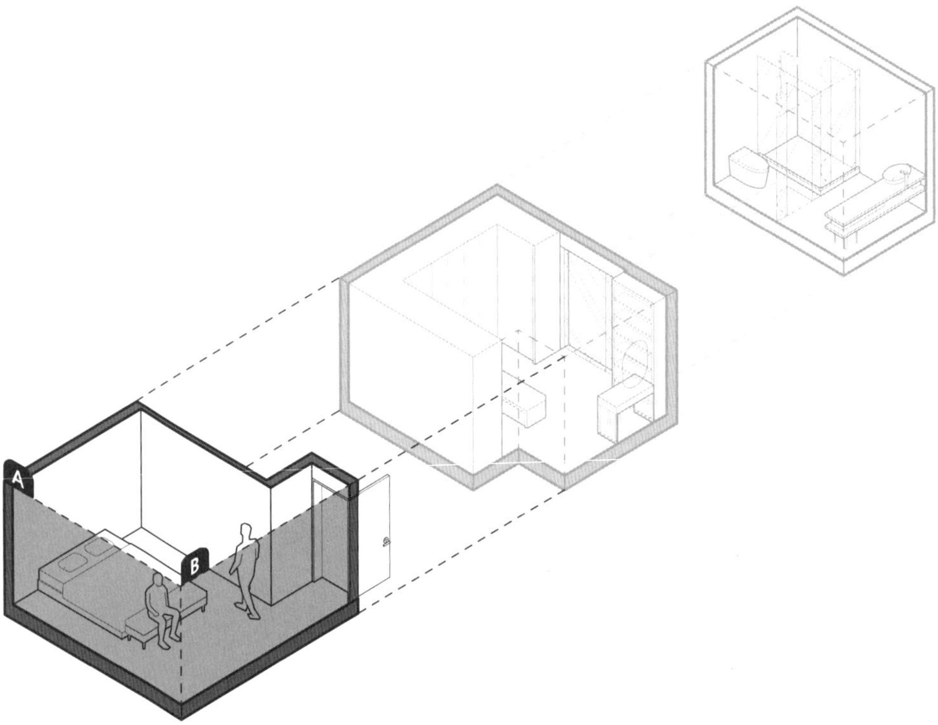

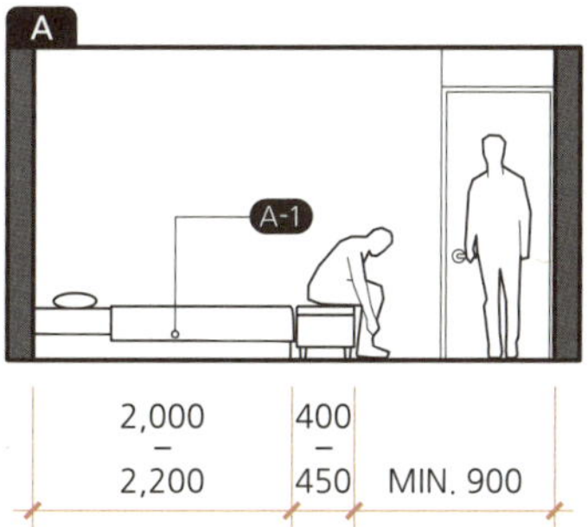

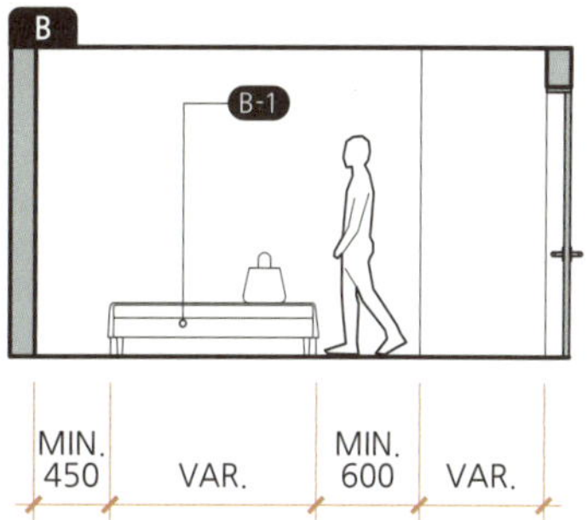

A-1 침대 규격과 추천 사용인원

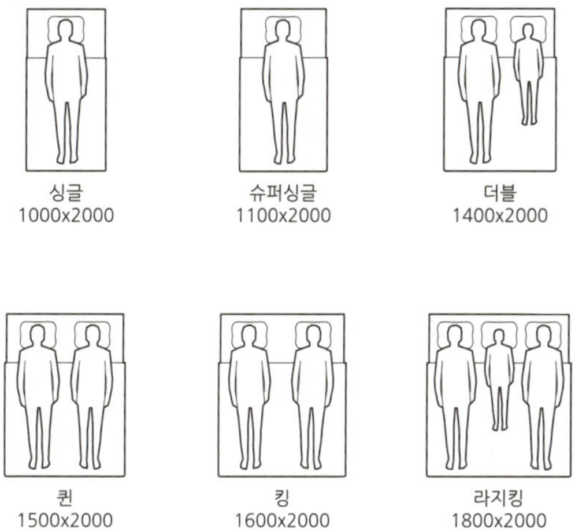

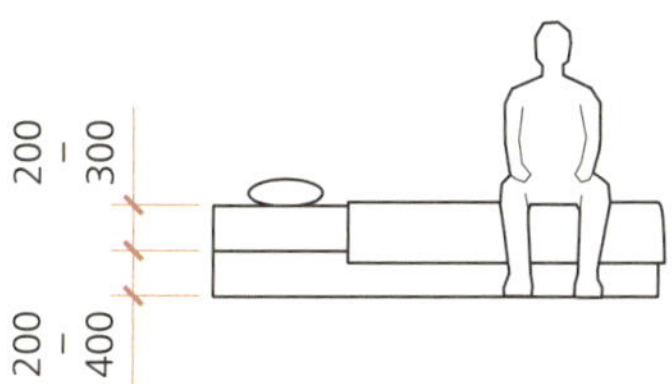

침대 및 침대 프레임의 높이

B-1 침대 벤치 치수 및 사용 용도

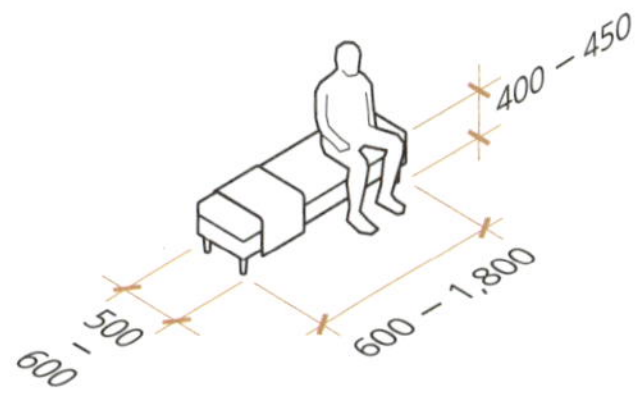

침대 벤치 치수

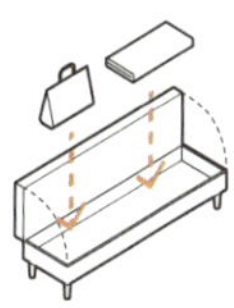

수납형 침대 벤치

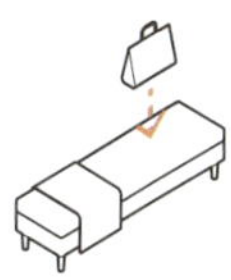

겉옷 및 가방 등 보관

인테리어 변형

침실_아이방

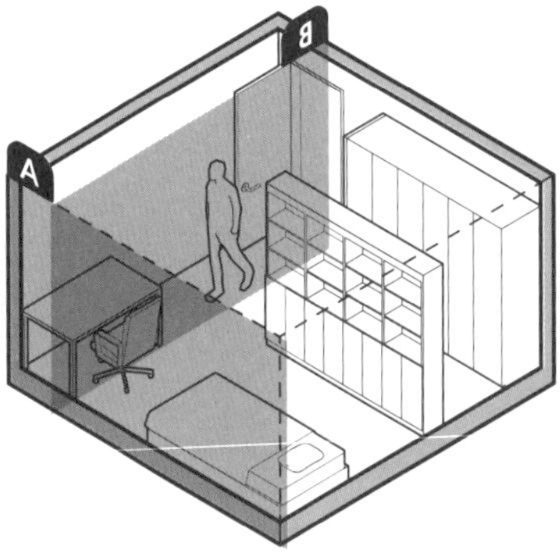

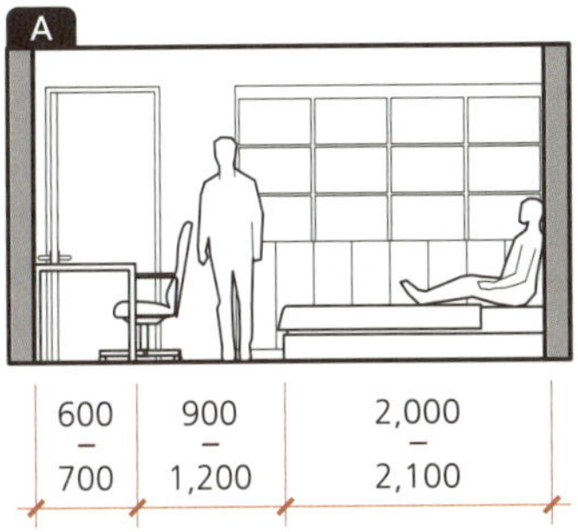

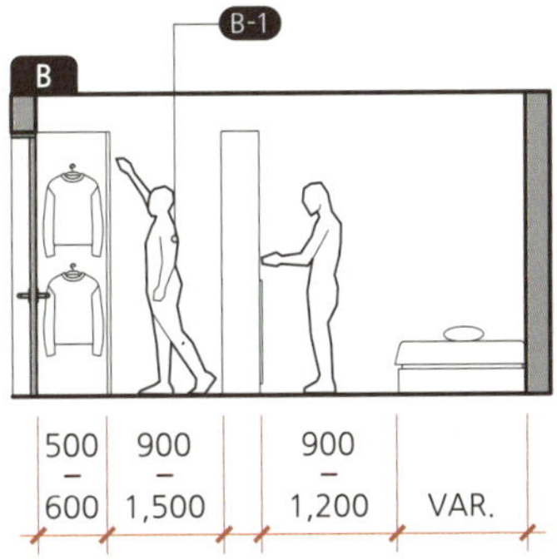

B-1 **가구를 통한 드레스룸 조성**

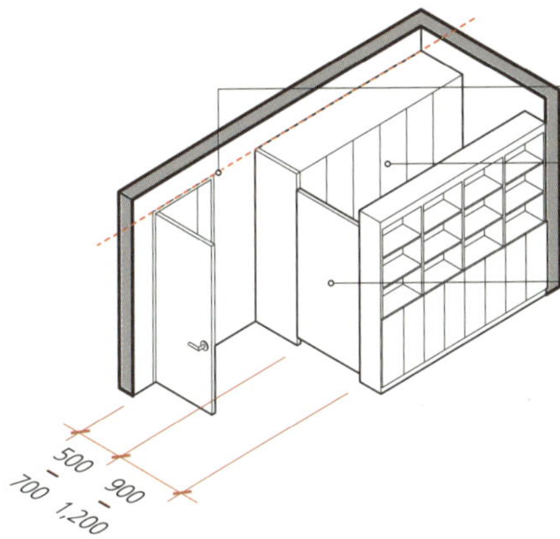

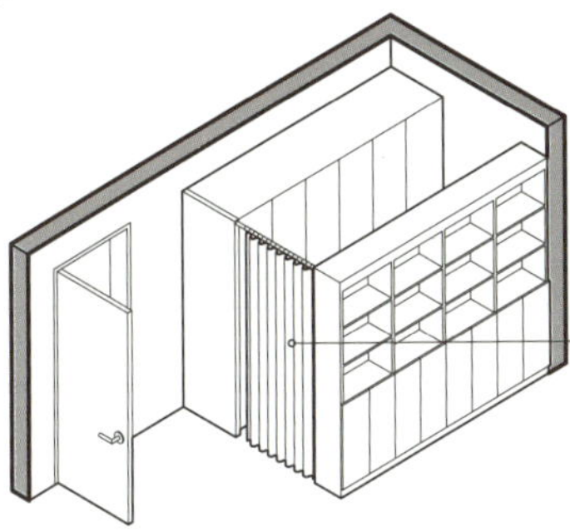

건축 변형

침실

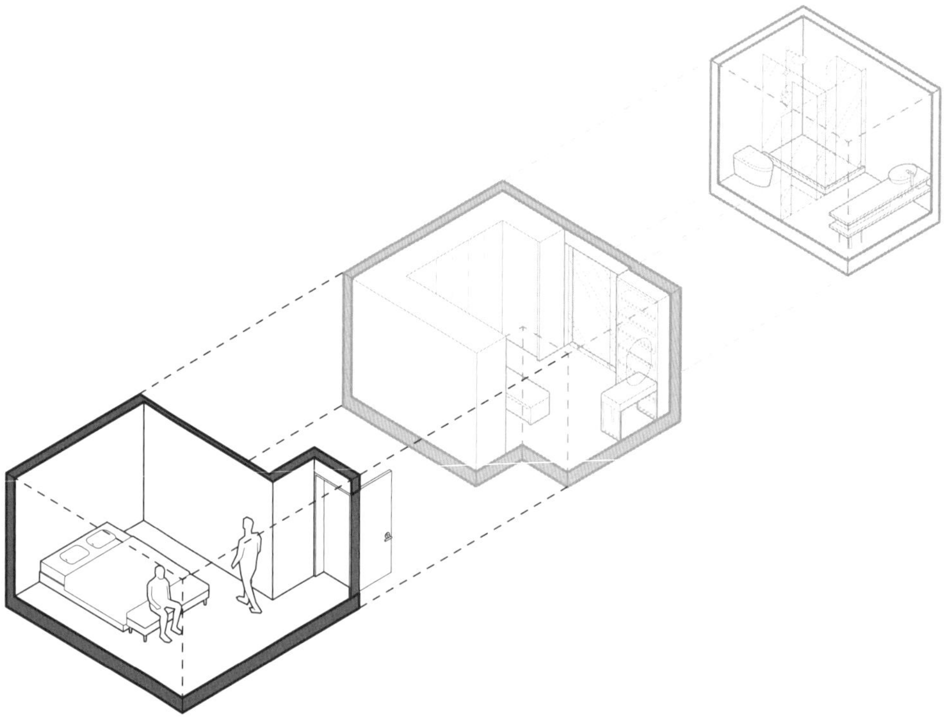

헤드보드 가벽을 통한 침실 내 드레스룸 공간 조성

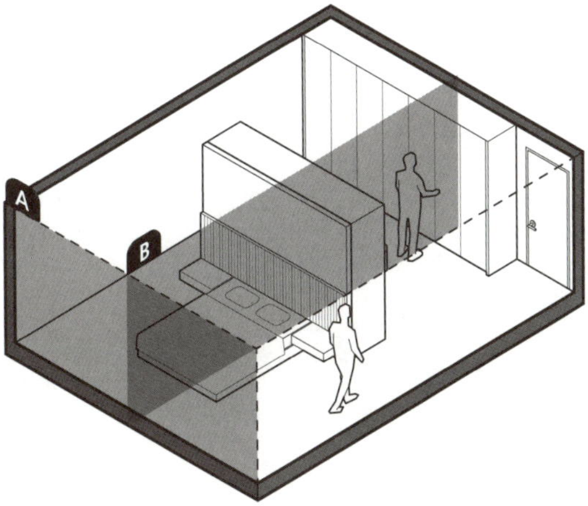

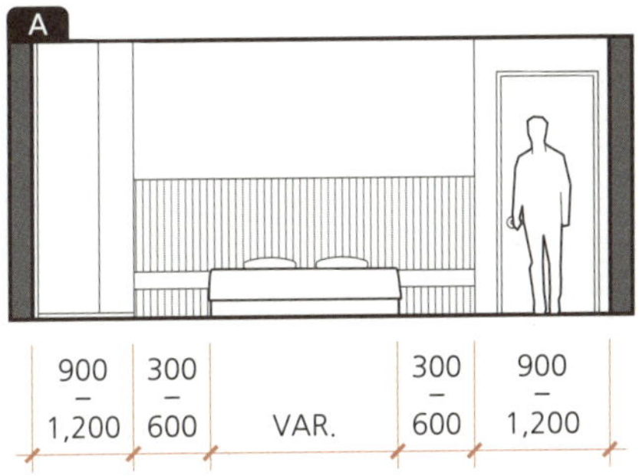

가벽 및 회전형 TV마운트를 통한 공간 분리

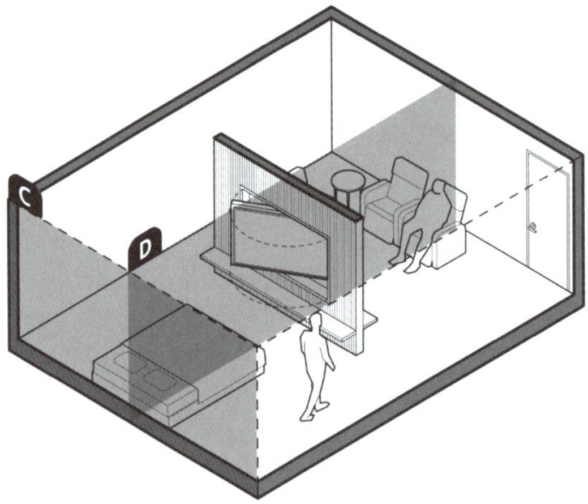

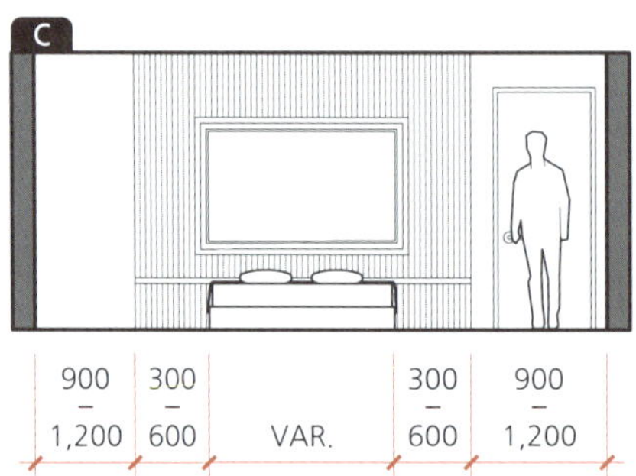

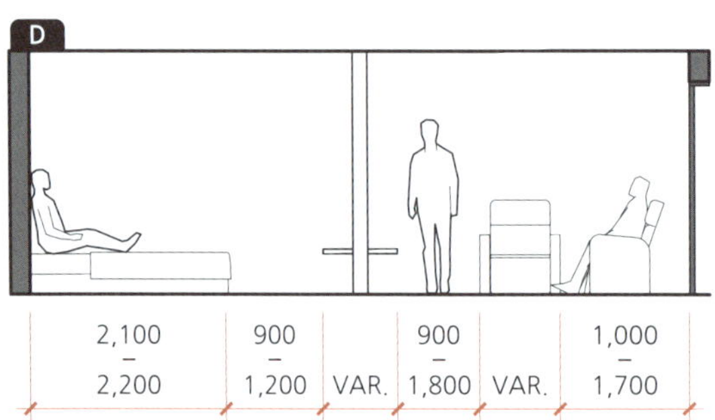

문과 침실 가구의 위치에 따른 프라이버시 확보

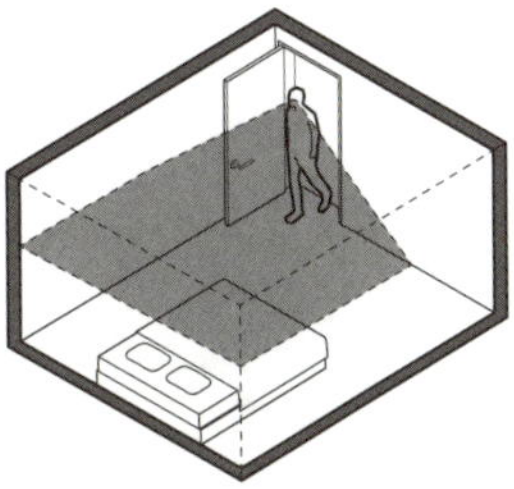
시야 열림

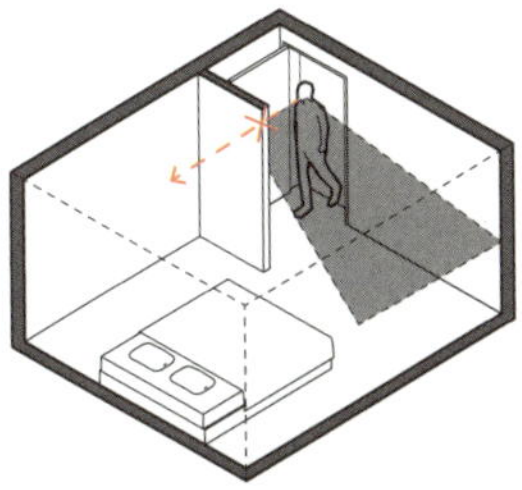
출입문 앞 벽을 통해 시야 차단

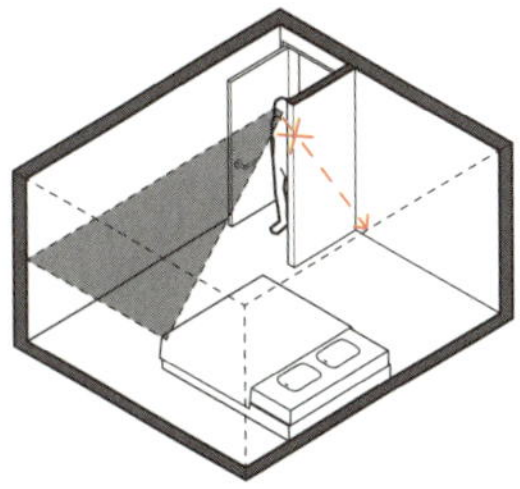
출입문 옆 벽을 통해 시야 일부차단

침실 붙박이 가구 가전 매입 방식

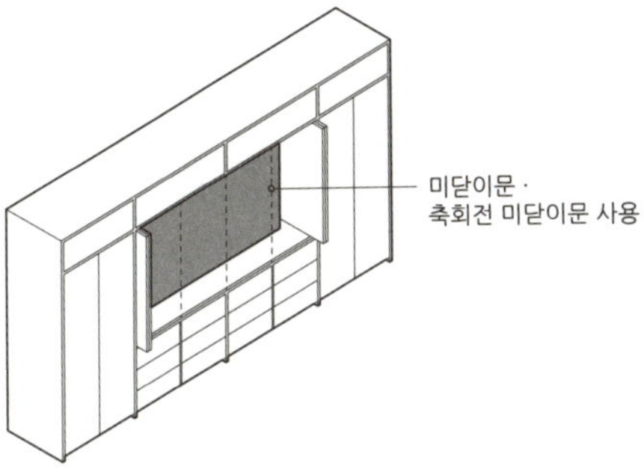

붙박이 가구_TV 매입

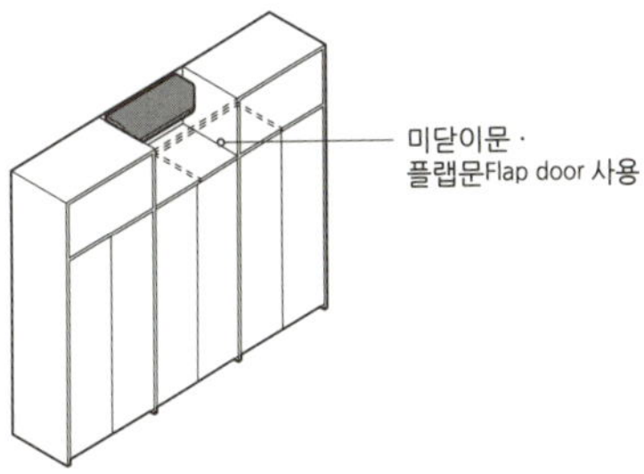

붙박이 가구_에어컨 매입

헤드보드

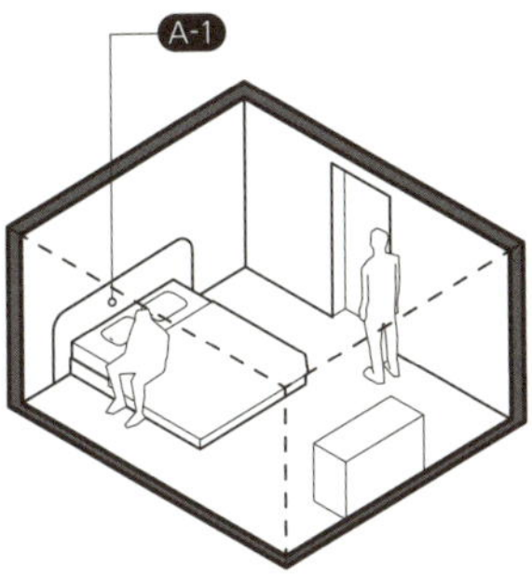

침실 헤드보드

A-1

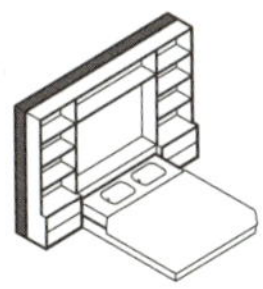
책장 결합형 헤드보드

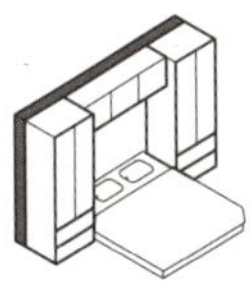
옷장 결합형 헤드보드

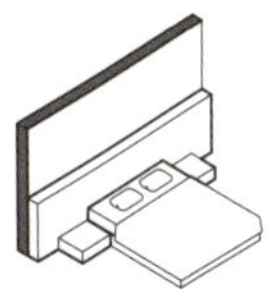
낮은 벽체형 헤드보드

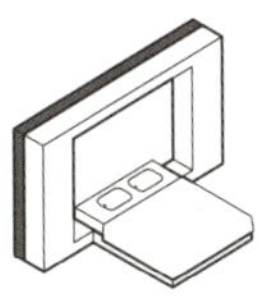
프레임 결합형 헤드보드

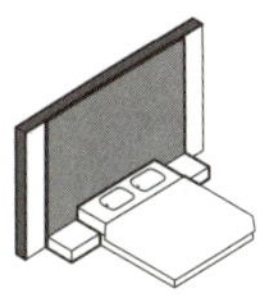
아트월 결합형 헤드보드

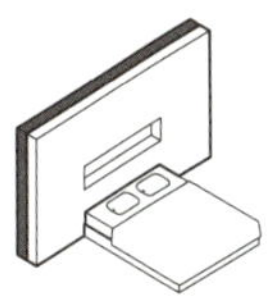
수납 벽체형 헤드보드

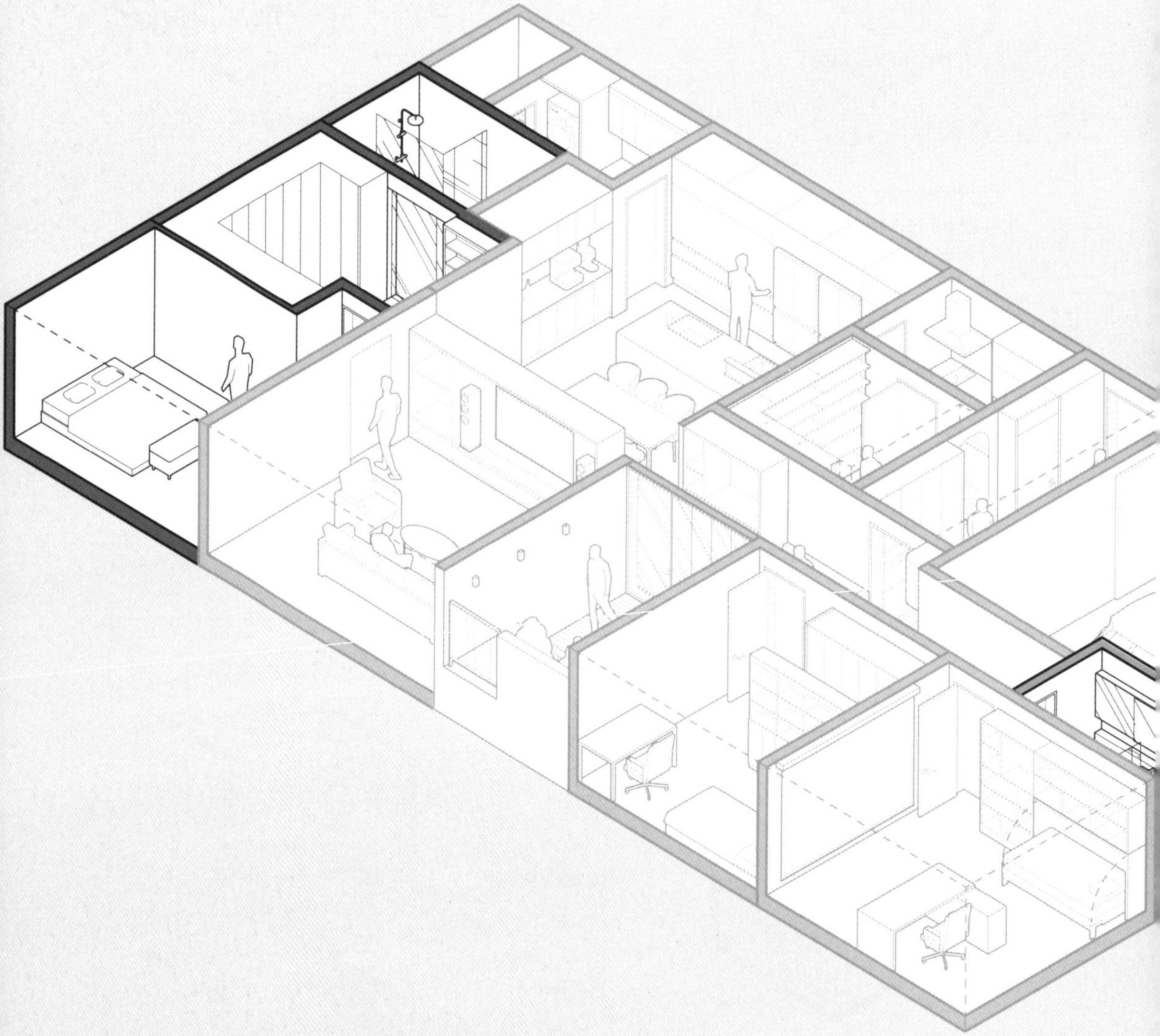

주택

HOUSING

침실 — **드레스룸 — 파우더룸** — 화장실

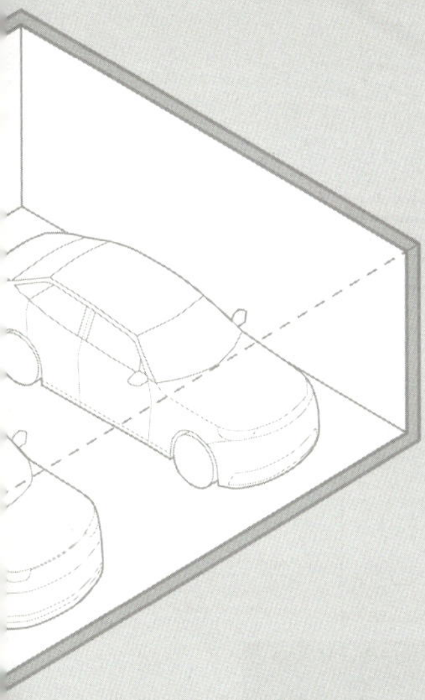

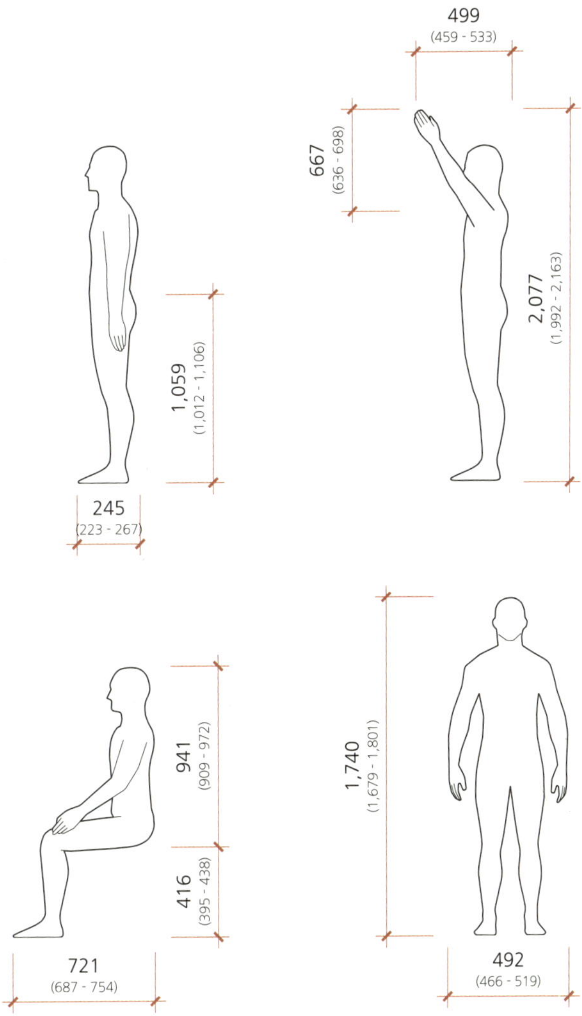

드레스룸Dressing Room

드레스룸은 18세기 프랑스 귀족들을 위해 만들어진 공간으로 침실 옆에 붙어 공적 공간Public Space과 사적 공간Private Space을 연결하는 일종의 준비 공간이었다.[1] 평소에 옷 등을 수납해 두고 있다가 화장실에서 나와 옷을 골라서 갈아입고 화장을 하고 거울을 보며 매무새를 정리하기 위한 공간이기에 수납장, 거울, 화장대, 쿠션이 있는 편한 의자가 필요한 것이다. 하지만 한국에서 드레스룸은 이제 전용면적 59㎡ 아파트에도 들어가는 수납만을 위한 작고 답답하고 어두운 '옷 창고'에 가깝다.

따라서 여유가 된다면 드레스룸의 너비를 넓혀서 중앙에 수납 기능이 있는 편한 의자를 두고 벽 한 켠에는 전신 거울을 설치하는 것이 좋다. 한국 화장실은 사실상 화장Make-Up 기능은 포함하지 않는 욕실과 변소를 결합한 실이기에 별도로 파우더룸Powder Room을 조성하는 추세인데 오히려 기능적으로는 드레스룸과 파우더룸을 결합하는 것이 좋다.

또한 요즘 드레스룸은 창이 없고 작은 막다른 방으로 조성이 되는데 이 때문에 채광이나 환기가 되지 않아 천이나 가죽류 제품 관리에 불리하고 오랜 시간을 보내기에 유쾌한 공간도 아니다. 천장고Ceiling Height에 여유가 있다면 지속적으로 환기가 될 수 있도록 천장을 치지 않거나 벽 상부를 개방하는 것도 좋은 방법이다. 선반이 아니라 적극적인 장을 짜서 넓은 드레스룸을 만들 계획이 있다면 일반 방처럼 환기를 위한 창까지 내는 것도 좋다.

1 실제로 하녀들이 귀족들의 옷을 갈아 입혀주고 화장을 해주며 귀족들이 거실이나 식당에서 사교 활동을 하기 전 준비하는 공간이었으니, 그 모양새가 마치 무대에 나서기 전 공연자와 대기실과 같았다.

아파트 전형

드레스룸 — 파우더룸

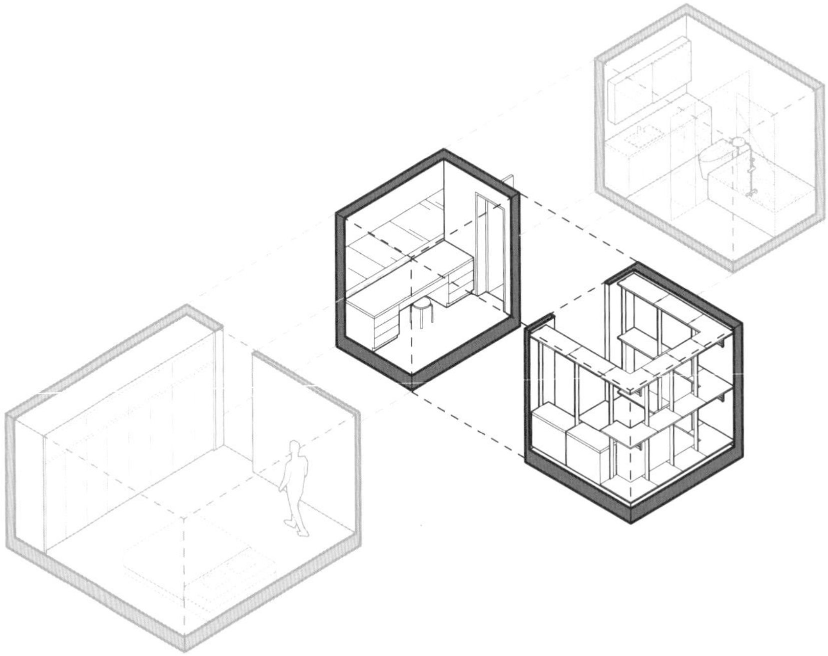

인테리어 변형

드레스룸 ─ 파우더룸

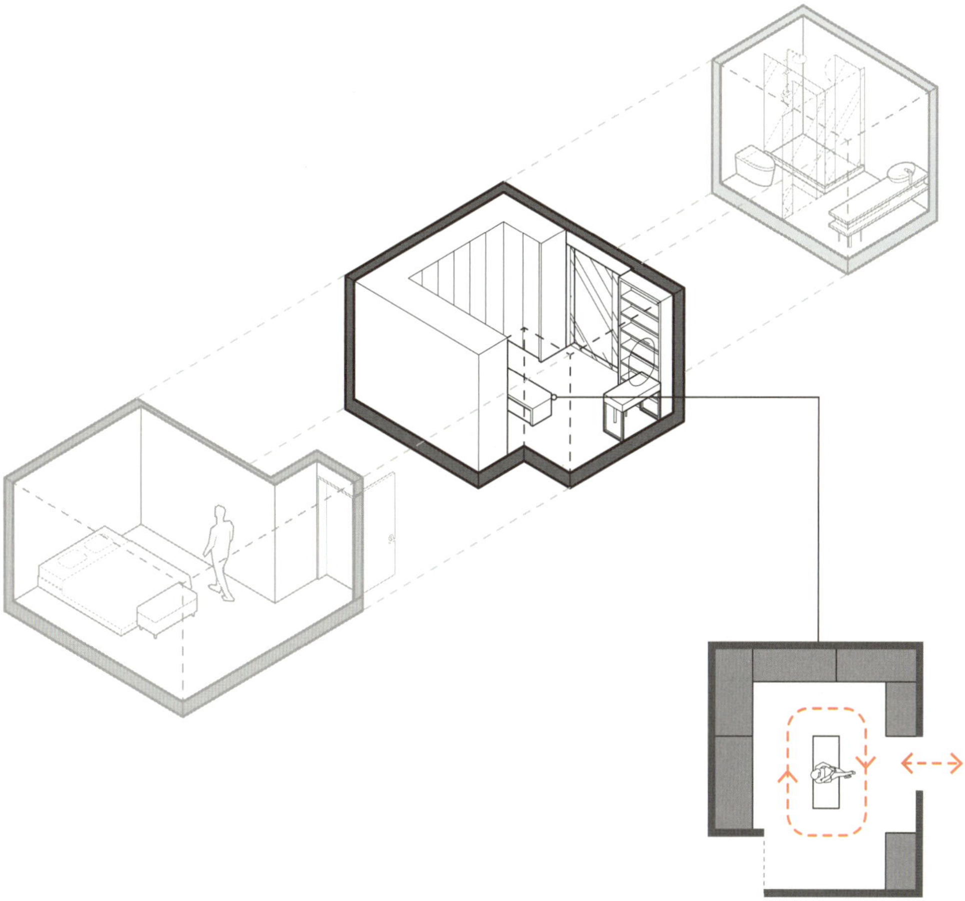

넓고 쾌적한 드레스룸

인테리어 변형

드레스룸 — 파우더룸

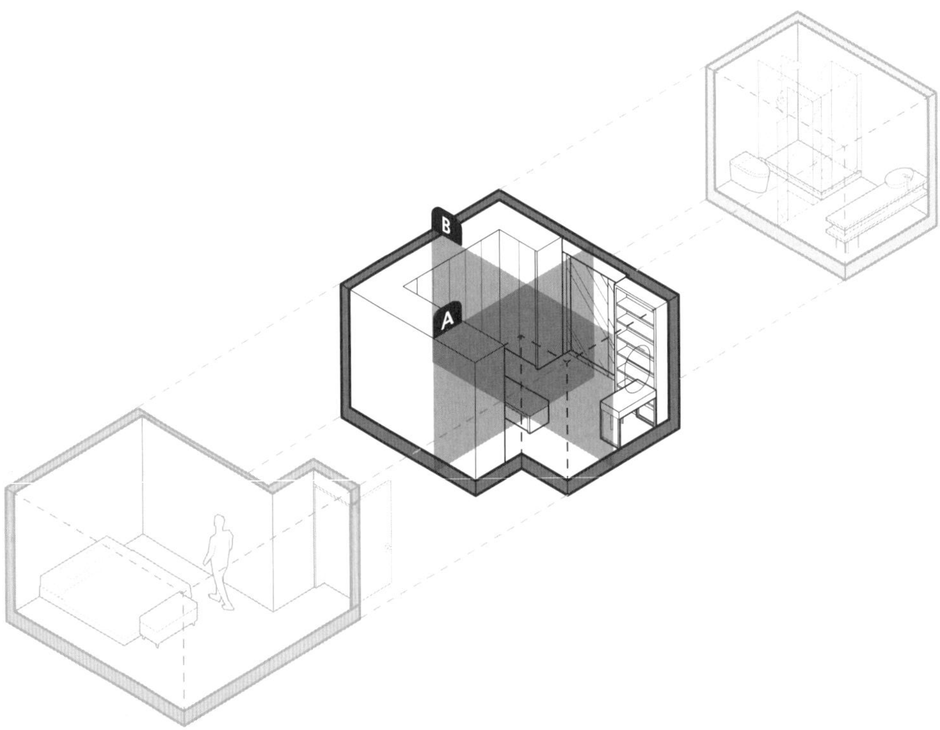

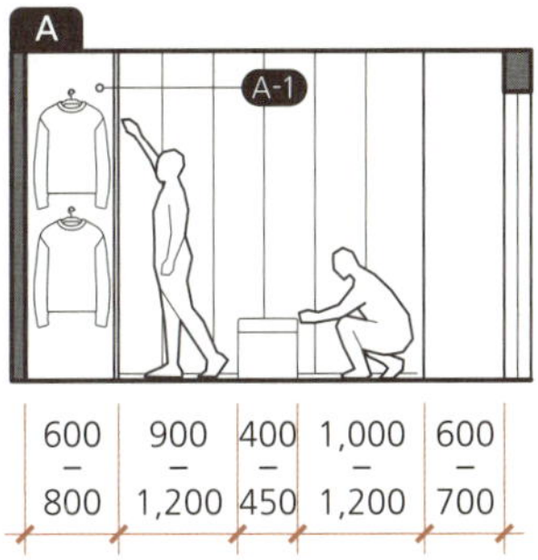

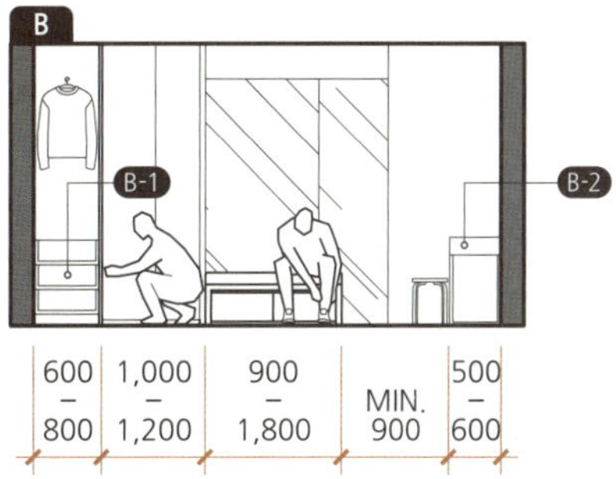

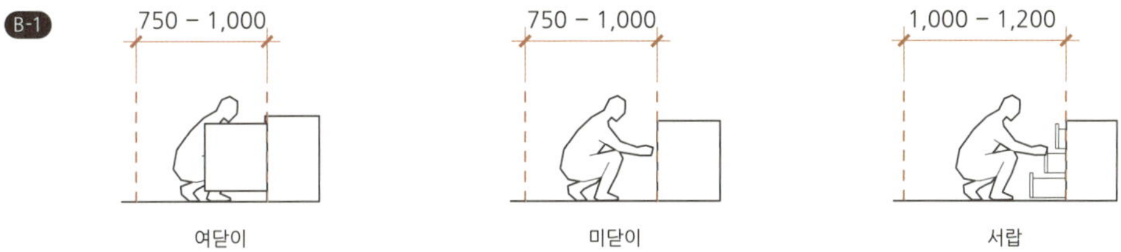

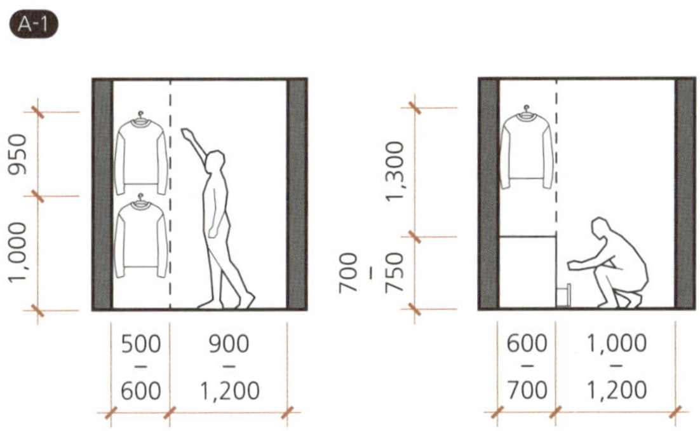

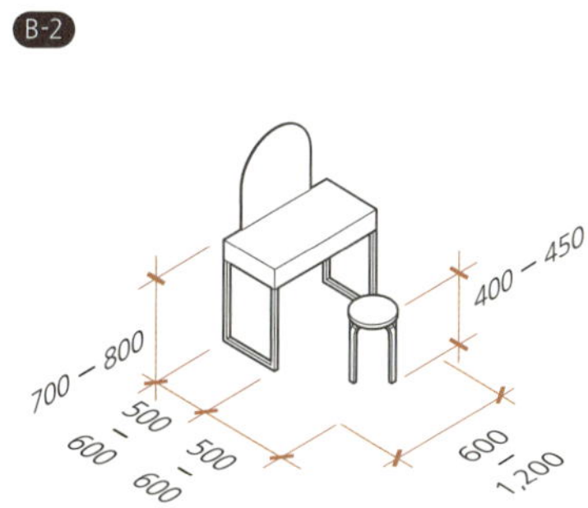

의류 수납장 종류

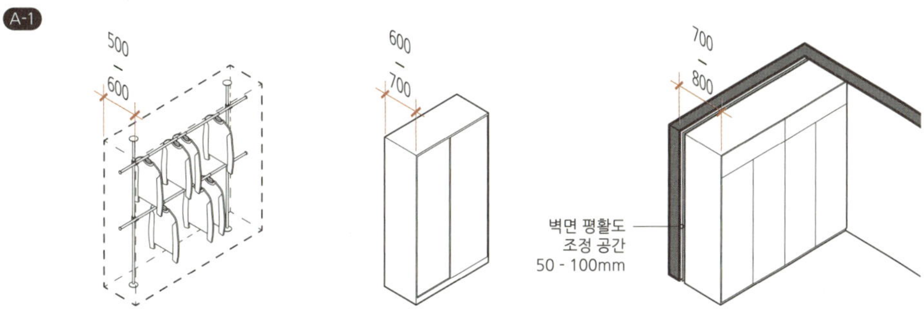

옷걸이봉Closet Rod장　　입본Freestanding장　　붙박이Built-in장

건축 변형

드레스룸 — 파우더룸

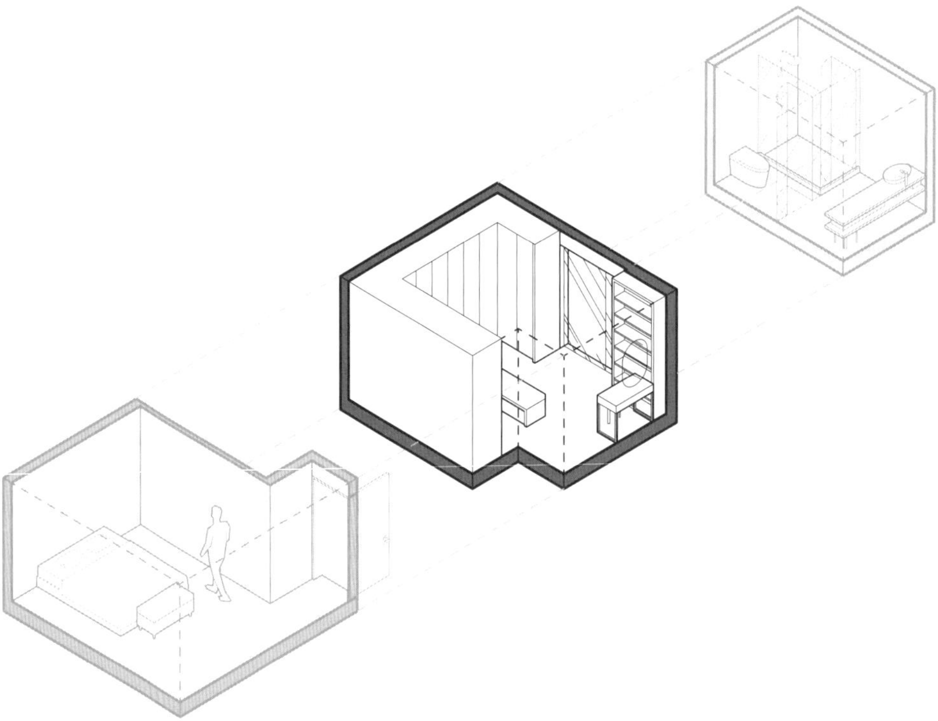

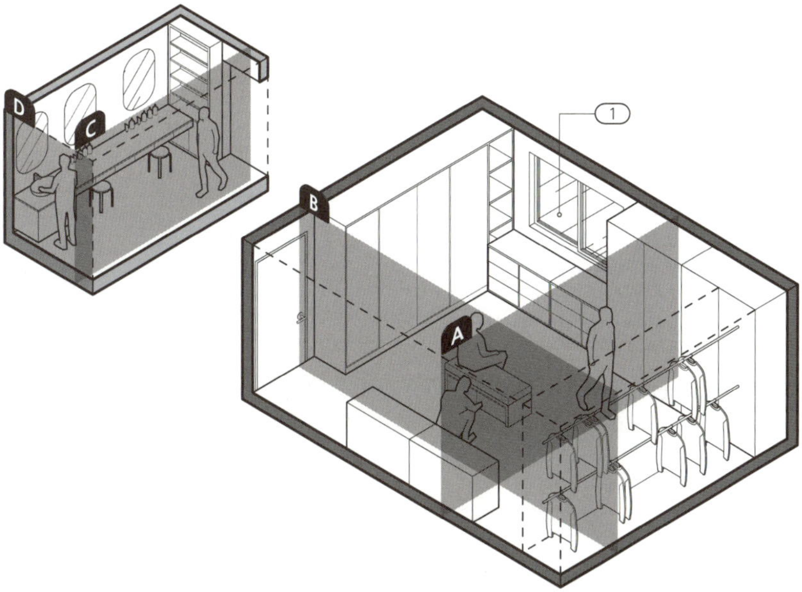

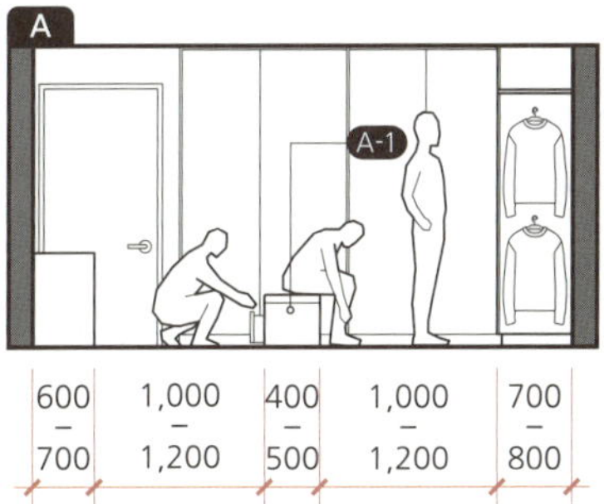

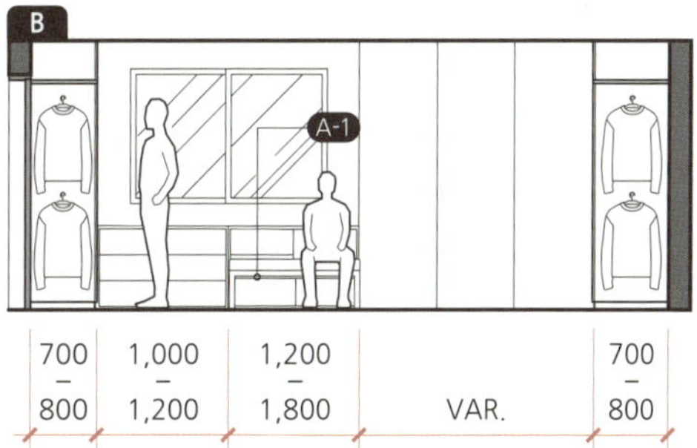

벤치 수납장

A-1

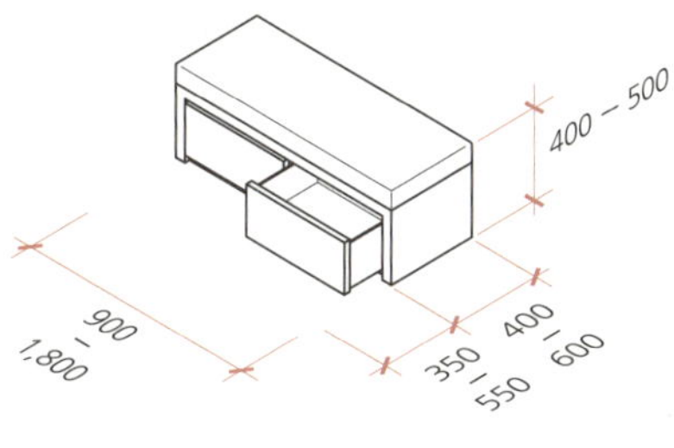

창문을 통한 자연환기

1

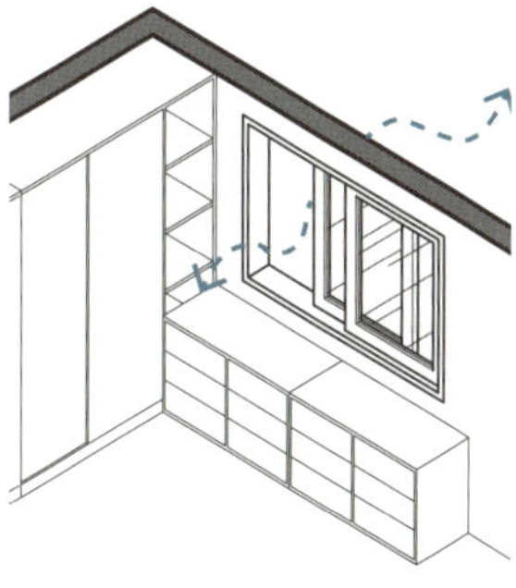

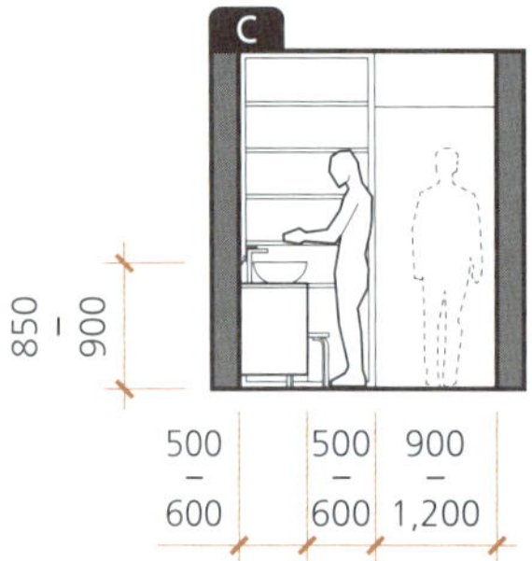
C
850 – 900
500 – 600
500 – 600
900 – 1,200

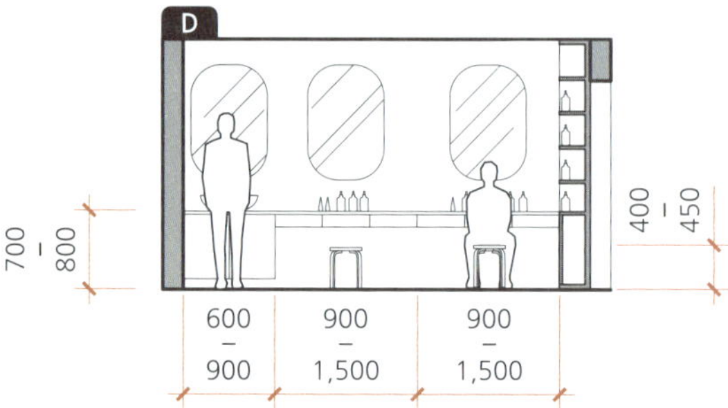
D
700 – 800
400 – 450
600 – 900
900 – 1,500
900 – 1,500

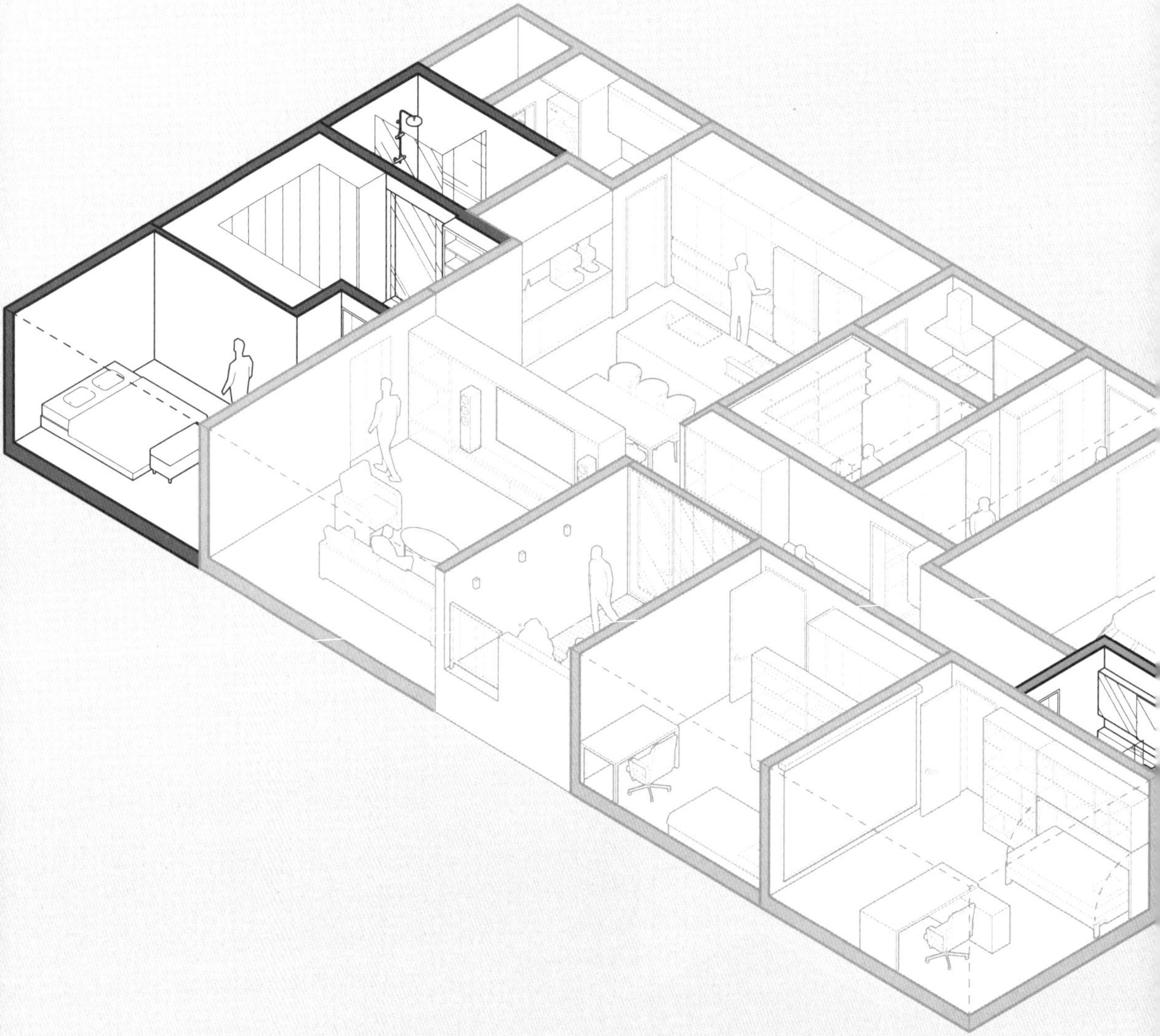

주택

HOUSING

침실 — 드레스룸 — 파우더룸 — **화장실**

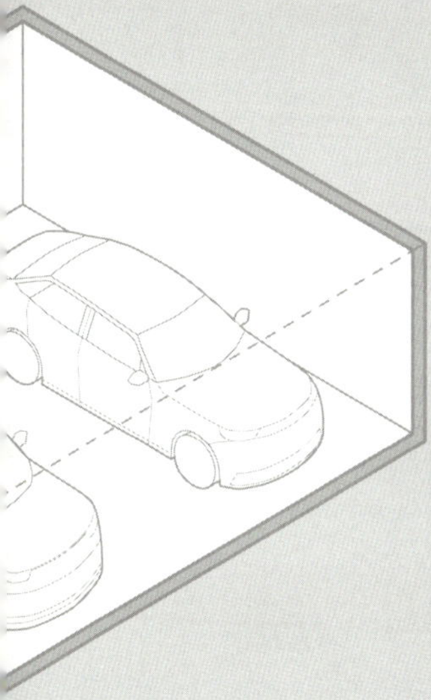

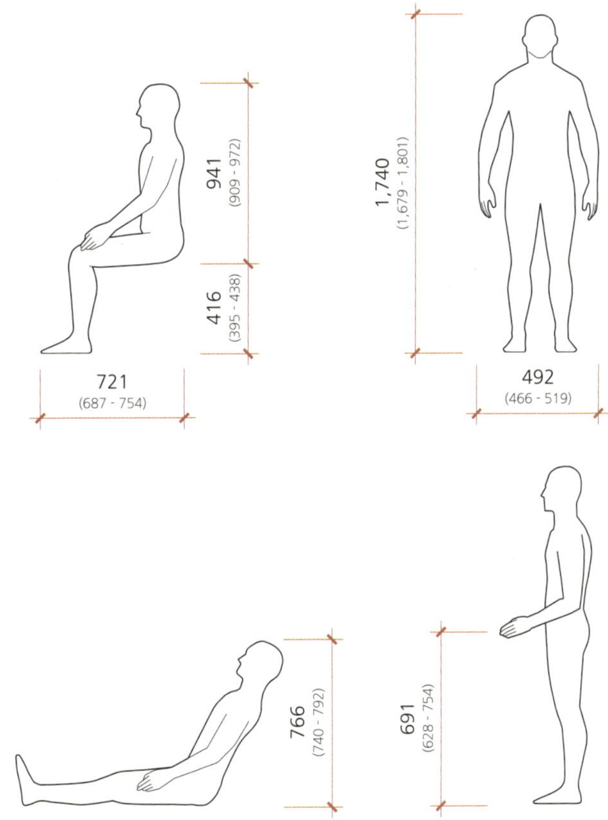

화장실 선반

화장실 선반[1]은 다른 곳과 마찬가지로 화장실에 필요한 물건을 얹어 두기 위해서 설치한 널빤지였다. 기성품을 벽에 부착하여 사용하다가 미적으로도 디자인 통합성이 떨어지고 맨몸으로 부딪혔을 때 위험하기에 선반의 기능이 두 곳으로 분산되었는데 하나가 상부장, 다른 하나가 세면대 또는 변기 후면에 있는 선반이다.

그런데 우리에게 익숙한 가느다란 띠로 구성된 조적 벽돌 위에 인조 대리석을 둔 선반은 사실 기능적으로나 미적으로 좋은 디자인이 아니다. 변기나 세면대는 설치되는 기구 후면에 물 공급을 위한 관을 매입 해야하는데 어차피 시멘트 벽돌 사이로 관을 매입하기에 벽돌을 일정 높이 까지만 쌓고 상단에 대리석이나 타일을 덮어 선반처럼 사용하고 있는 것이다. 그래서 대부분 화장실 선반의 깊이는 시멘트 벽돌의 세로 길이와 붙임 모르타르Mortar를 포함한 타일 두께를 합친 수치인 150mm를 넘지 않는다.

이 150mm란 수치는 공중화장실 등에서 휴대폰 등을 간단히 올려두기에는 충분한 깊이이지만 우리가 매일 사용하는 화장실에 각종 세안 도구, 로션, 면도기, 헤어 드라이어 등을 두기에는 시각적으로 답답하고 사용하기에도 불편하다. 따라서 정돈 돼 보이면서 선반 기능을 폭넓게 사용하고 싶다면 세면대만 독립적으로 설치하기 보다는 언더볼Undermount Sink이나 탑볼Vessel Sink 방식을 선택하여 선반과 세면대를 통합하여 조성하는 것이 좋다. 당연히 우리가 생각하는 공동주택 정도의 일반적인 화장실보다 더 큰 면적이 필요하다.

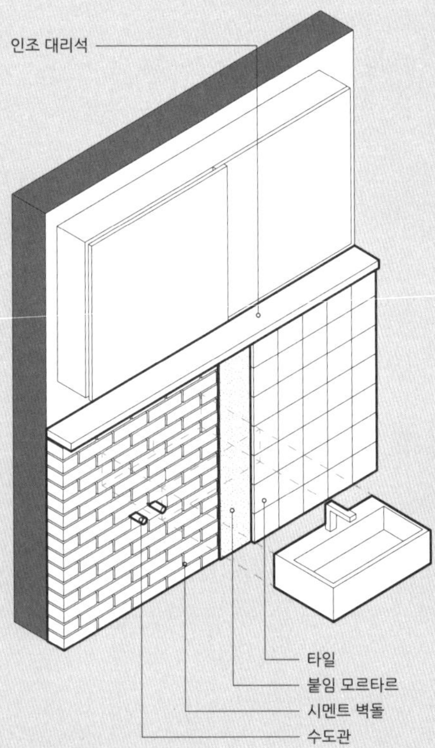

화장실 선반의 구성

1 흔히들 대리석이나 타일로 된 벽체와 일체화된 화장실 선반을 젠다이ぜんだい라고 부르는데 이것은 일본어 선대膳台에서 온 것이다. 밥공기를 올려놓을 수 있는 판Platform이란 뜻이니 정확한 뜻을 담고 있지도 않다.

샤워부스Shower Enclosure · Cubicle

건식으로 화장실을 사용하는 서양에서는 보통 화장실 욕조Bathtub에 커튼을 달고 샤워를 한다. 1903년 셀룰로오스 질산염Cellulose Nitrate과 유리를 섞어 만든 안전 유리가 발명되면서 20세기 중반 미국의 한 회사가 투명한 유리 벽과 문을 조합한 샤워 공간을 도입했고 이것이 발전되어 현재 다양한 형태와 모양에 이르렀다. 서양에서는 샤워부스를 제외한 바닥을 건식으로 사용하기에 오수 배관이 지나갈 수 있도록 샤워부스만 바닥이 올라와 있는 경우가 대부분이다.

한국에서는 일반적으로 화장실을 습식으로 조성하기에 샤워부스가 반드시 필요한 것은 아니지만 샤워할 때 물이 이리저리 튀는 것을 막기 위해 샤워부스나 칸막이Partition 벽을 만드는 추세이다. 서양과 마찬가지로 욕조와 샤워부스를 통합하여 욕조에 유리 칸막이Partition를 부착하거나 조적 욕조를 만들고 유리문을 달기도 한다.

주의할 점은 FRPFiber Reinforced Plastic로 제작된 기성 욕조가 아니라 시멘트 벽돌을 쌓아서 타일을 깔아 욕조를 만들 경우 수년간 몇 톤의 물이 바닥에 하중을 가해 타일 줄눈이 깨져 물이 방수층에 고이거나 심하면 방수층이 깨지는 경우도 있다. 따라서 계획 단계에서부터 방수 방법과 횟수, 이중 배수를 이용한 배수 및 습기 관리 등에 유의해야한다.

또한 샤워기 설치 방향도 세심한 고려가 필요하다. 샤워기를 벽에 걸었을 때 화장실 문 쪽으로 물줄기가 향한다면 문이 지속적으로 물에 노출되어 합판이나 MDF 위에 건식 무늬목, 시트지, 페인트 등으로 마감한 멤브레인Membrane 문 모서리가 터지거나 페인트, 시트지가 벗겨질 수 있으니 주의해야한다. 요즘은 이런 하자를 줄이기 위해 합성수지 일종인 ABSAcrylonitrile Butadiene Styrene 재질로 만들어진 문을 사용하는데 물에 대한 내구성이 강하고 가볍지만 패턴과 질감Texture이 다양하지 않아 통합적으로 디자인Integrated Design을 하기 어려운 면도 있다.

바닥 배수구Floor Drain

한국은 서양과 달리 습식으로 화장실을 사용한다. 쉽게 말해서 바닥에 물이 흘러도 괜찮다는 말이다. 바닥에 물이 흘러도 괜찮기 위해서는 두 가지 전제조건이 필요하다. 첫 째는 바닥에 물을 모아서 내려 줄 배수구가 있을 것, 둘째는 모든 물은 배수구로만 흘러 내려갈 것이다. 두 번째 조건은 화장실 바닥과 벽 하단을 방수처리 하고 그 위에 보호 모르타르와 타일, 줄눈을 시공하는 것으로 해결한다. 여기서 계획적으로 중요한 것은 바닥에 설치되는 배수구이다.

아파트 등의 공동주택 생활에 익숙한 사람들은 화장실 바닥에 100 x 100, 120 x 120, 150 x 150mm 규격의 스테인리스 스틸 덮개가 설치된 배수구를 보았을 것이다. 이것을 건축 · 인테리어 분야에서는 FDFloor Drain[2]라고 부른다. 이런 정사각형 바닥 배수구는 타일 규격과 달라 어쩔 수 없이 타일을 잘라서 주변을 맞추기에 시각적으로 거슬리는 요소이다. 그래서 때로는 세면대나 하부장 아래에 숨기기도 하는데 주기적으로 스테인리스 스틸 커버를 열고 트랩 청소를 해야하는 만큼 좋은 방법은 아니다.

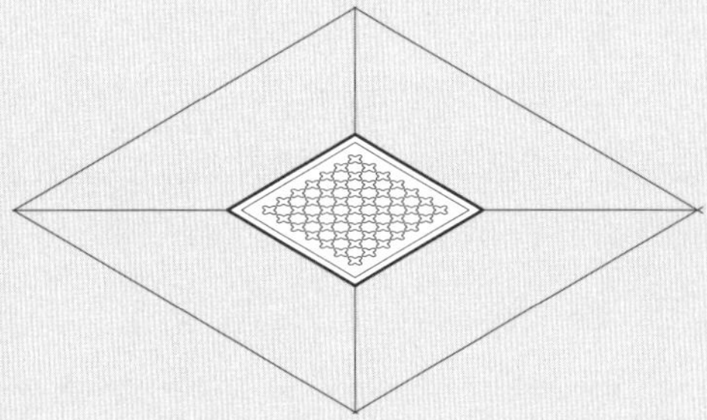

정사각형 배수구

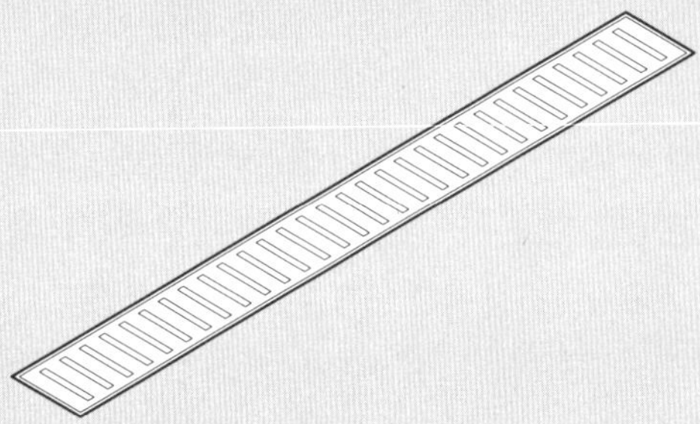

선형 배수구

2 한국에서는정사각형 배수구Square or Center Shower Drain를 '유까'로 부르고, 길쭉하게 조성된 배수구Linear Shower Drain는 '트렌치Trench' 라고 한다. 건축 · 인테리어 시공 용어는 일본어에서 유래하여 변형된 경우가 많은데 그 중 하나가 '유까'이다. 일본어로 Floor Drain을 '床ドレン'이라 쓰고 유까ゆか 도렌이라고 읽는데 이 중 앞 글자 유까만이 한국에서 변형되고 살아남아 유까, 유가, 유카, 육가 등으로 사용되고 있는 것이다. 배수구는 쏙 빼고 바닥이라는 단어로 배수구를 지칭하고 있으니 고쳐야 될 단어 중 하나이다. 트렌치 또한 실제로는 도랑Channel을 파고 그 위를 쇠살대Grate로 덮는 외부 배수구를 칭하므로, 유까와 트렌치를 합쳐 '바닥 배수구'로 부르는 것이 적합하다.

이때는 샤워실의 칸막이Partition를 조적식이나 불투명 유리로 조성해 배수구를 칸막이 뒤쪽에 숨기거나, 길이가 긴 배수구Linear Shower Drain로 조성하여 노출되어도 괜찮은 디자인을 선택하는 방법이 있다.

다만 선형 배수구로 조성할 때 주의할 점이 몇 가지 있다. 미관만을 고려해 배수로의 노출이 가장 적은 타일 배수구Tile Insert Linear Drain를 선택하는 경우도 있는데 주기적으로 관리를 하는 사람이 따로 있는 숙박시설이 아닌 이상 배수로를 다 덮어버리는 타일 배수구는 유지 · 관리 측면에서 좋은 선택이 아니다.

또한 배수구 안쪽에서 다시 한번 머리카락을 걸러주고 자체적으로 악취를 차단하기 위해 설치되는 거름망과 트랩Waste Strainer and Trap은 기성품의 경우 대체로 Ø45 - 50 규격으로 나오나 열린 배수구나 줄무늬 덮개Strip Grating[3]를 사용할 경우 첫번째 덮개Grate가 머리카락을 잘 걸러주지 못하므로 청소를 자주 하거나 Ø65 이상의 거름망과 트랩을 설치 하는 것이 좋다.

3 스테인리스 스틸 덮개Grate는 회사마다 여러가지 패턴을 사용하고 있는데, 테두리를 제외하고 넓게 막혀 있는 민무늬 덮개Solid Grate, 좌우로 끝까지 한 줄로 연결 돼 보이는 줄무늬 덮개Strip Grate, 짧은 줄 모양이 반복되는 선형 덮개Line Grate, 정사각형 모양이 반복되는 사각무늬 덮개Square Grate, 방사형 꽃잎 모양이 반복되는 꽃무늬 덮개Floral Grate 등이 있다.

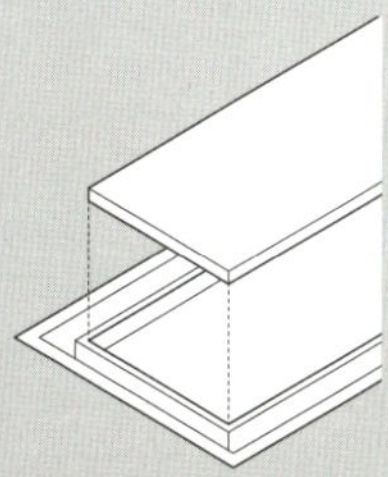

타일 덮개Tile Insert Grate

민무늬 덮개Solid Grate

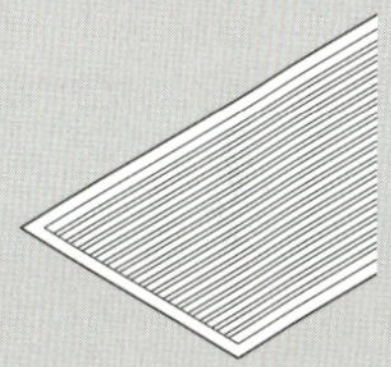

줄무늬 덮개Strip Grate

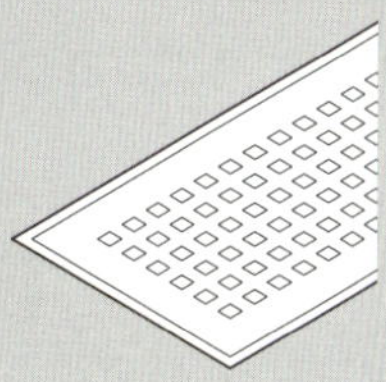

사각무늬 덮개Square Grate

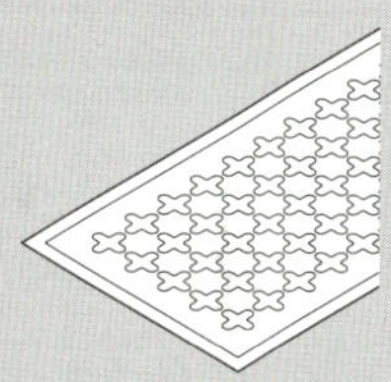

꽃무늬 덮개Floral Grate

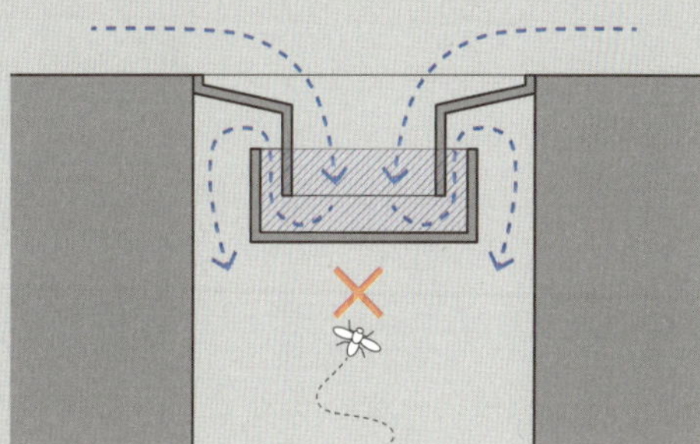

봉수 트랩 단면

재료분리대와 코너비드

모든 건축 자재는 눈에 보이는 면 뿐만 아니라 두께 즉, 옆면이 있고 대부분 그 옆면은 노출이 되지 않기에 재료의 색상이나 질감, 패턴이 동일하게 적용되지 않는다.

재료분리대는 마루, 대리석, 인조대리석, 타일 등 두 가지 이질적인 재료가 한 면에서 만날 때 그 경계를 깔끔하게 정리하거나, 특정한 마감재가 돌출되어 옆면이 노출될 때 옆면을 가리기 위해 사용하는 건축 요소이다.

특히 화장실과 주방 일부는 물과 얼룩에 강하고 청소를 쉽게 하기 위해 마감재로 타일을 사용한다. 타일은 제품에 따라 4 - 25mm까지 두께가 다양한데 값비싼 수입 타일 몇몇을 제외하면 타일도 다른 재료와 마찬가지로 타일면과 옆 면의 색상과 마감이 다르다. 그래서 화장실이나 주방에서 양각으로 꺾인 모서리에 타일을 시공할 경우 타일의 옆 면이 노출되어 디자인 품질이 떨어지고 시간이 지나면서 모서리가 깨지는 등의 유지 및 관리 문제가 발생하기에 금속으로 된 코너비드라는 것을 모서리에 시공한다.

한국에서는 금속 쫄대라고도 부르는 코너비드Corner Beads, Angle Beads or Plaster Beads는 원래 회반죽 건식 벽체Plaster-Finish Dry Wall를 조성할 때 모서리가 마모와 충격에 터지지 않도록

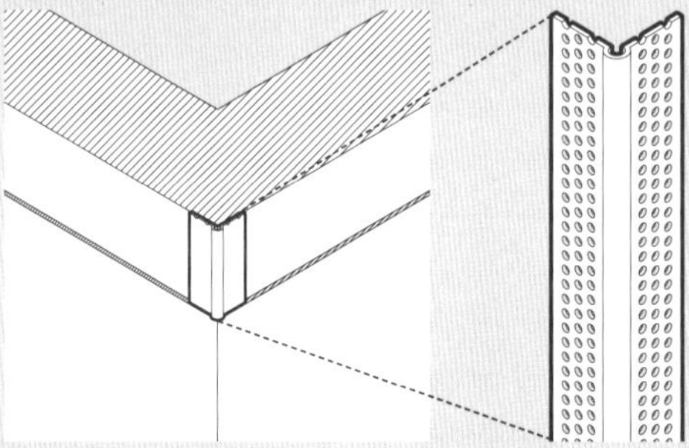

코너비드Corner Beads

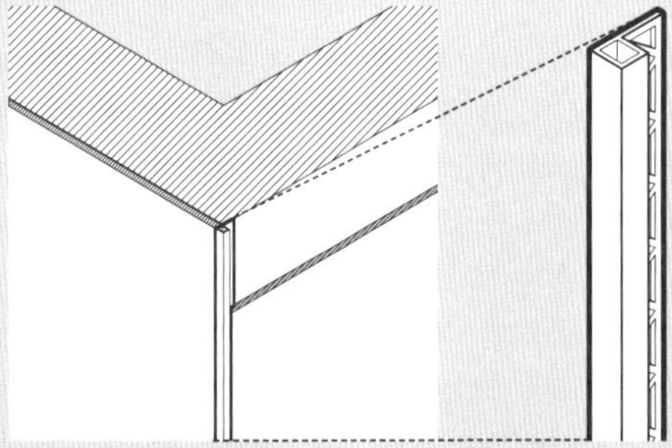

재료분리대Edge Trim Profile(strip)

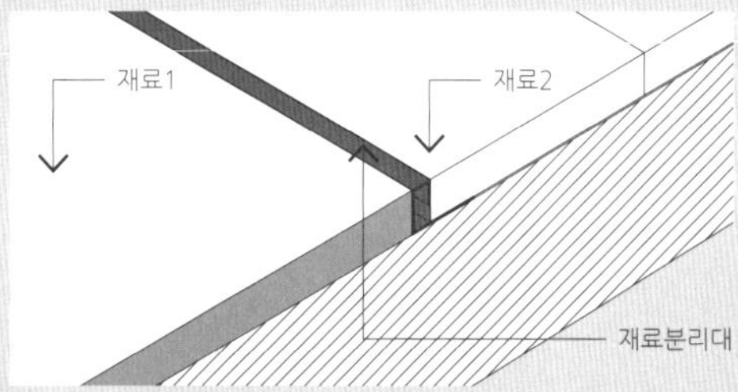

재료분리대Transition Profile(strip)

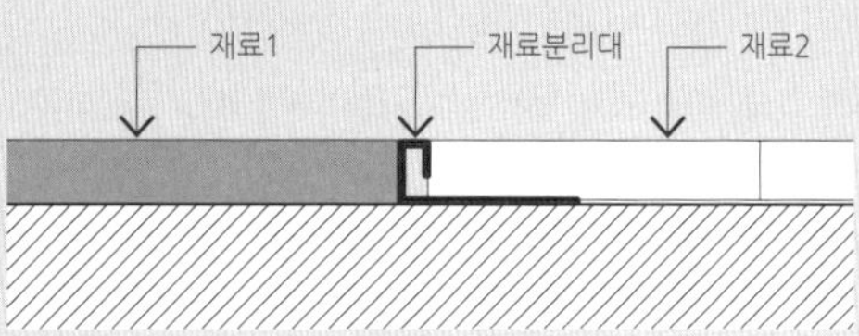

재료분리대Transition Profile(strip) 단면

시공하는 재료로 회반죽 아래에 묻혀 우리 눈에 보이지 않는다. 그래서 화장실에 시공하는 코너 비드는 재료 분리를 위한 것은 아니지만 그 형태나 재료는 재료분리대와 동일하다.[4]

최근에는 이 코너비드가 노출하는 것이 전반적인 화장실 디자인과 어울리지 않는다고 생각하여 타일 모서리를 44°[5]로 자르고 연귀 맞춤을 하여 타일 사이에 사용하는 줄눈제를 동일하게 시공한다. 맞춤 모서리에는 에폭시 계열의 줄눈제를 접착제처럼 이용하여 날카로운 부분을 가리고 접착력을 확보하기도 한다. 에폭시 계열이 아닌 일반 줄눈제를 모서리에 그대로 사용할 경우 타일로 마치 대리석을 사용한 것 같은 느낌은 줄 수 있지만 시간이 지나면서 모서리 줄눈[6]이 깨지고 탈락하기도 한다.

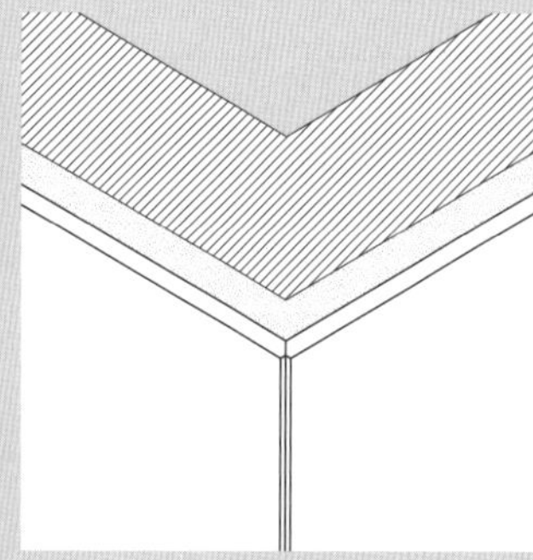

타일 연귀맞춤

타일 연귀맞춤 평단면

4 그래서 영어로는 코너비드는 Corner Beads, Angle Beads 또는 Plaster Beads로, 재료분리대는 Transition Profile(Strip)로, 특히 화장실이나 주방 타일 모서리에 설치하는 재료분리대는 Edge Trim Profile(Strip)로 구분해서 부른다.

5 1°의 여유를 두어 맞춤 모서리가 깨지는 것을 방지한다.

6 사춤 또는 메지라고도 하는데 타일과 타일 사이를 채우는 색깔이 들어간 회반죽Colored Grout이다, 사춤은 사전적으로 갈라지거나 벌어진 틈을 말하는 것인데 현장에서는 메우는 작업으로 말하고 있고, 메지는 일본어로 목지目地로 쓰고 めじ로 읽기에 줄눈으로 용어를 정리하는 것이 타당해 보인다.

아파트 전형

화장실

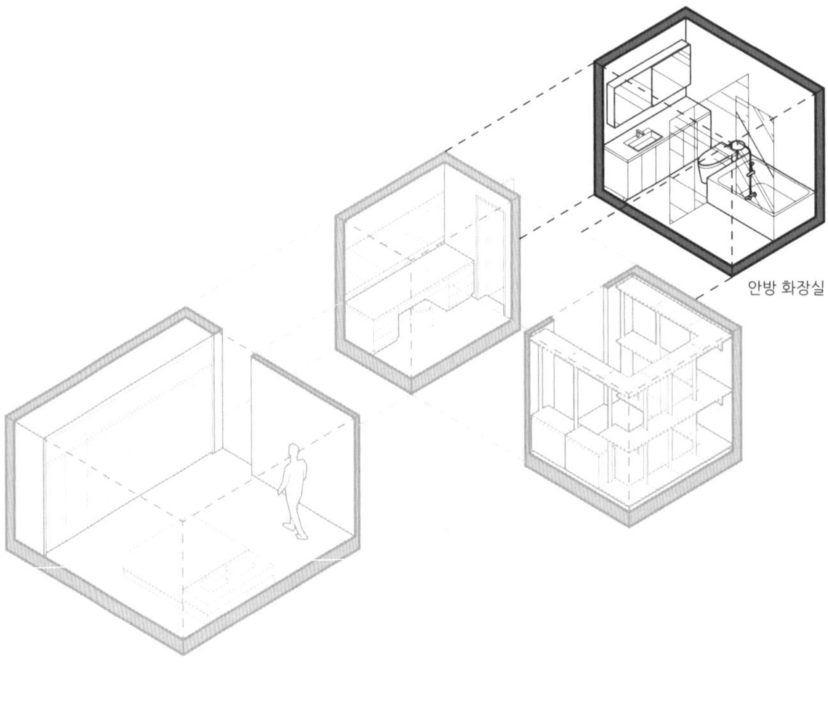

안방 화장실

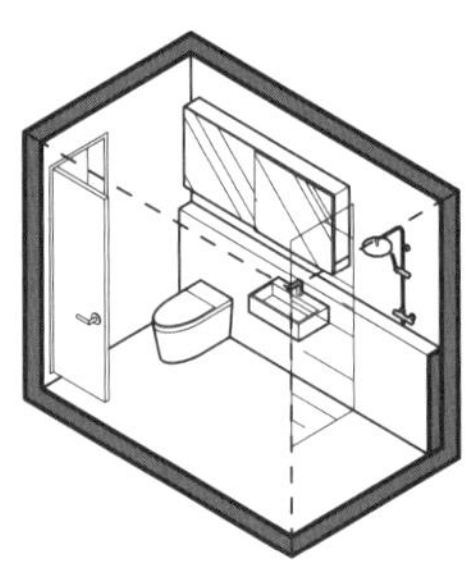

거실 화장실

인테리어 변형

화장실

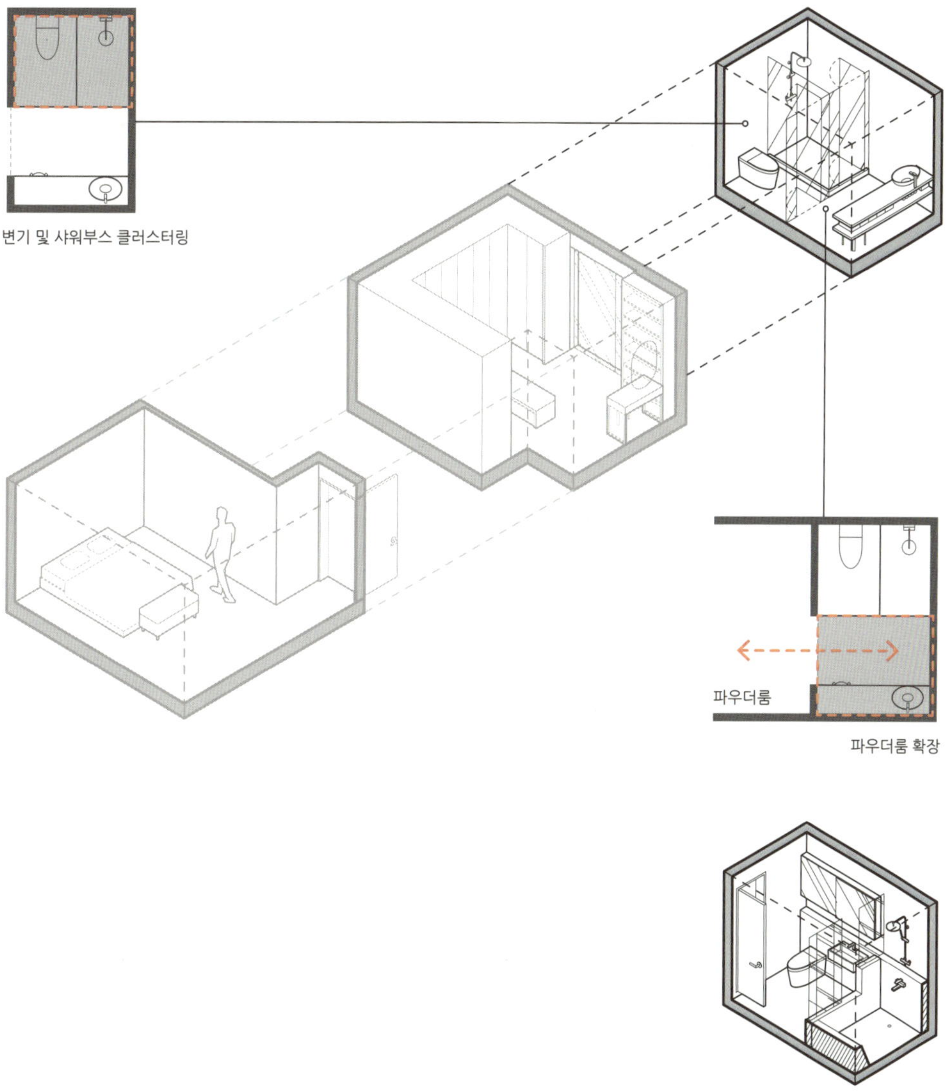

인테리어 변형

안방 화장실[1]

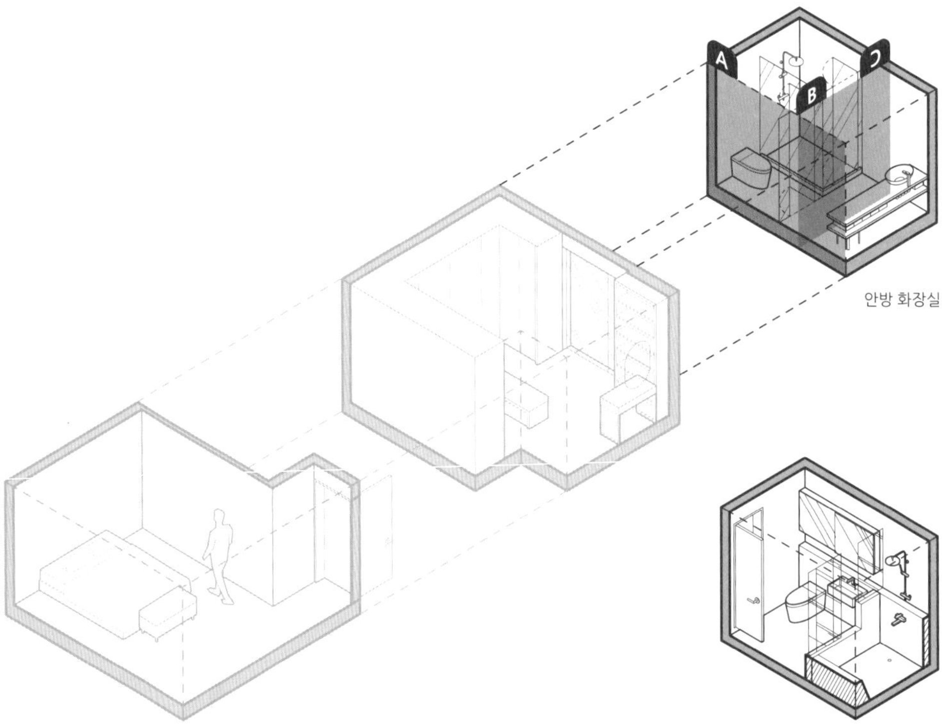

안방 화장실

거실 화장실

1 화장실은 표준국어대사전에 따르면 "1. 화장Make-up하는데 필요한 설비를 갖추어 놓은 방 2. '변소'를 달리 이르는 말"로 규정 되어있는데 사실 1번과 2번 의미 모두 한국에서 사용하는 화장실을 정확히 표현한다고 보기 어렵다. 우리가 아침에 일어나 밖으로 나가기 위해 준비하는 과정을 기능적 실로 나열해보면 [침실 - 변소 - 욕실 - 드레스룸 - 파우더룸 - 침실]이 될 것이다. 가끔 단독주택에서 건식 복도와 함께 변소와 욕실을 구분하여 조성하는 경우도 있지만 대체로 한국에서 화장실은 변소와 욕실이 기능적으로 결합된 형태로 구성되어 있고 사회적 동의가 형성되어있다. 따라서 이 책에서도 기능적으로 변소와 욕실을 통합하여 화장실이라는 용어를 사용하였다.

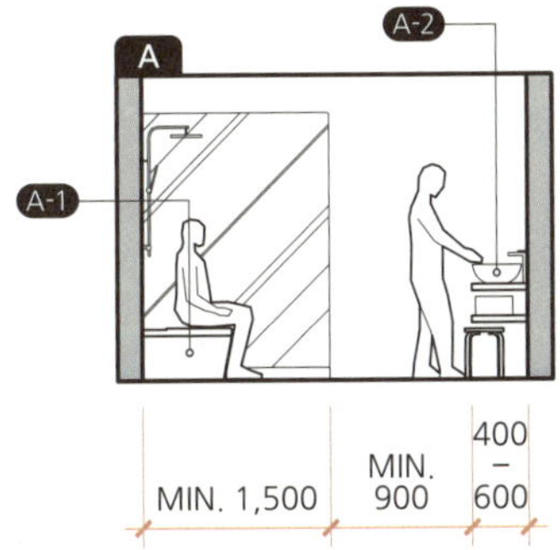

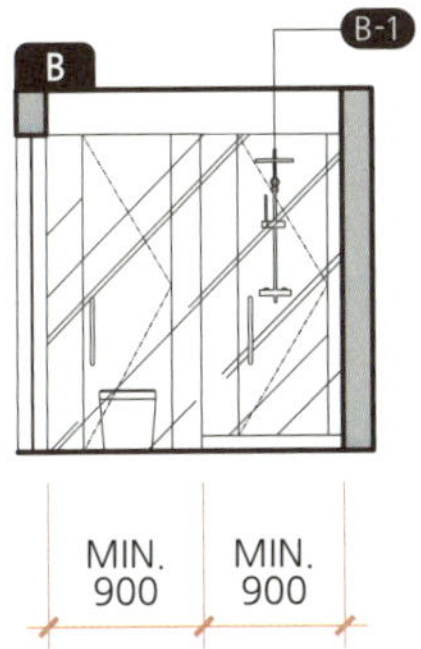

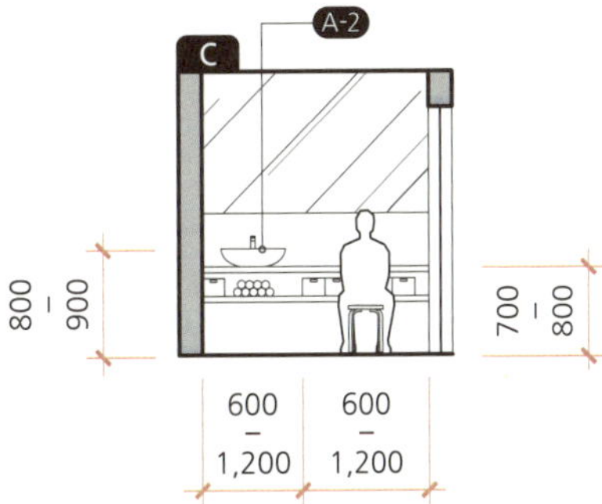

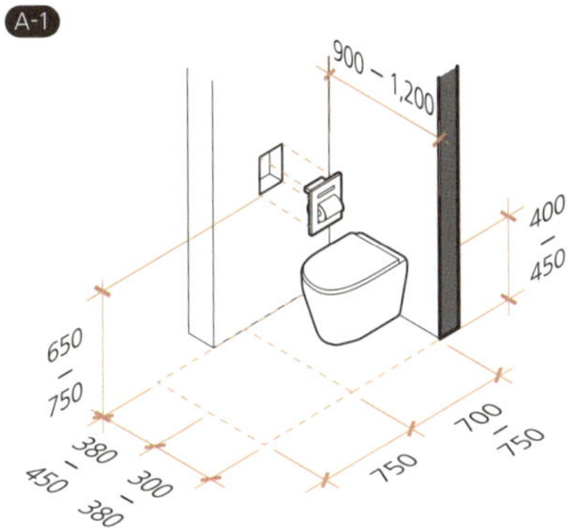

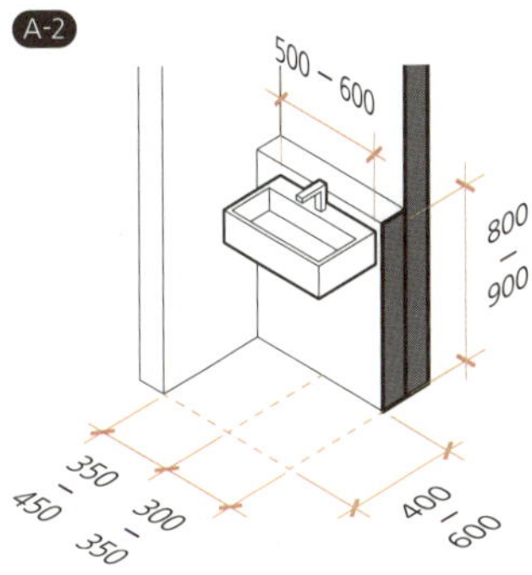

샤워부스 문 종류와 치수

B-1

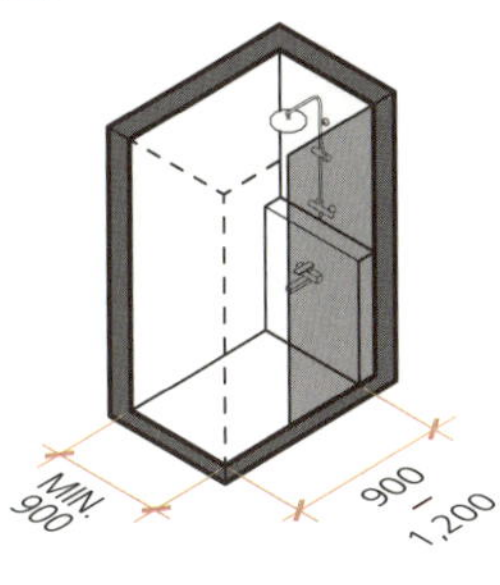

칸막이Partition 샤워부스

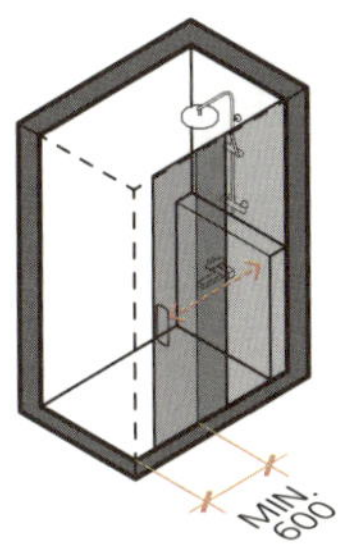

미닫이문 샤워부스

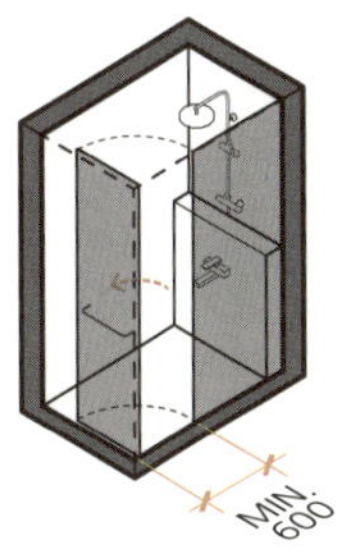

여닫이문 샤워부스

인테리어 변형

거실 화장실

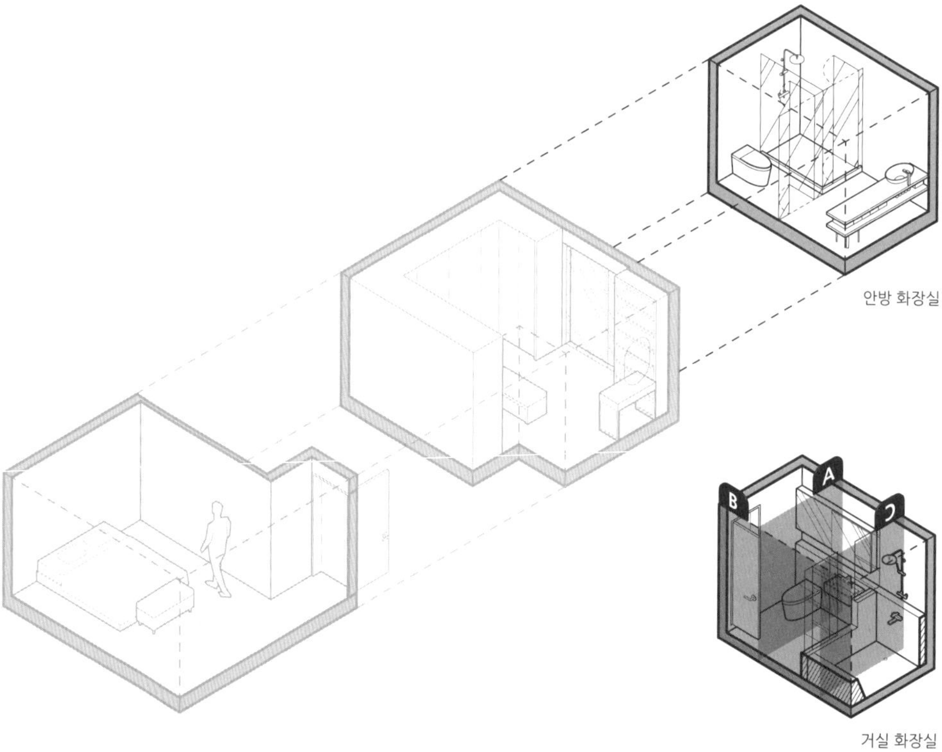

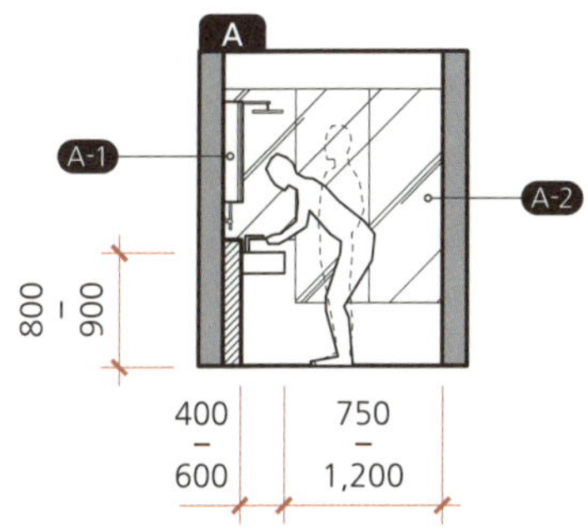

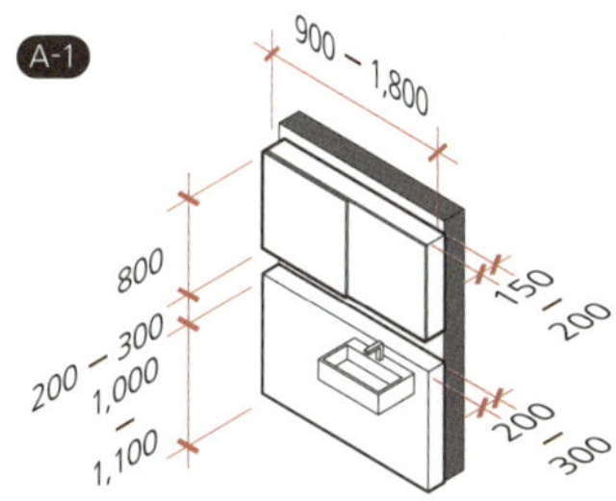

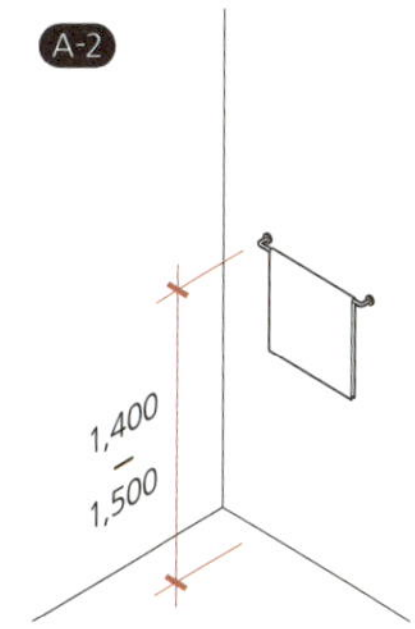

상부 거울장과 화장실 선반 유의사항

상부 거울장 두께

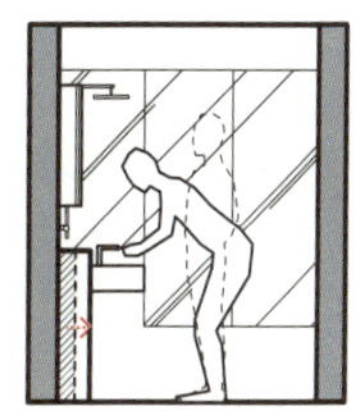

화장실 선반 돌출

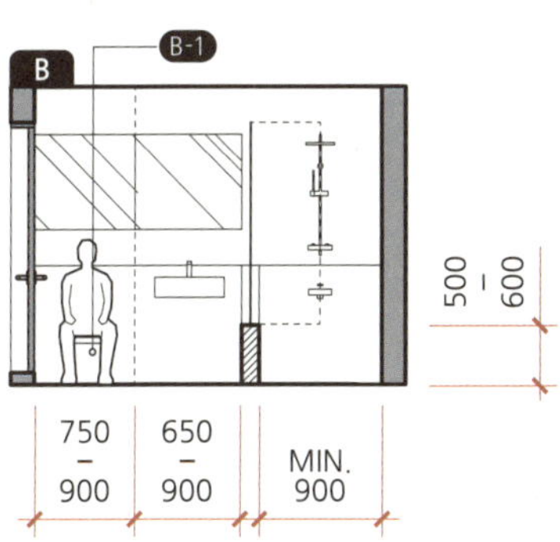

변기 - 휴지걸이 사이 최대 이격거리

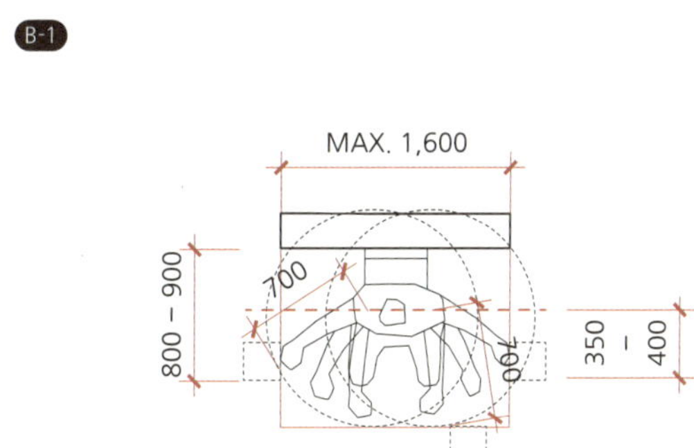

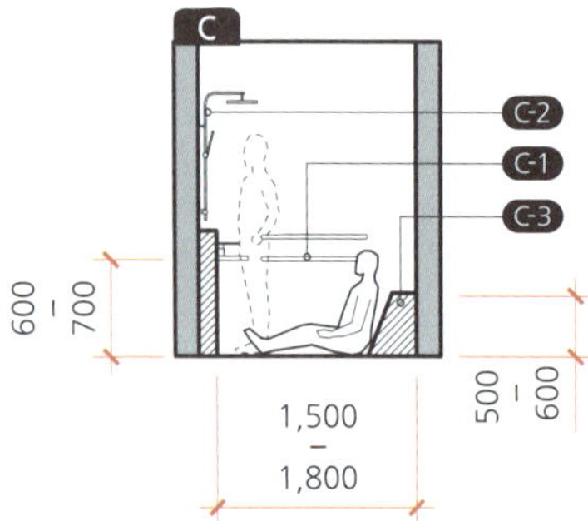

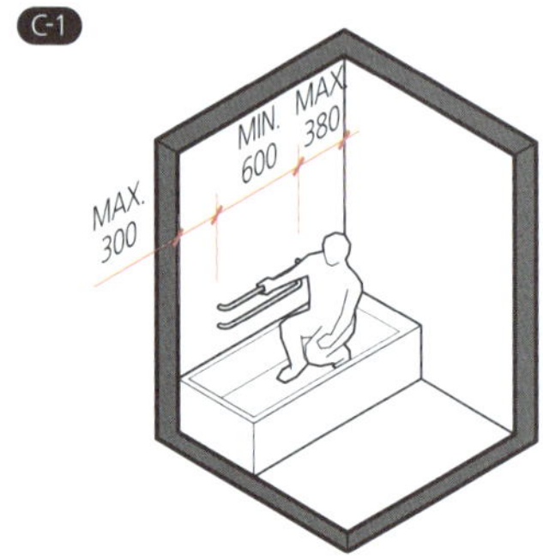

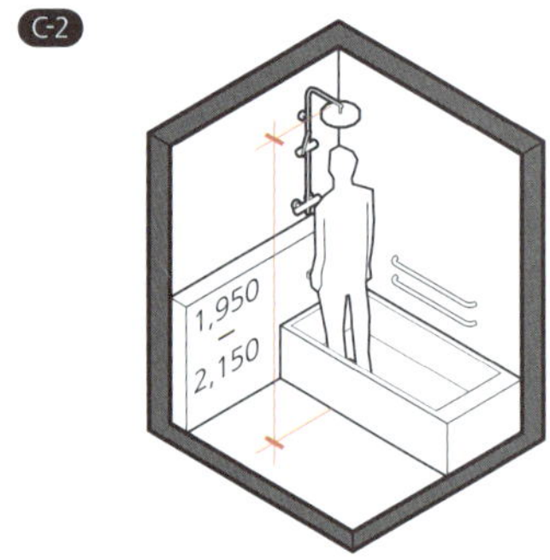

샤워부스 디자인 유형

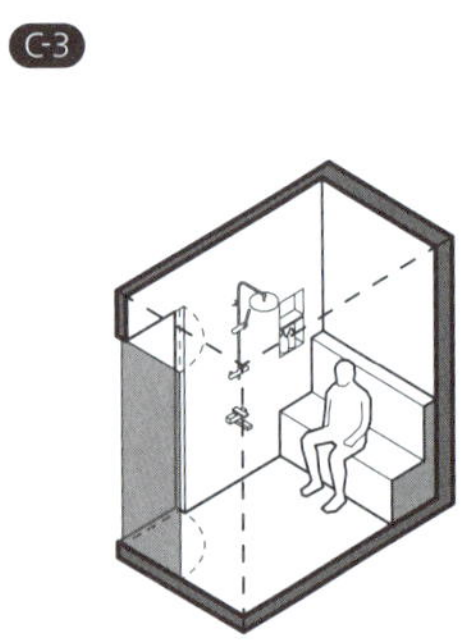

벤치형 샤워부스

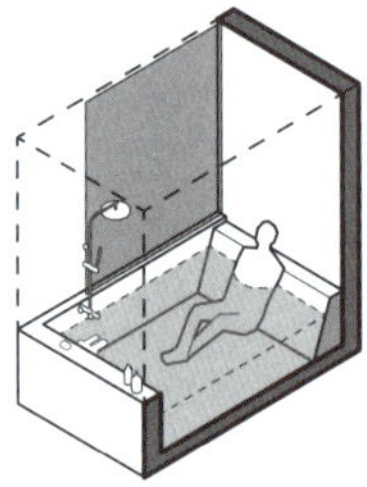

욕조형 샤워부스

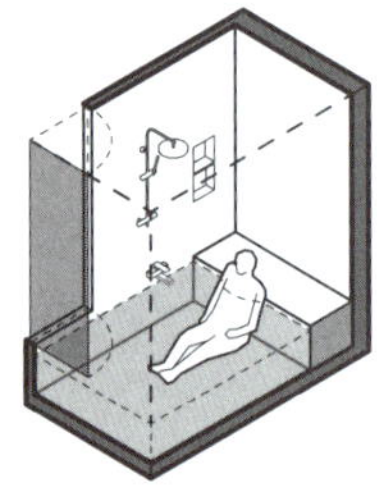

욕조 · 벤치형 샤워부스

건축 변형

화장실

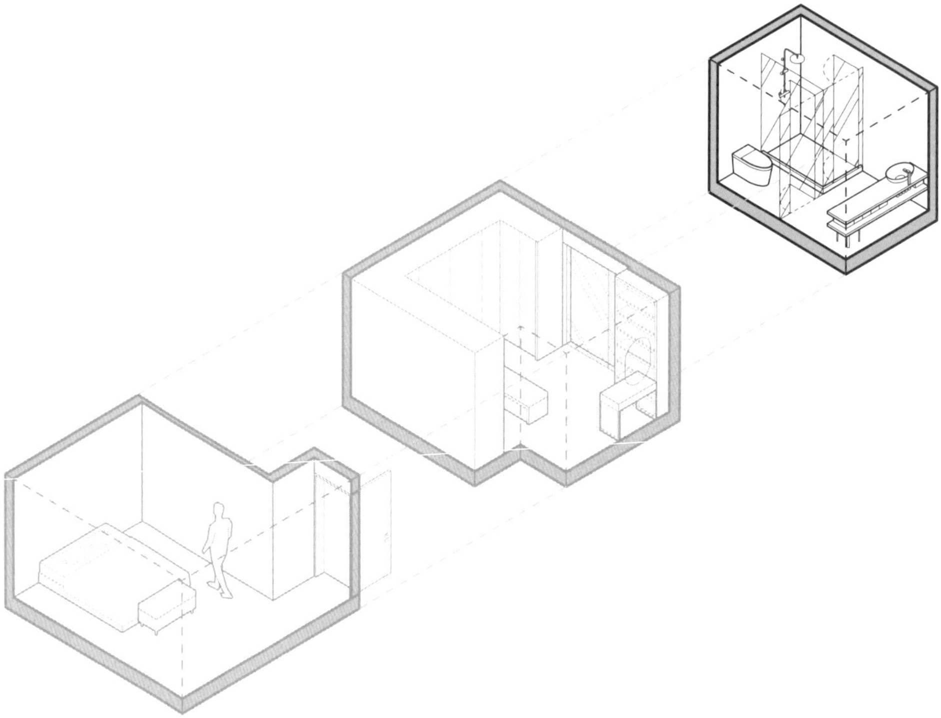

분리형 화장실

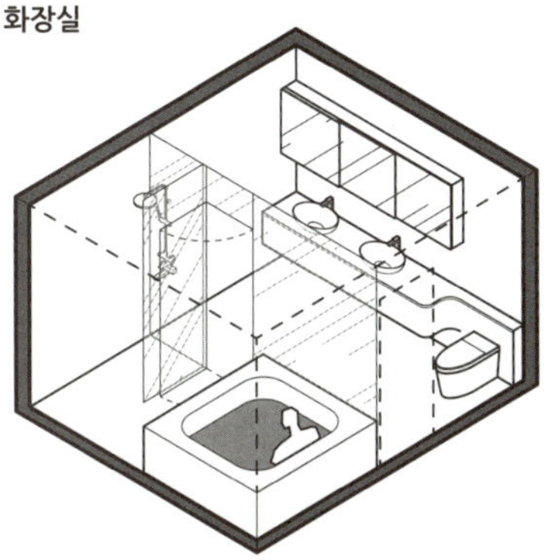

영역 분리형 화장실

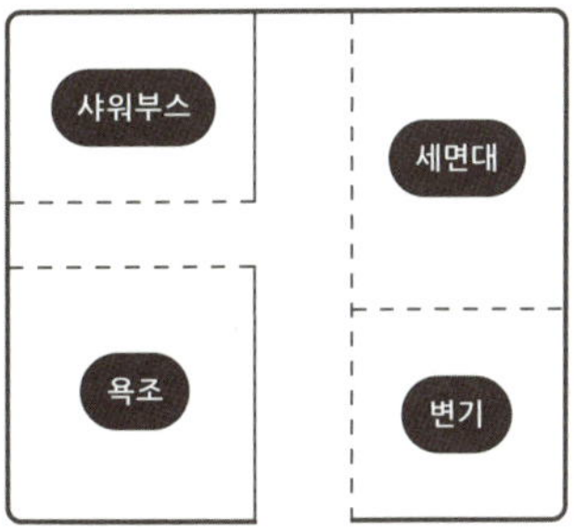

영역 분리형 화장실 조닝

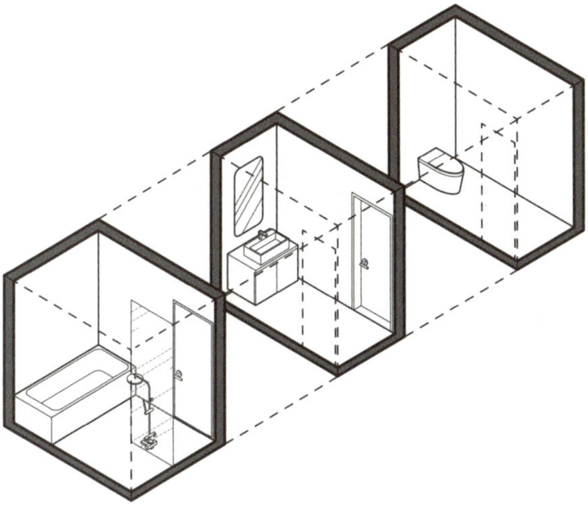

공간 분리형 화장실

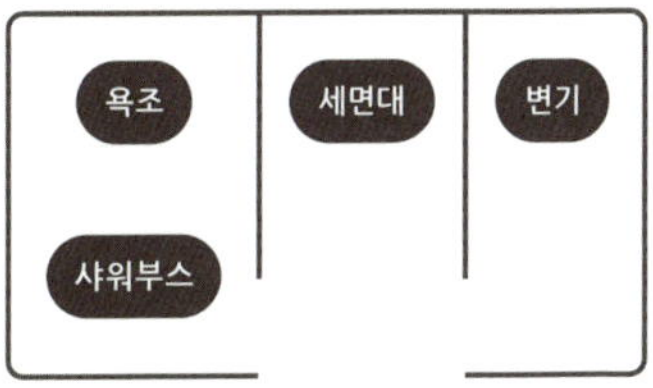

공간 분리형 화장실 조닝

화장실 - 외부공간 시각적 연계

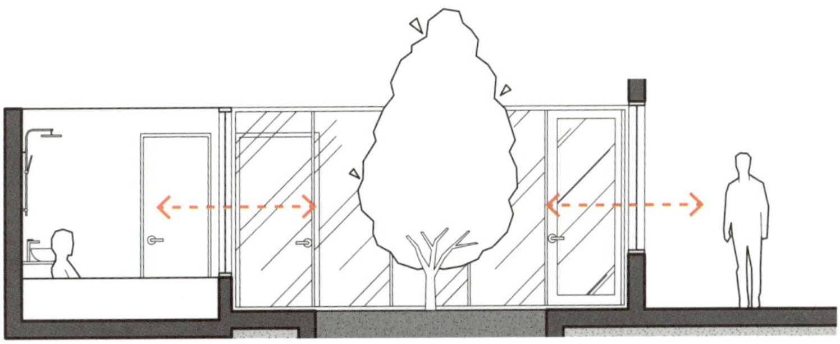

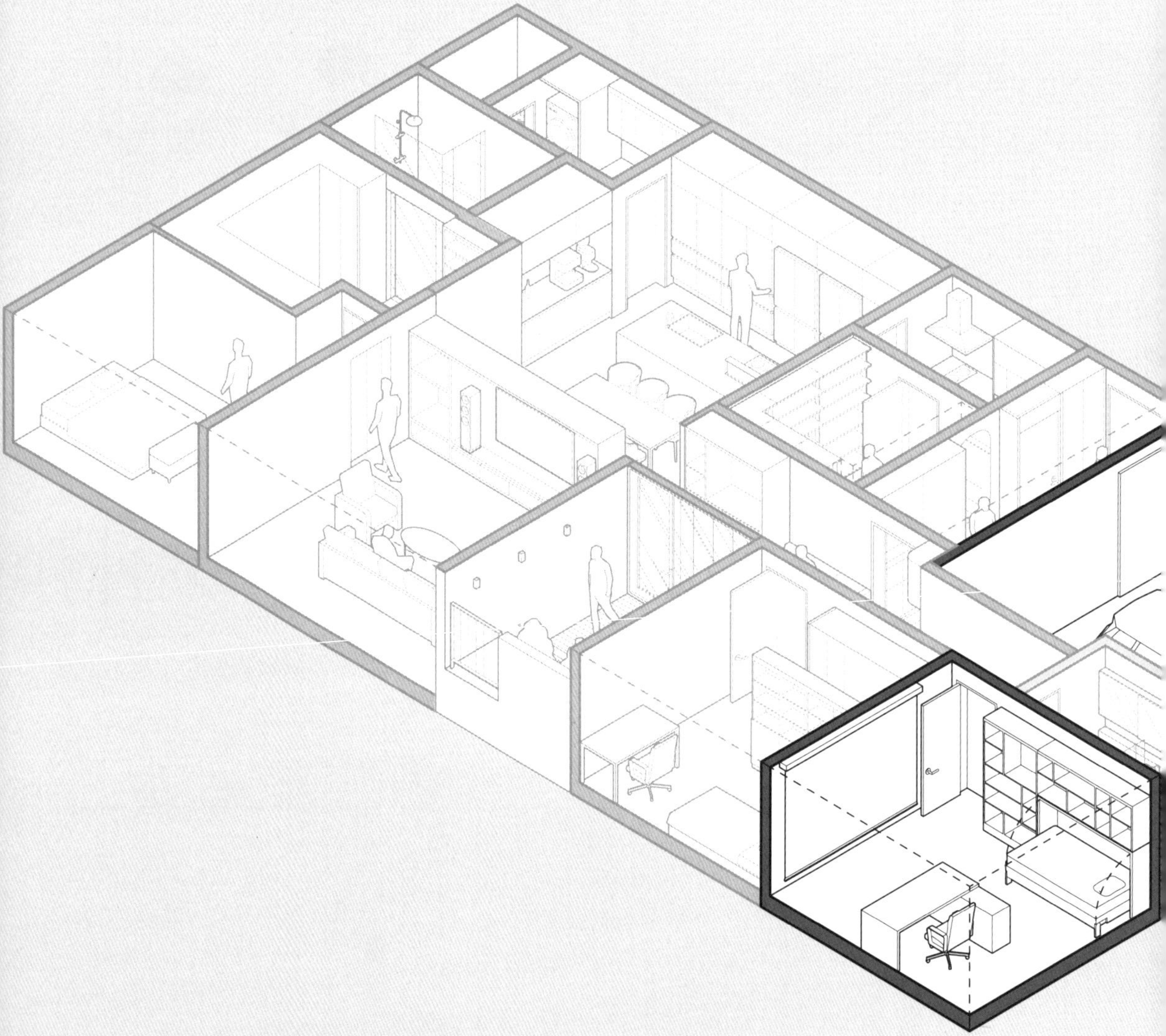

주택

HOUSING

알파룸 — 차고

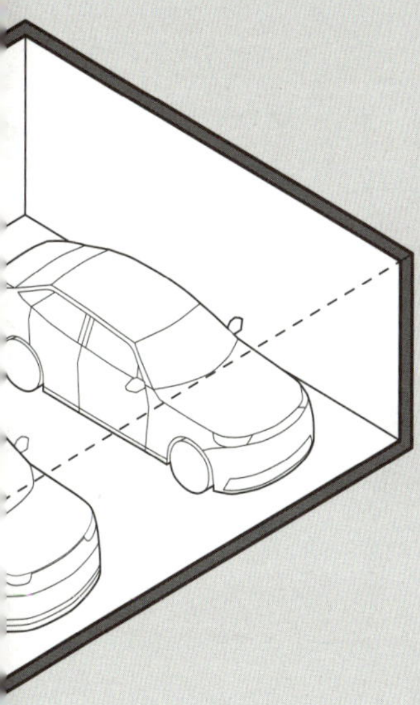

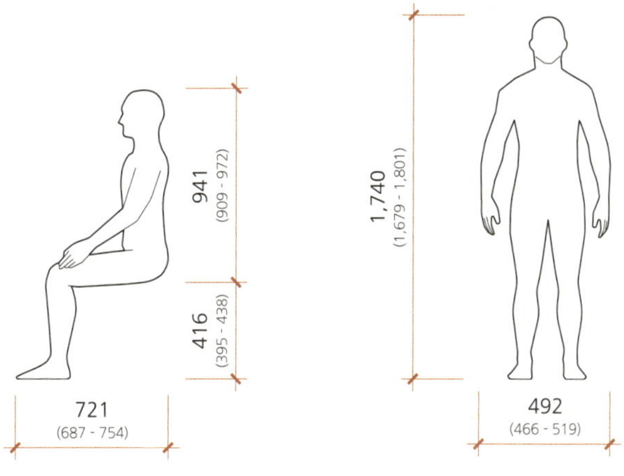

흡음재 vs 차음재 · 방음재'Sound-Absorbing vs. Soundproofing' Materials

흡음재는 주로 실내 잔향 및 울림 개선에, 차음재 · 방음재는 소음 차단이나 소리가 다른 공간으로 전달되는 것을 막기 위해 사용하는 자재이다. 흡음재는 소리를 흡수하여 울림을 줄이기 위해 굴곡지거나 다공질로 구성되어있고, 차음재는 높은 밀도와 두께를 가지는 재료로 평평하고 단단하며 밀도가 높다.

따라서 흡음재만 사용하면 음이 다른 곳으로 전달되는 것을 100% 막지 못하며, 차음재만 사용하면 음이 공간 안에서 울리는 현상이 발생할 수 있으므로 실의 특성과 사용 목적에 맞게 흡음재와 차음재를 적절하게 섞어 사용하는 것이 좋다.

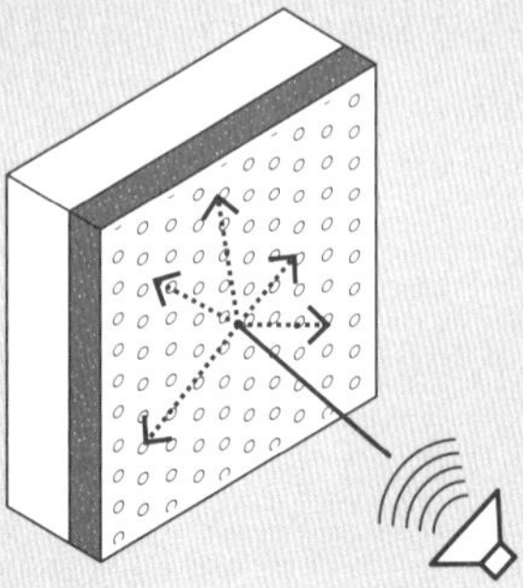

흡음재

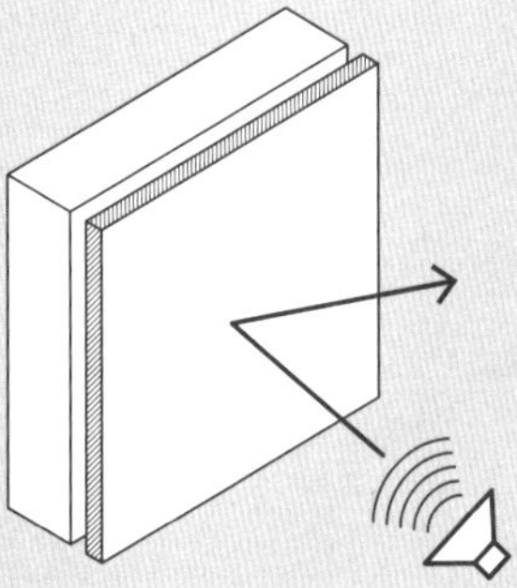

차음재

흡음재Sound Absorbing Materials

계란판 흡음재Acoustic Eggcrate Foam Panels

계란판 모양의 스펀지로 올록볼록한 형태로도 소리를 흡수할 수 있는 면적이 넓고 그 밀도도 높다. 가격이 저렴하고 두께가 다양하여 가장 많이 사용하는 흡음재이다. 다만 모든 스펀지가 그렇듯 시간이 지나면서 바스러지며 탈락할 수 있어 관리가 필요하다.

계란판 흡음재

타공 흡음보드Perforated Acoustic Panels

흔히 타공판으로 부르는 자재로 일정한 간격으로 원형이나 선형으로 구멍을 낸 형태를 가지고 있다. 구멍을 통해 들어간 소리가 나무 재질 안쪽 흡음재에 부딪혀 저주파음은 투과시키고 고주파음은 반사시킨다. 마감재질이 깔끔하고 반복적인 패턴을 통해 입면 디자인도 가능해 대체로 넓은 공간에 많이 사용한다.

목모보드Wood Wool Boards

천연 원목을 가늘게 재단Cut Out한 뒤 압축 가공하여 만든다. 내구성이 좋고 흡음 성능뿐만 아니라 단열 성능도 뛰어나다. 때문에 스펀지나 타공흡음보드에 비해 가격이 비싸다.

차음재Soundproofing Materials

글라스울Glass Wool

유리를 고온에서 녹인 뒤 고속으로 회전시켜 섬유질로 만들어 일정한 크기로 사용하기 좋게 만든 무기질 광물섬유 자재이다. 보통 벽면에 단열재로 많이 사용하는데, 소음을 흡수하는 데에도 훌륭한 성능을 발휘한다. 화재에 강한 반면 유리로 만든 솜 같은 재질이기에 습기나 물에 취약한 단점도 있다. 타공흡음보드와 달리 고주파음과 저주파음을 모두 흡수한다.

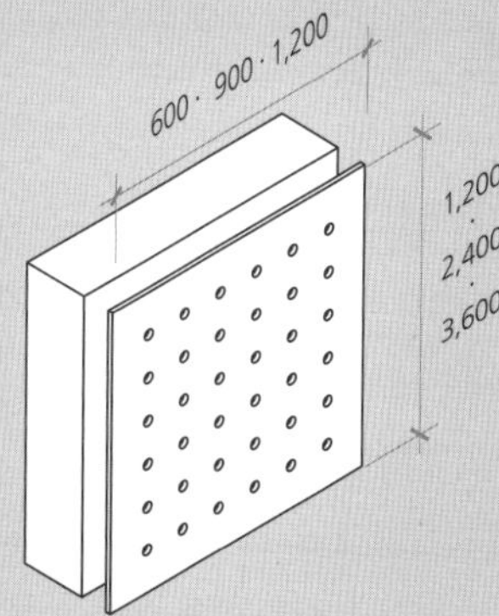

타공 흡음보드

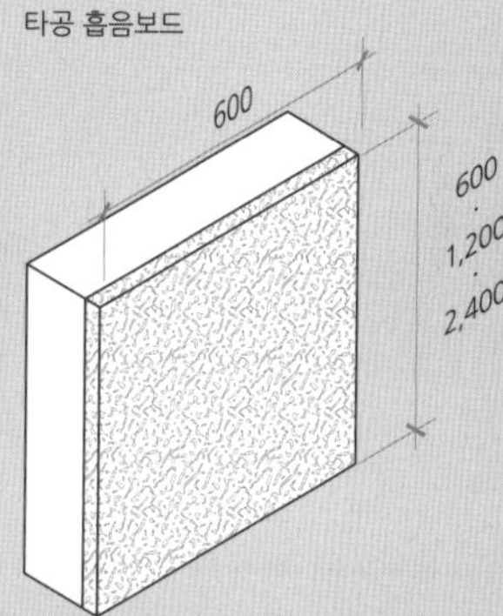

목모보드

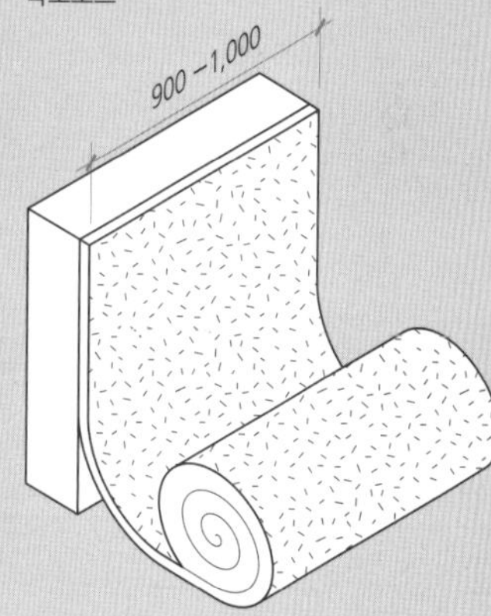

글래스울

차음 석고보드Soundproofing Gypsum Boards

일반 석고보드에 비해 밀도가 높은 석고보드로 소음 차단 효과가 있다. 가격이 저렴하고 시공이 편하지만 단독으로 사용했을 때 차음 성능이 그리 좋지는 않은 편이다.

흔히 우리가 말하는 텍스나 마이톤 같은 석고보드로 만든 흡음재는 차음을 위해 설치하는 두꺼운 차음 석고보드와 그 용도가 다르다. 참고로 텍스나 마이톤 등은 모두 특정 제품명으로 공식적으로는 유공 흡음 석고보드Perforated (Acoustic) Gypsum Boards로 부른다.

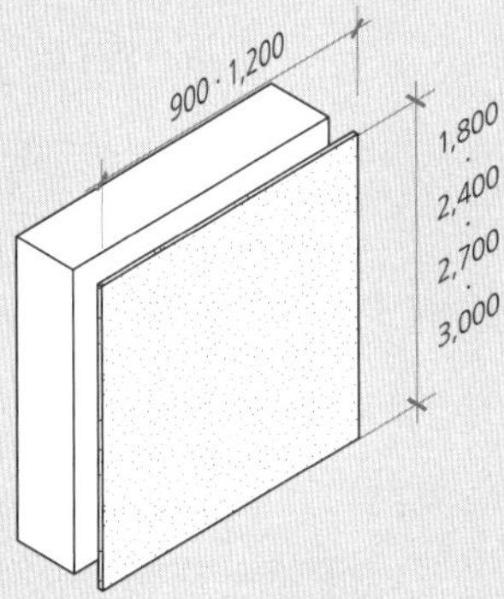

차음 석고보드

PVC 시트PVC Sheets

두꺼운 플라스틱 계열의 시트로 높은 밀도와 질량을 가지고 있어 습기와 물에 강하고 내구성도 좋은 편이다. 다만 무게가 무겁고 흡음 성능이 높지는 않다. PVC 시트 계열 중 검정색의 고중량 비닐은 MLVMassive Loaded Vinyl라 하는데 중량과 밀도가 매우 높아 유연성이 떨어지지만 소음을 매우 효과적으로 차단할 수 있다.

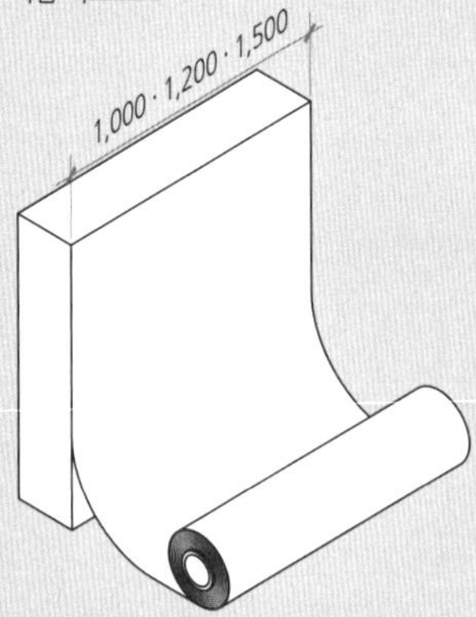

PVC 시트

아스팔트 시트Asphalt Sheets

검은색의 얇은 고무판으로 시공이 간편하고 가격도 저렴하다. 시공 초기 고무 냄새가 심한 단점이 있고 진동을 잡아주는 특성이 있어 건축보다 자동차 업계에서 더 많이 사용한다.

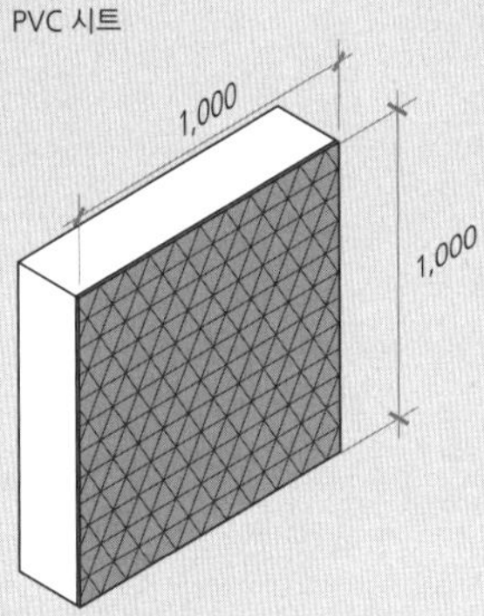

아스팔트 시트

서재 책장

기본적으로 일반 수납장보다는 문이 없는 격자 장으로 계획한다. 기성품을 사서 넣는 것과 달리 계획 초기부터 책장을 고려하면 벽에서 돌출되지 않고 다양하게 공간 구분이 된 깔끔한 '책장벽'을 구성할 수 있다. 때에 따라 책장의 최상단에는 유압 실린더로 작동하는 플랩 방식Flap Type 상부장을 결합하기도 하며, 일부 구간에 유리문을 설치하여 장식장으로 사용하기도 한다.

기성 책장은 대체로 그 깊이가 240 - 350 mm으로 제작되는데 작품집처럼 크기가 크고 비례가 남다른 책을 수납했을 때 전면으로 심하게 돌출되지 않기를 원한다면 일부 칸의 높이와 너비를 350mm 이상으로 길게 제작하는 것도 고려할 만하다

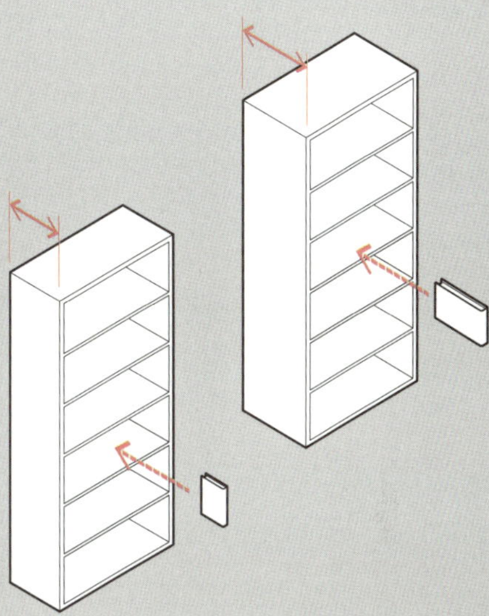

책크기와 책장의 크기

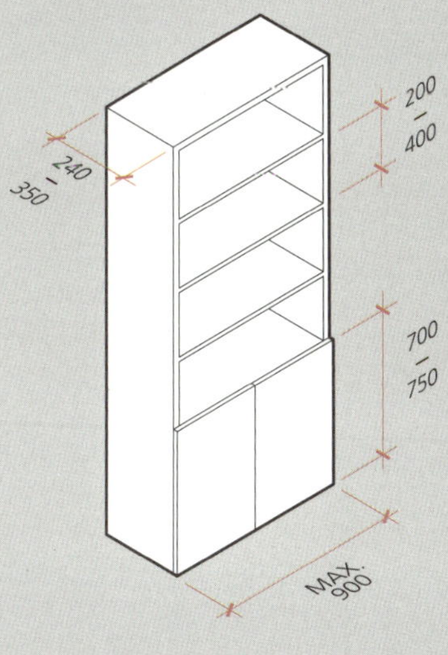

일반 책장

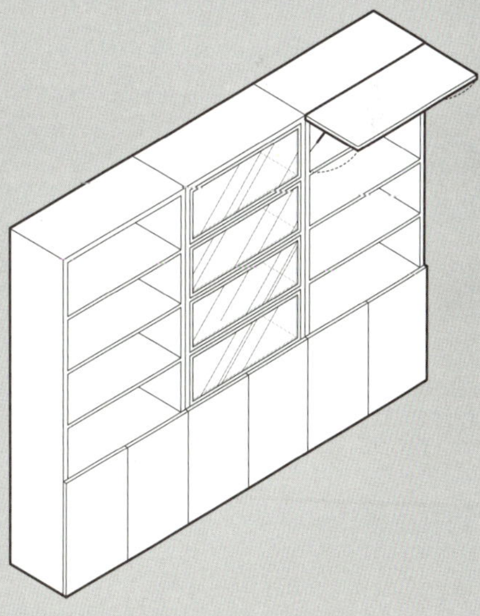

유리문과 플랩문 설치 책장

아파트 전형

침실

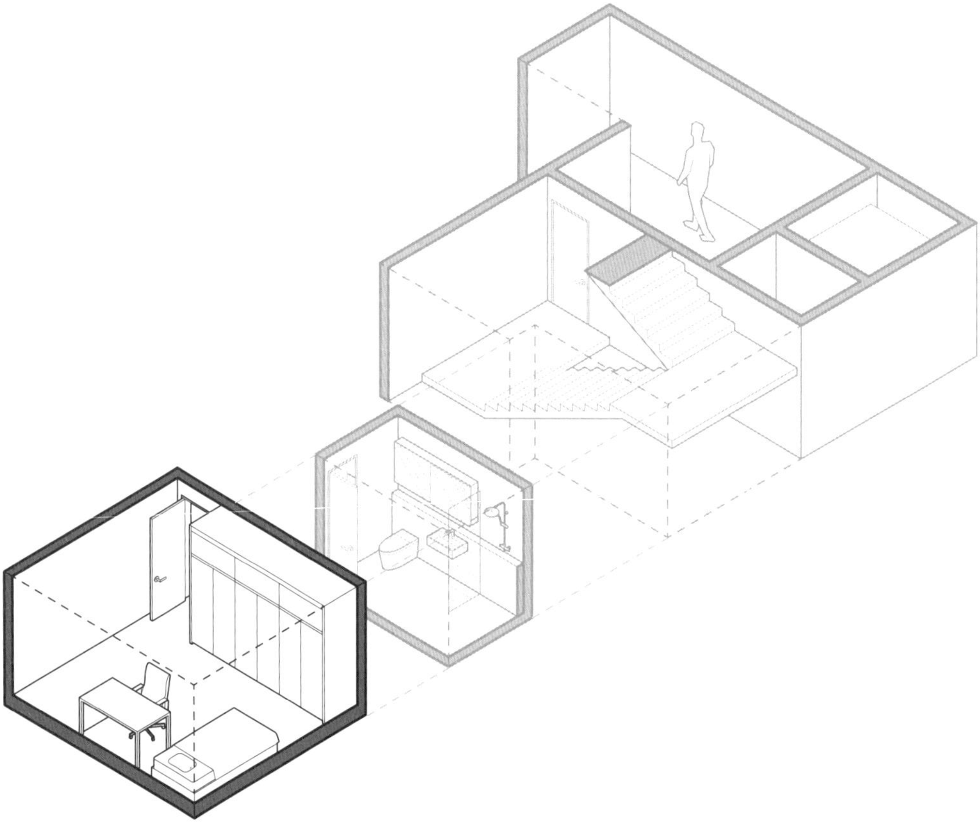

인테리어 변형

알파룸

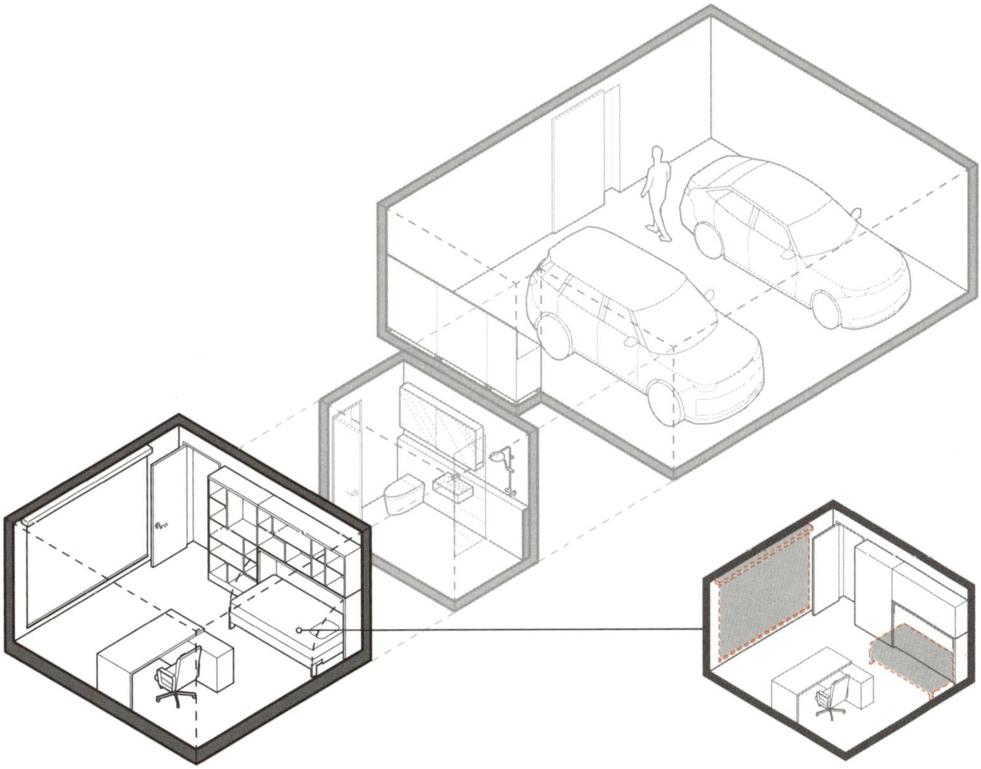

가변형 공간 활용

인테리어 변형

알파룸

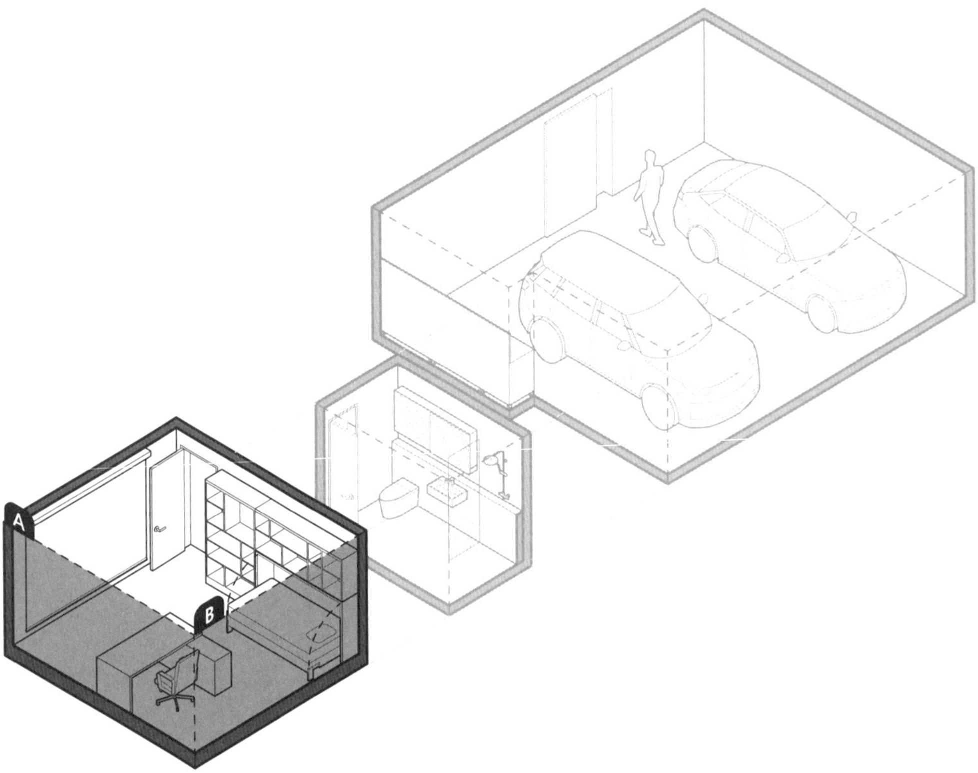

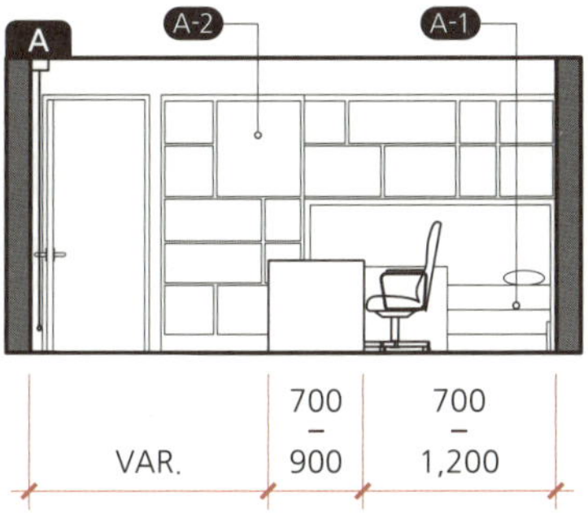
A
A-2
A-1
VAR.
700
–
900
700
–
1,200

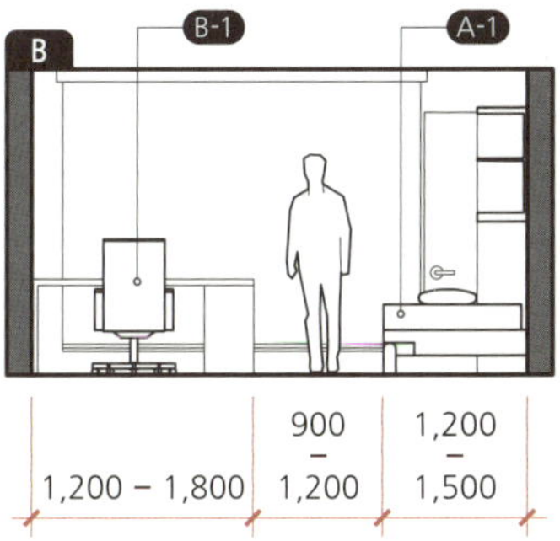
B
B-1
A-1
1,200 – 1,800
900
–
1,200
1,200
–
1,500

A-1

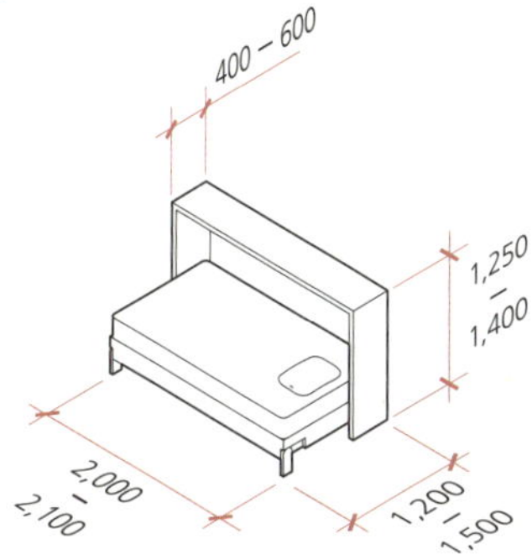
400 – 600
1,250
–
1,400
2,000
–
2,100
1,200
–
1,500

A-2

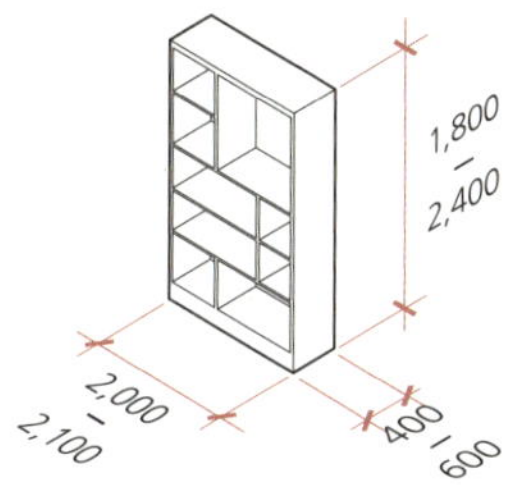
1,800
–
2,400
2,000
–
2,100
400
–
600

B-1

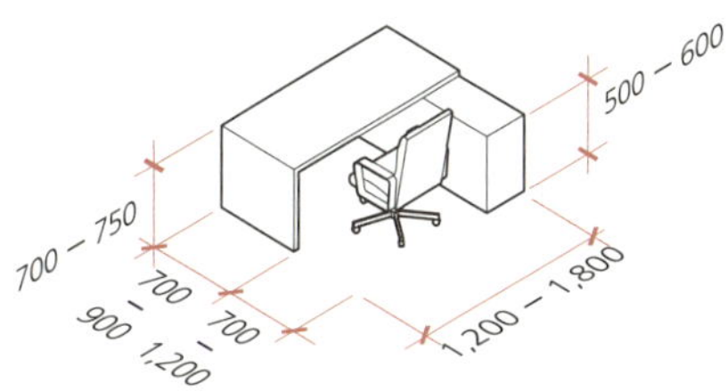
500 – 600
700 – 750
700
–
900
700
–
1,200
1,200 – 1,800

건축 변형

알파룸

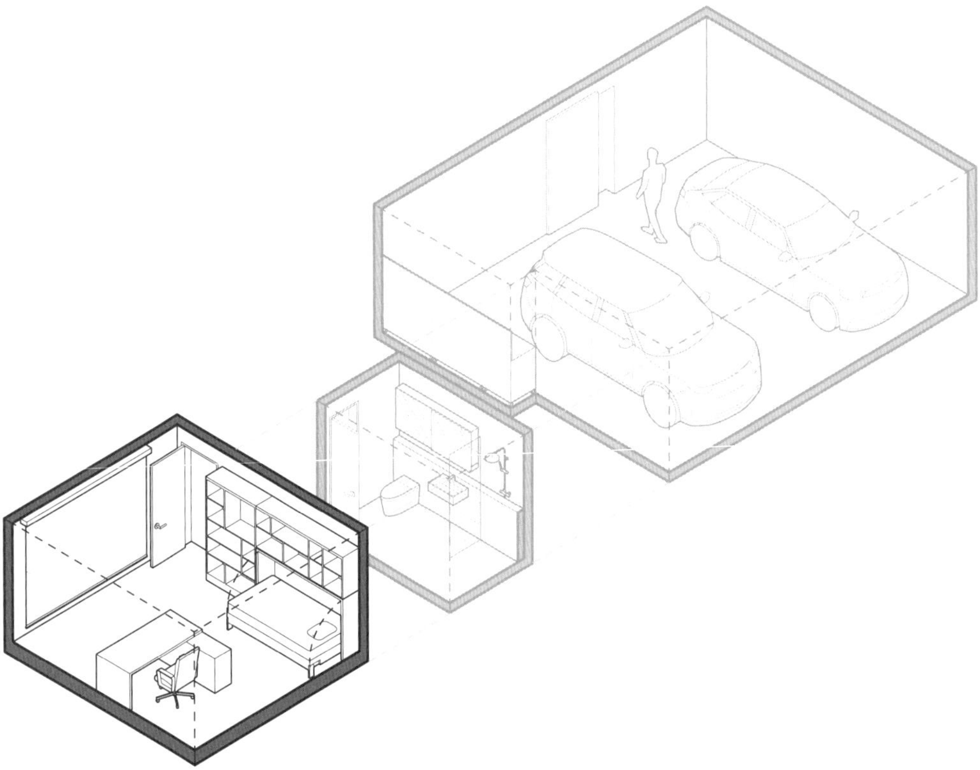

복층형 알파룸

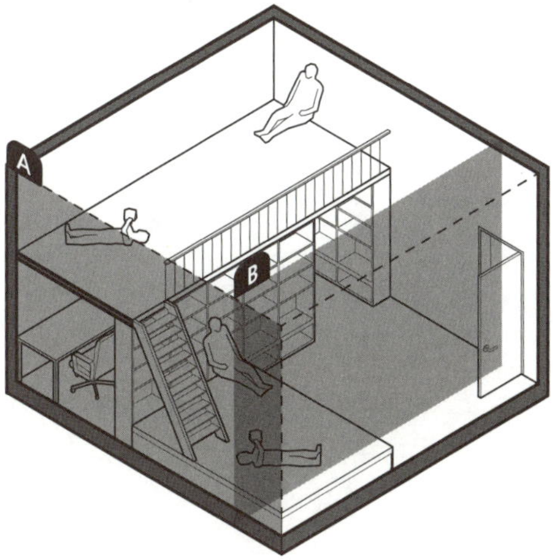

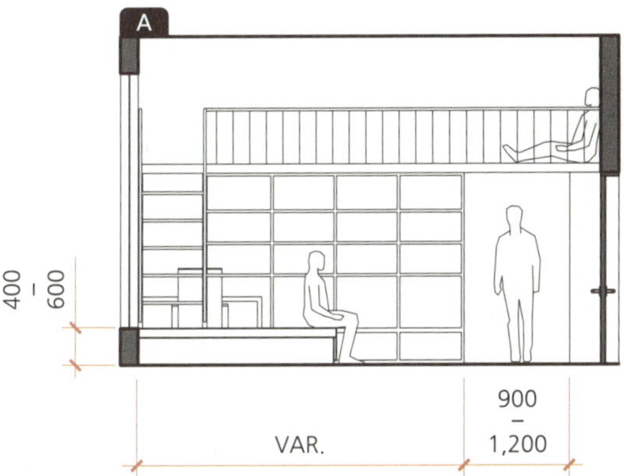

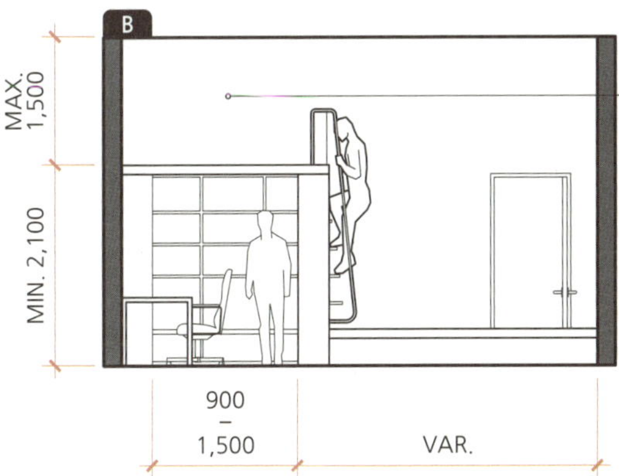

다락 높이 1.5m 초과시 1개 층으로 바닥면적 산입[1]
일반적으로 다락 1.5m 이하로 설계
면적 혹은 층수 제약이 없는 경우
천장고를 높혀 복층형 다락 조성 가능

1 「건축법 시행령」 제119조(면적 등의 산정방법) 제1항 제3호 라목

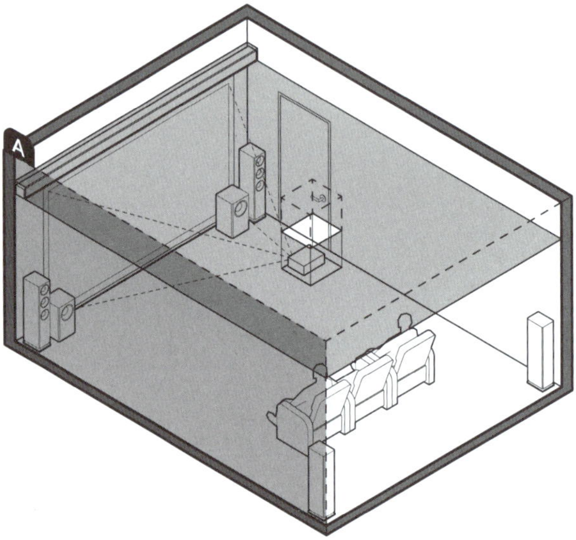
A

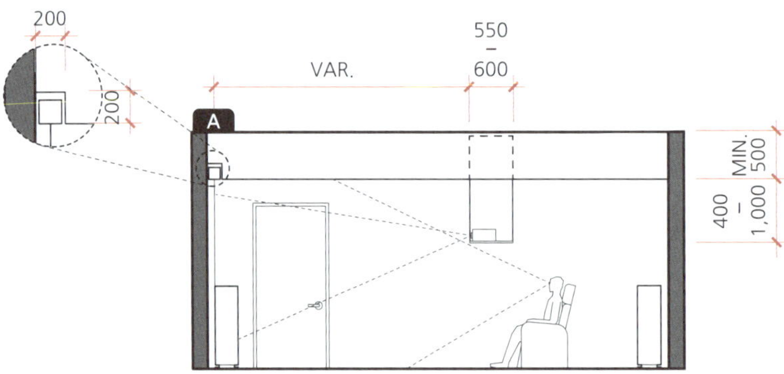
200
200
550
–
600
VAR.
A
MIN.
500
400
–
1,000

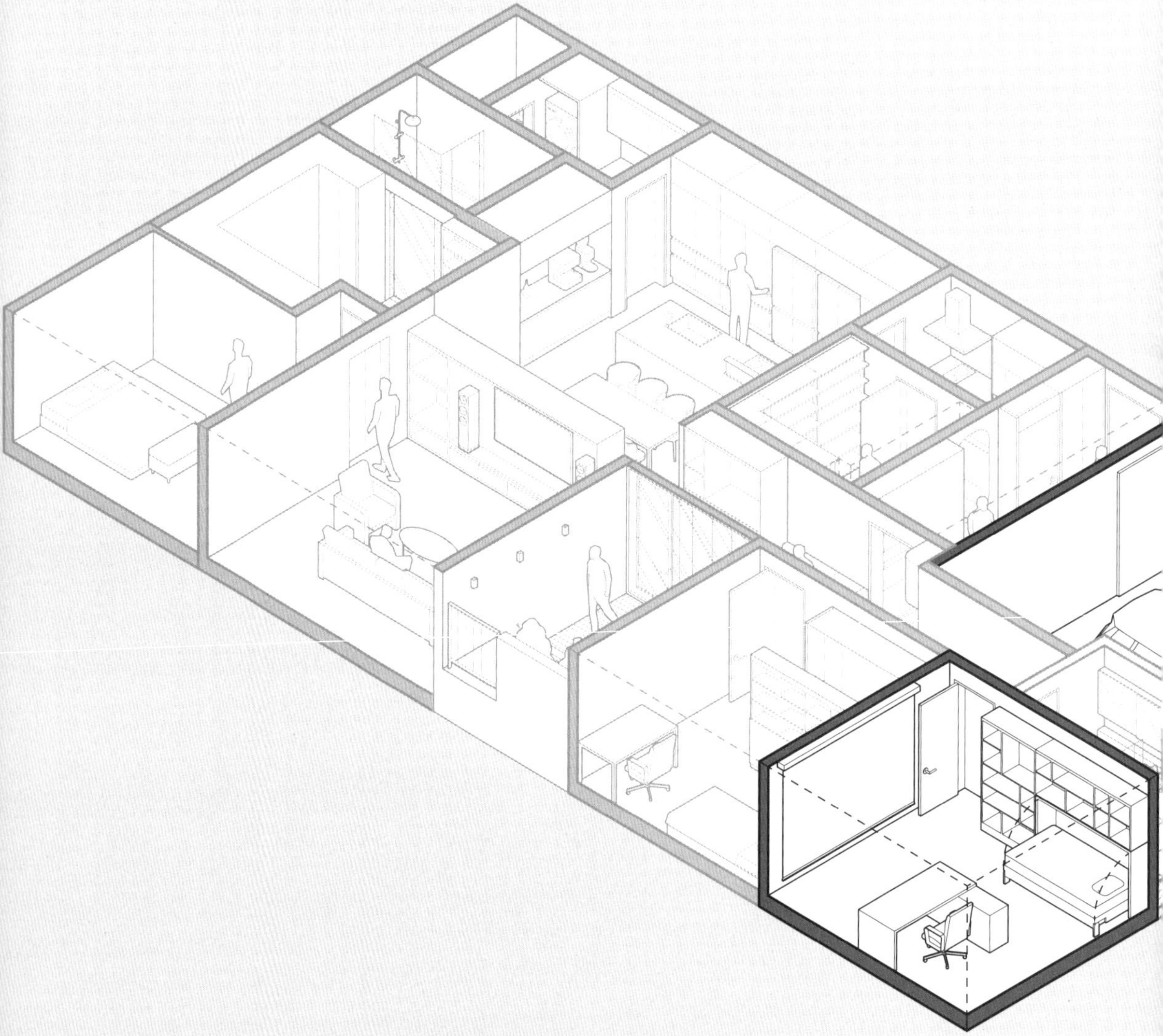

주택

HOUSING

알파룸 — **차고**

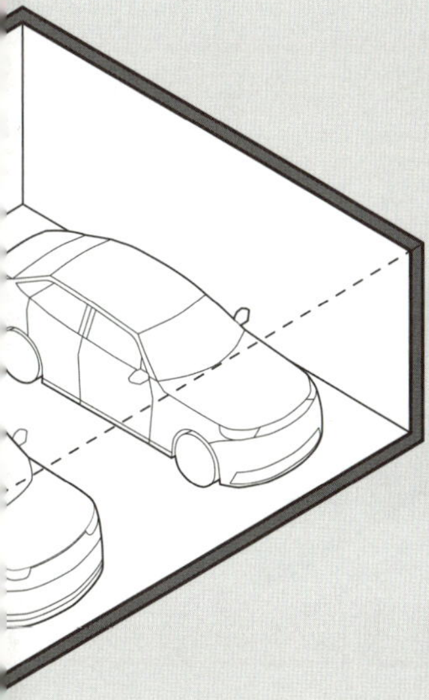

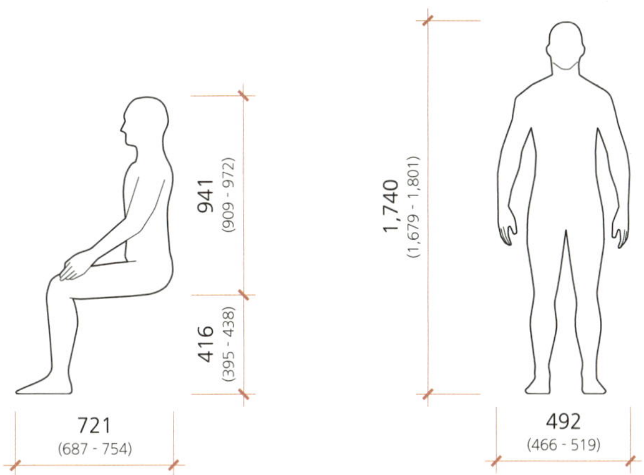

차고 문

차고 문은 일반 문과 마찬가지로 보통 작동 방식으로 구분하며 그 방식에 따라 외관 또한 달라진다.

미닫이 방식 Sliding Type

차고 문은 일반 문과 달리 차량이 드나들 정도로 그 크기가 크다. 따라서 미닫이 방식이라도 전면에 보이는 문을 가로 또는 세로로 분할하여 선로Rail를 따라 90°로 꺾이며 밀리는 방식을 사용한다. 또한 수납되는 위치가 천장 쪽이냐 벽 쪽이냐에 따라 오버헤드 슬라이딩 문Sectional Doors과 사이드 슬라이딩 문Slide to the Side Doors · Round the Corner Doors으로 구분한다.

이 중 오버헤드 슬라이딩 문은 가장 보편적이고 실용적인 방식으로 초기 설치 비용이 합리적이며 가로 방향으로 단위 판재의 높이만큼 채광창이나 환기창을 넣는 것도 가능하다. 천장으로 문이 밀려 들어가므로 다른 방식에 비해 상대적으로 높은 천장고가 필요하며 문을 열어놓고 작업할 때 천장에 매달린 문을 치는 일이 없도록 주의해야한다.

사이드 슬라이딩 문은 주차장의 깊이가 확보된다면 문의 하중이 바닥에 고루 전달되어 하중에 무리가 없기에 전면을 가장 넓게 열 수 있다. 다만 초기 비용이 오버헤드 슬라이딩 방식에 비해 많이 들고 벽체에 문을 수납할 수 있는 공간이 필요하기에 상대적으로 넓은 내부 면적이 필요하고 레일이 설치된 쪽 벽을 사용할 수 없다는 단점도 있다.

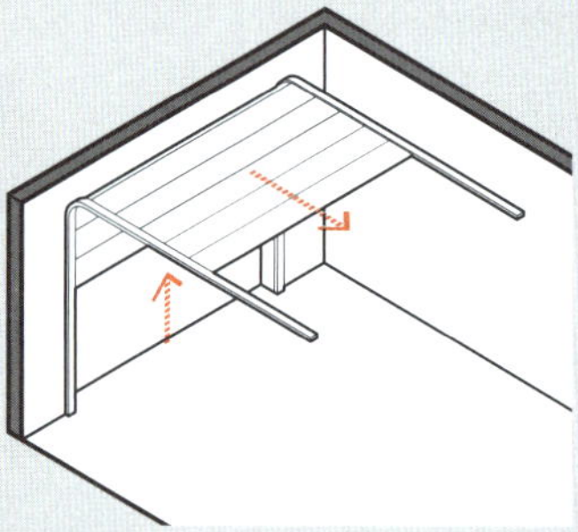

오버헤드 슬라이딩 방식

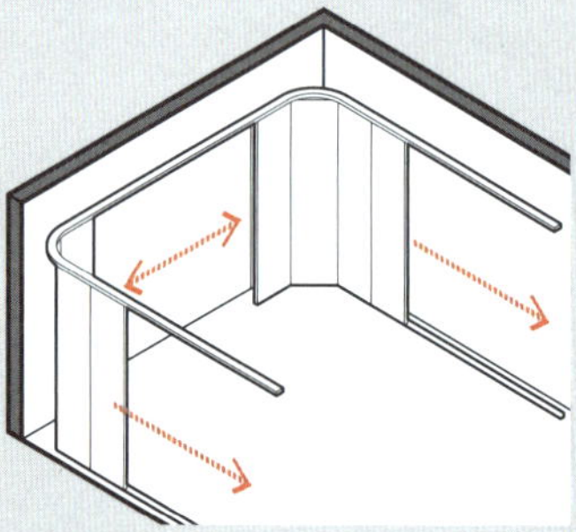

사이드 슬라이딩 방식

여닫이 방식Side Hinged Type

가장 오래된 방식의 차고문으로 적은 하드웨어와 기계장치로 작동할 수 있는 방식이다. 대체로 문을 바깥으로 열게 제작하므로 안쪽 공간에 그 어떤 공간적 손실이 없고 층고가 낮아도 설치가 가능한 장점이 있다. 반면 전동화가 쉽지 않아 수동으로 문을 열고 열린 상태로 고정시켜 두어야하는 불편함이 있고, 문의 무게를 상부 경첩Hinge이 온전히 지지해야 하므로 시간이 지나면서 문이 처지거나 경첩이 탈락하는 문제도 있다.

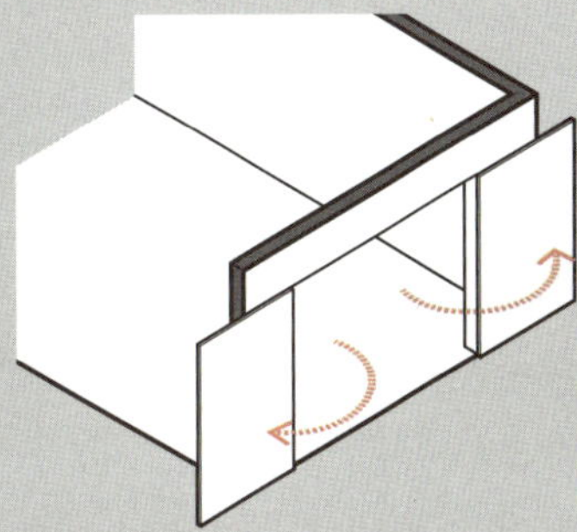

여닫이 방식

롤업 방식Roll-up Type

문이 말리면서 인방부에 설치된 수납 공간에 작고 간편하게 수납 되기에 천장고에 영향을 받지 않고 천장이나 주차장 내부 공간 손실 없이 설치가 가능하며 하드웨어가 외기에 노출될 일이 없어 내구성이 뛰어나다. 그러나 다른 방식에 비해 초기 설치 비용이 비싸고, 수납 공간에 문이 말려 들어갈 만큼 문이 가로로 잘게 분할 되어야하므로 재료나 색상 이외에 디자인적으로 변경할 수 있는 부분이 없고 창을 내는 것도 불가능해 주택보다 상업 시설에 주로 사용한다.

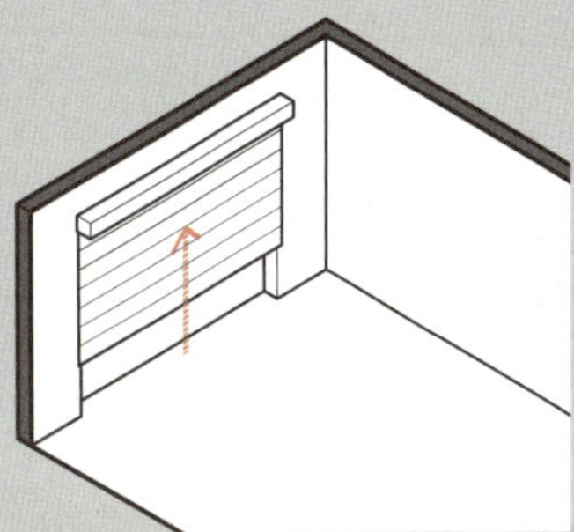

롤업 방식

틸트업 방식 Tilt-up and over Type

문 전체가 하나의 축회전 경첩Pivot-hinge를 이용해 수직으로 회전하면서 캐노피Canopy 형태로 변형되는 방식이다. 작동 방식이 간단하고 견고하여 유지 · 보수에도 유리하다. 또한 문 전체가 한 면으로 디자인이 가능하기에 금속재Metal, 목재Timber, GRPGlass fiber Reinforced Plastic 등 문의 재료나 패턴 선택에 있어 가장 자유롭다. 다만 열렸을 때 중앙 회전 축 아래부분이 캐노피처럼 벽체보다 전면으로 돌출되기에 차고 문을 도로에 면하게 설치하는 한국 실정에 잘 맞지 않는다.

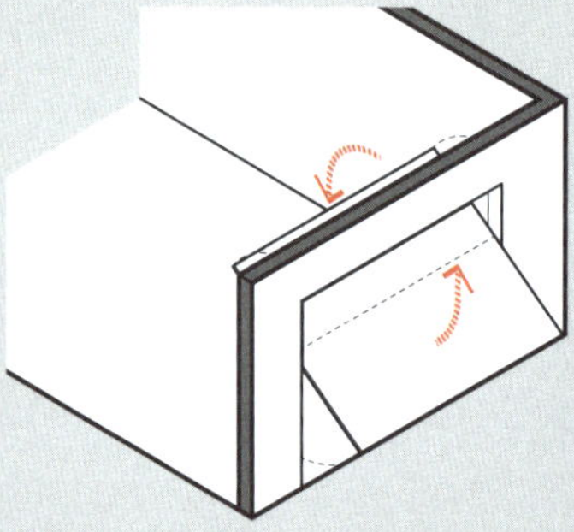

틸트업 방식

폴딩 방식 Folding Type

하드웨어나 하중에 무리가 없는 선에서 양쪽으로 두 번 접어 열고 닫는 방식Bi-Folding Type을 주로 사용하는데 폴딩 도어 한 면의 너비만큼 안쪽 또는 바깥쪽으로 돌출되므로 접었을 때 두께도 감안해야 한다.

폴딩 방식 중 좌우가 아닌 상부로 접혀서 올라가는 방식도 있는데 선로Rail가 위아래가 아닌 좌우에 설치된다. 이 경우도 두 번 접는 방식Bi-folding Type을 주로 사용하는데 문을 열었을 때 접힌 문 일부가 전면으로 돌출되어 캐노피 역할을 하게 되는 것은 틸트업 방식과 비슷하다.

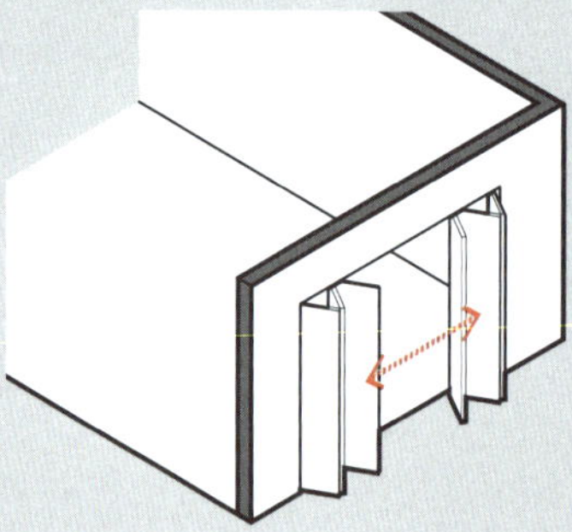

좌우 폴딩 방식

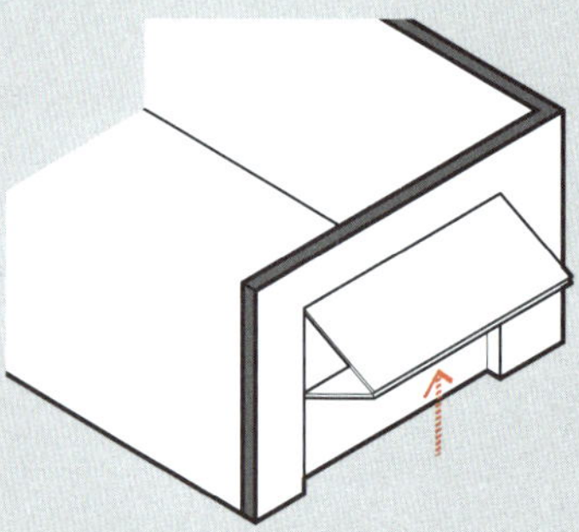

상부 폴딩 방식

아파트 전형

공용공간

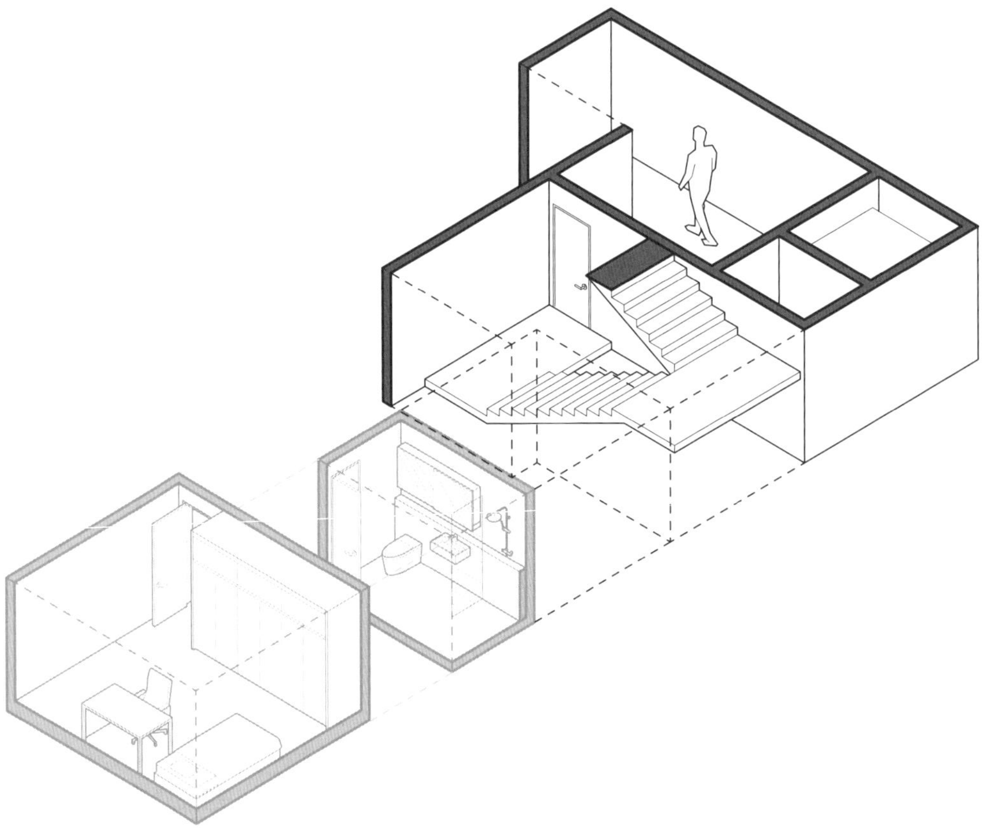

인테리어 변형

차고

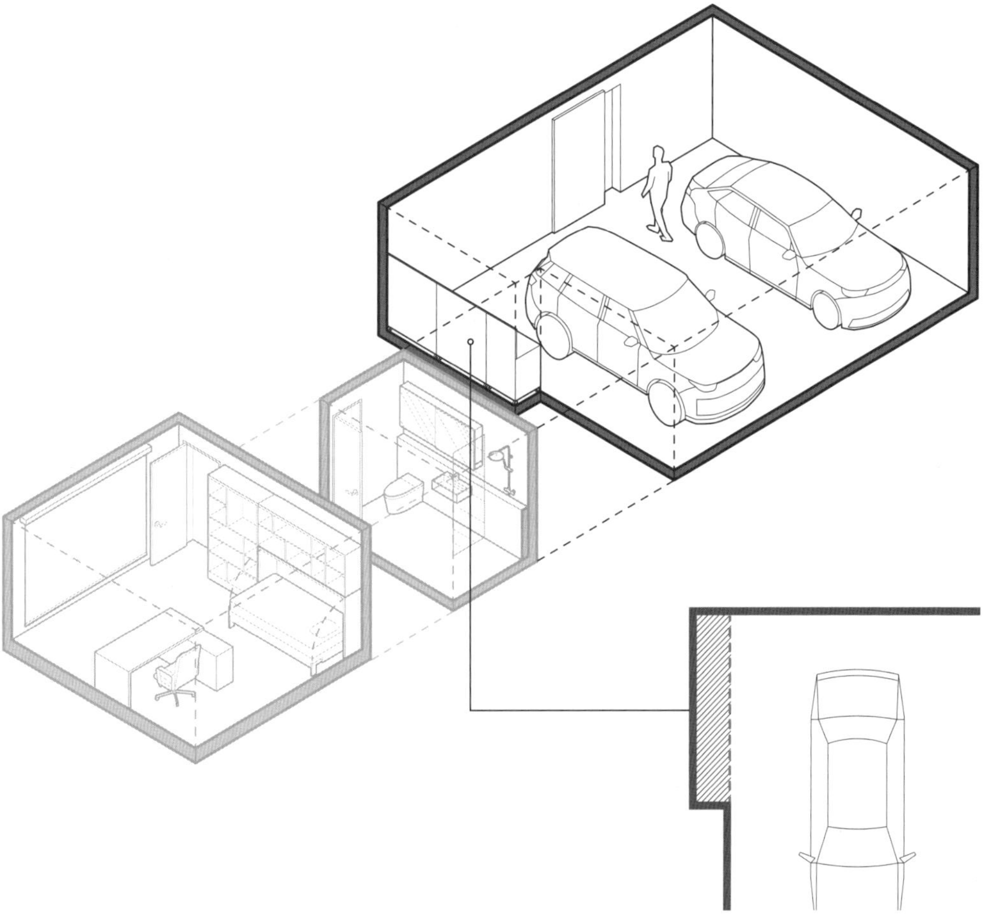

벽체 포켓 공간 활용으로 깔끔한 차고 조성

인테리어 변형

차고

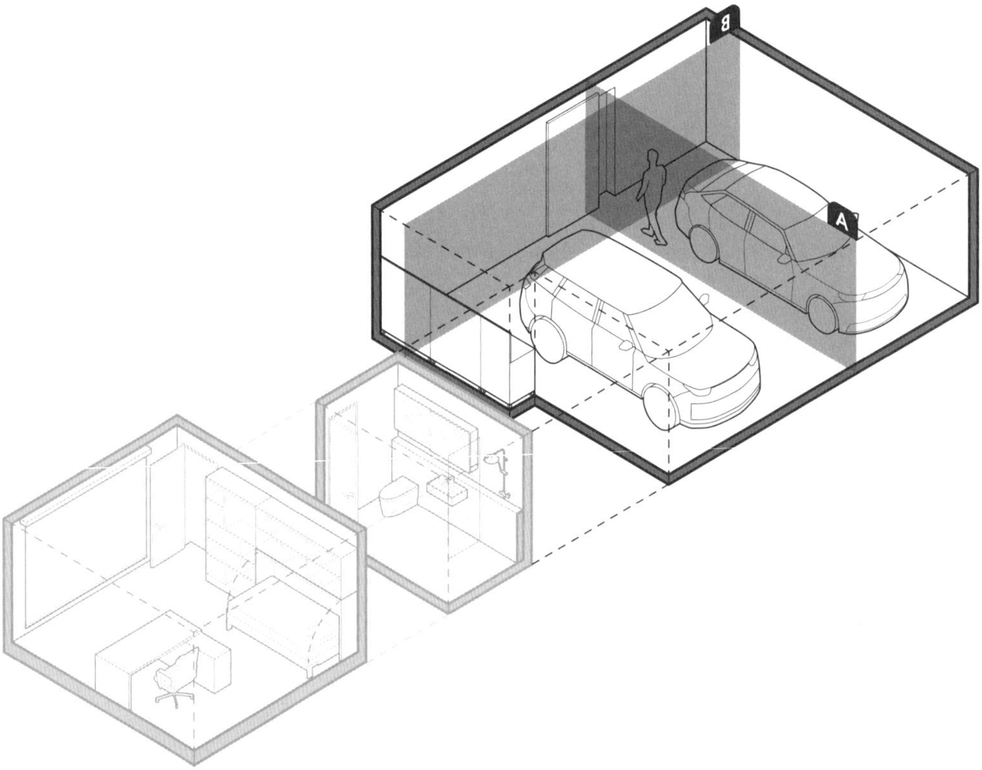

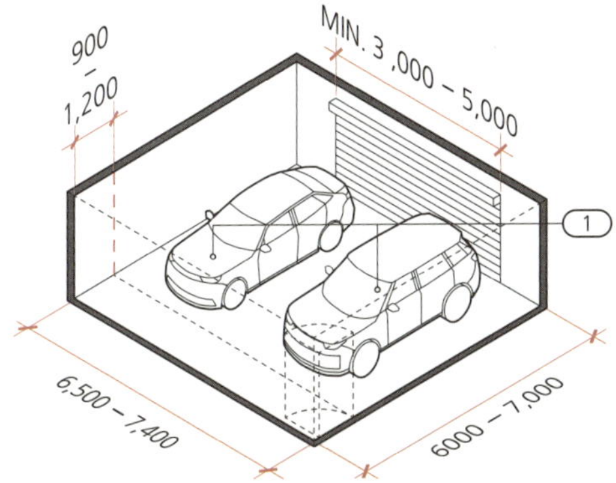

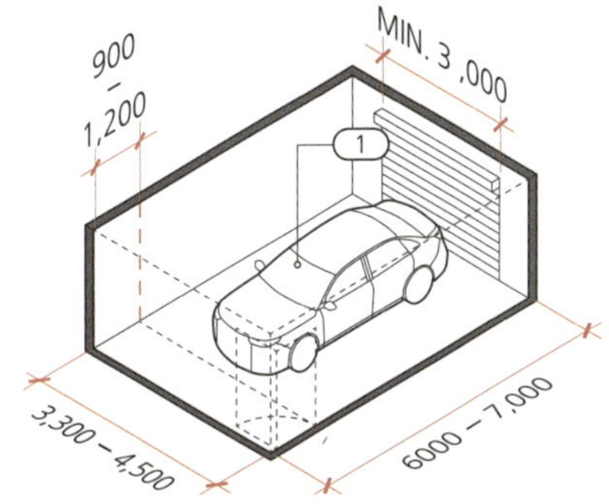

국내 기준 차량 세그먼트 분류 및 치수

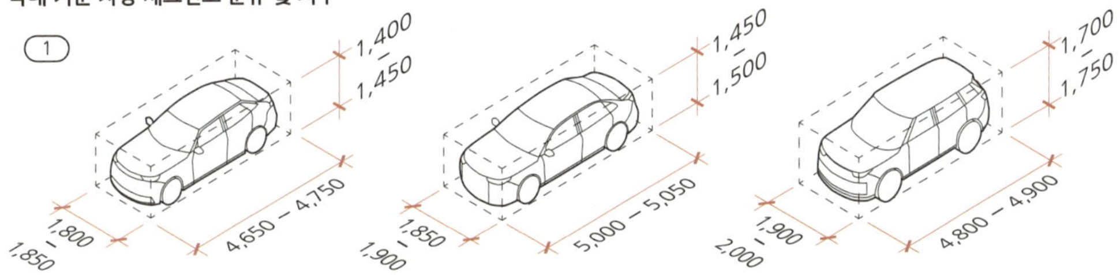

준중형 세단 준대형 세단 중형 SUV

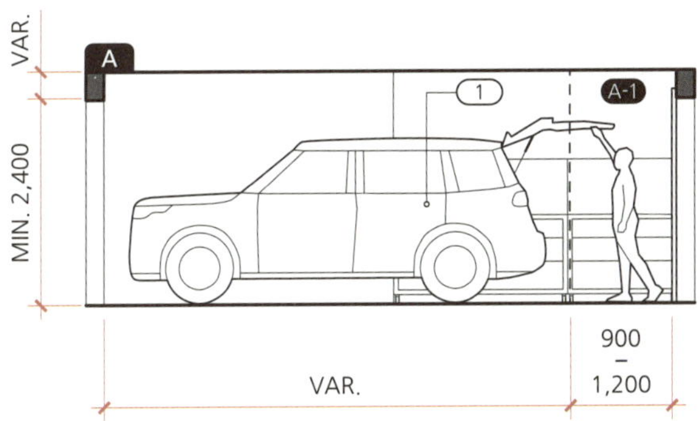

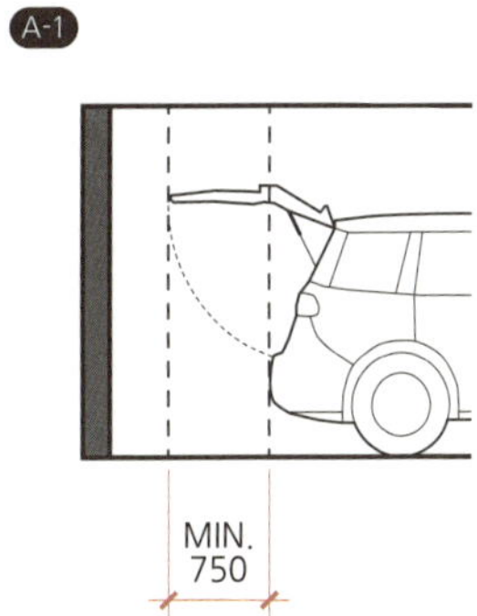

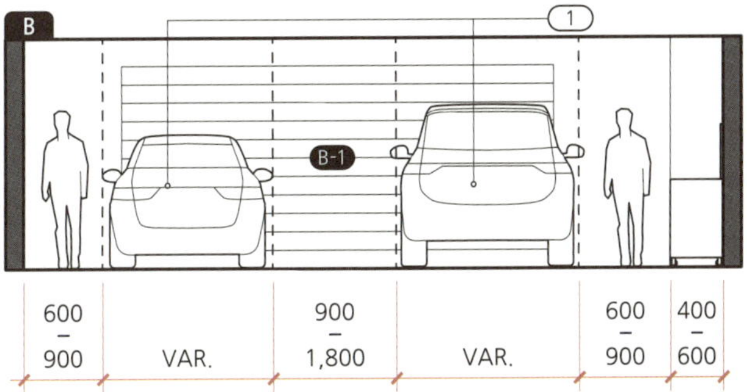

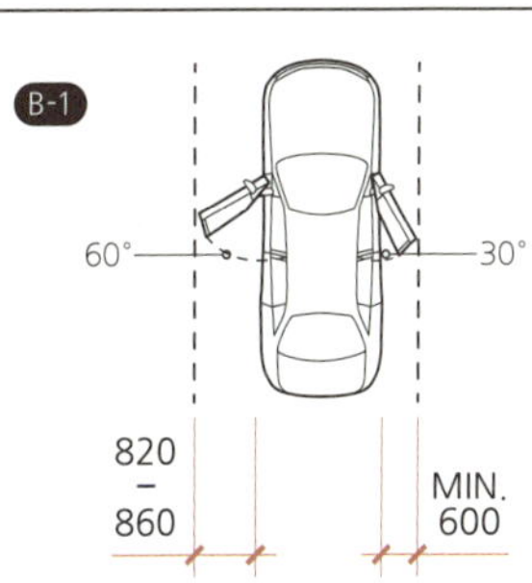

건축 변형

차고

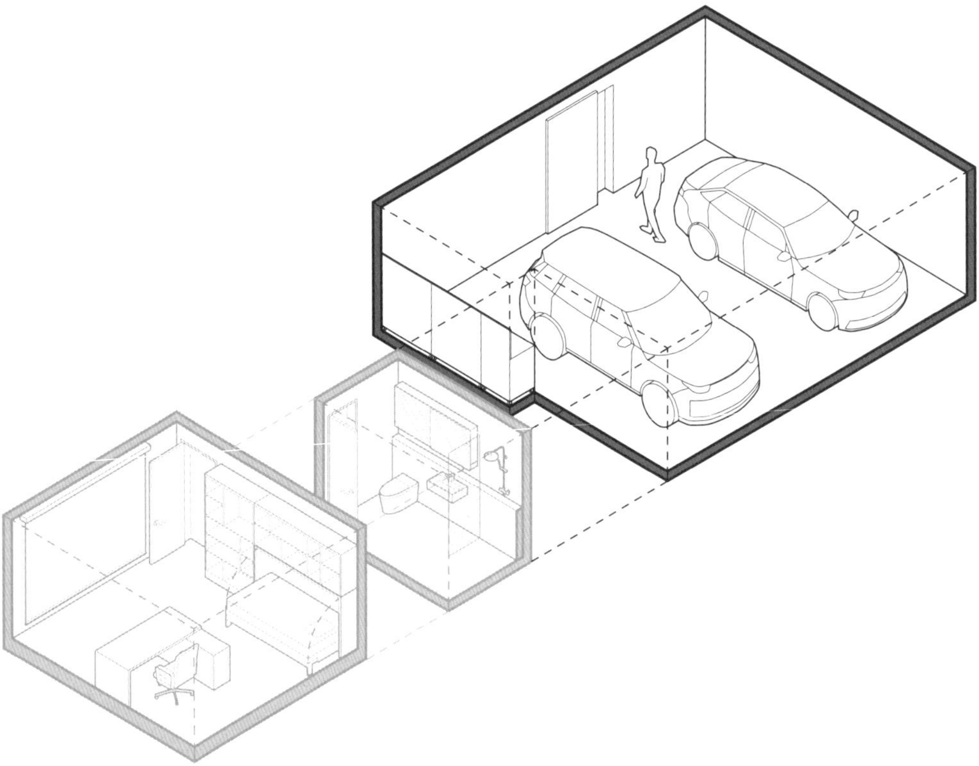

대형차량을 위한 차고

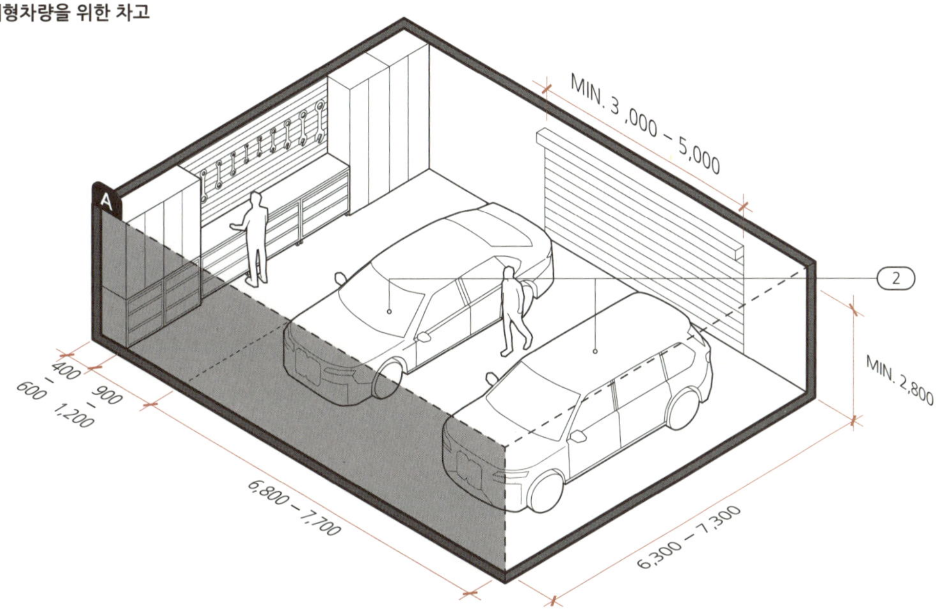

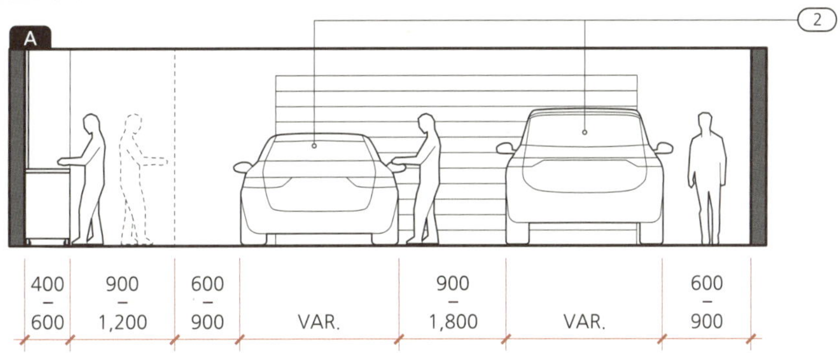

국내 기준 차량 세그먼트 및 치수

(2)

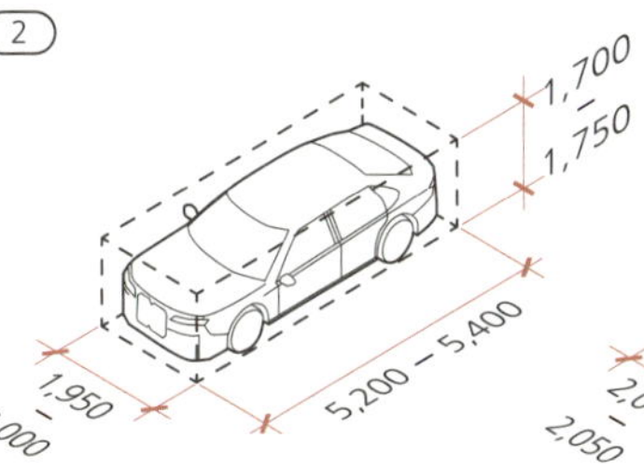

대형 세단

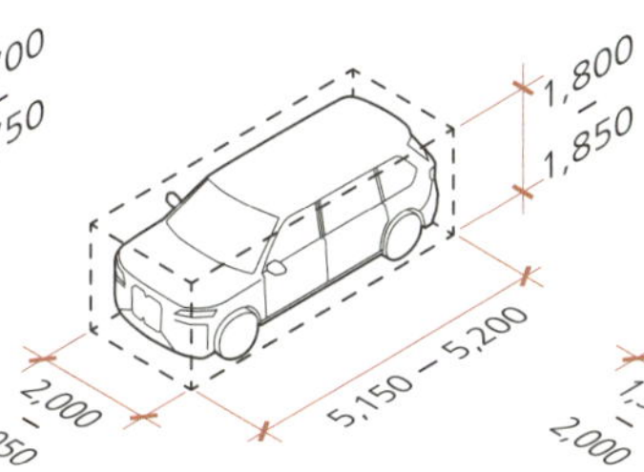

대형 SUV

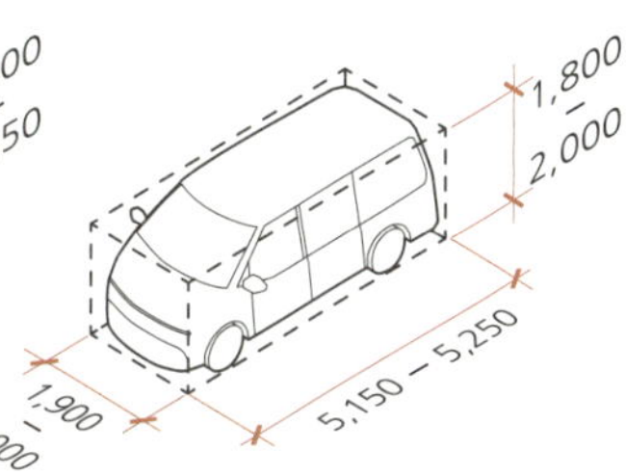

MPV

출입문 개폐 방식별 필요치수

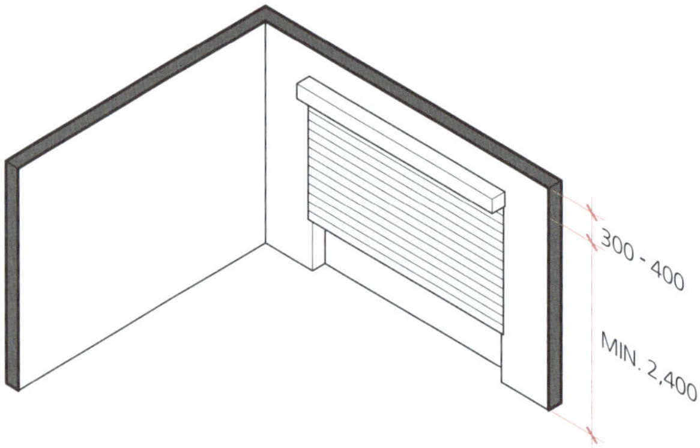

롤업 방식 출입문

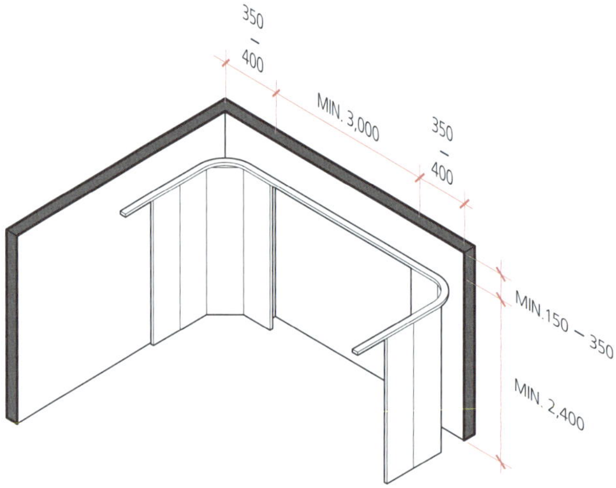

사이드 슬라이딩 방식 출입문

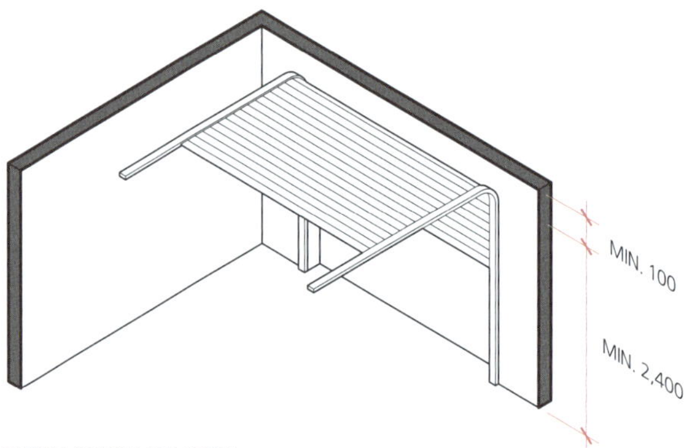

오버헤드 슬라이딩 방식 출입문

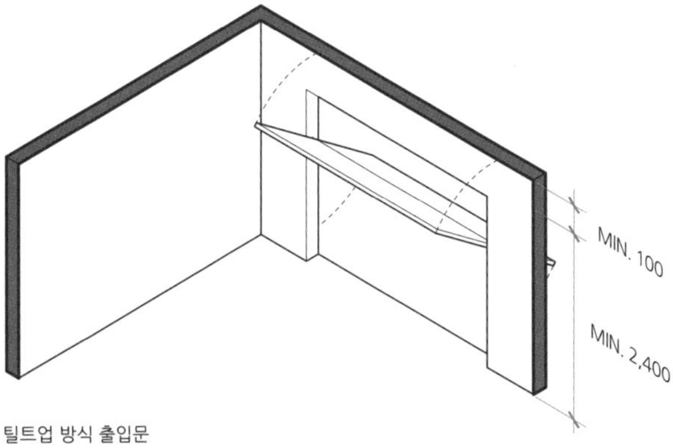

틸트업 방식 출입문

차고 출입구 무소음 트렌치 덮개

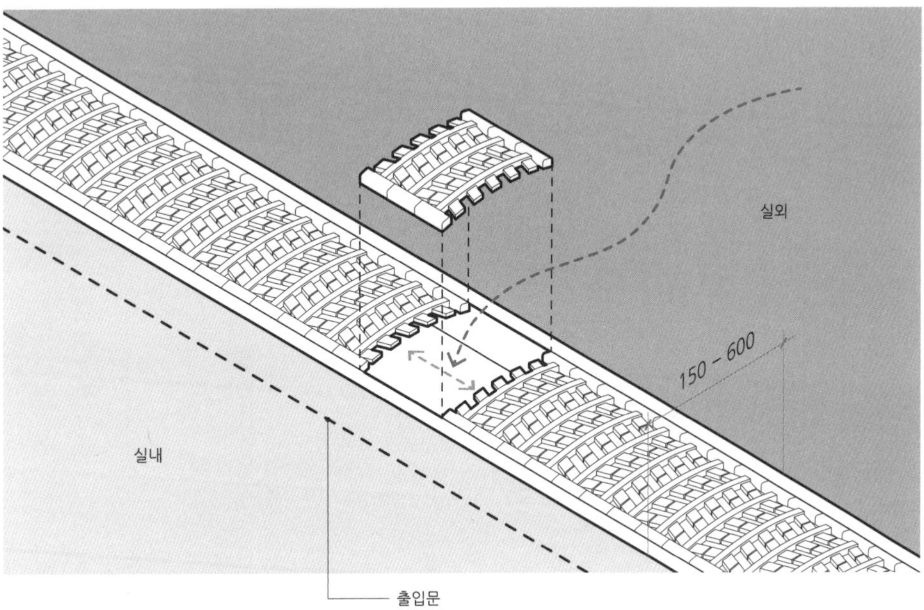

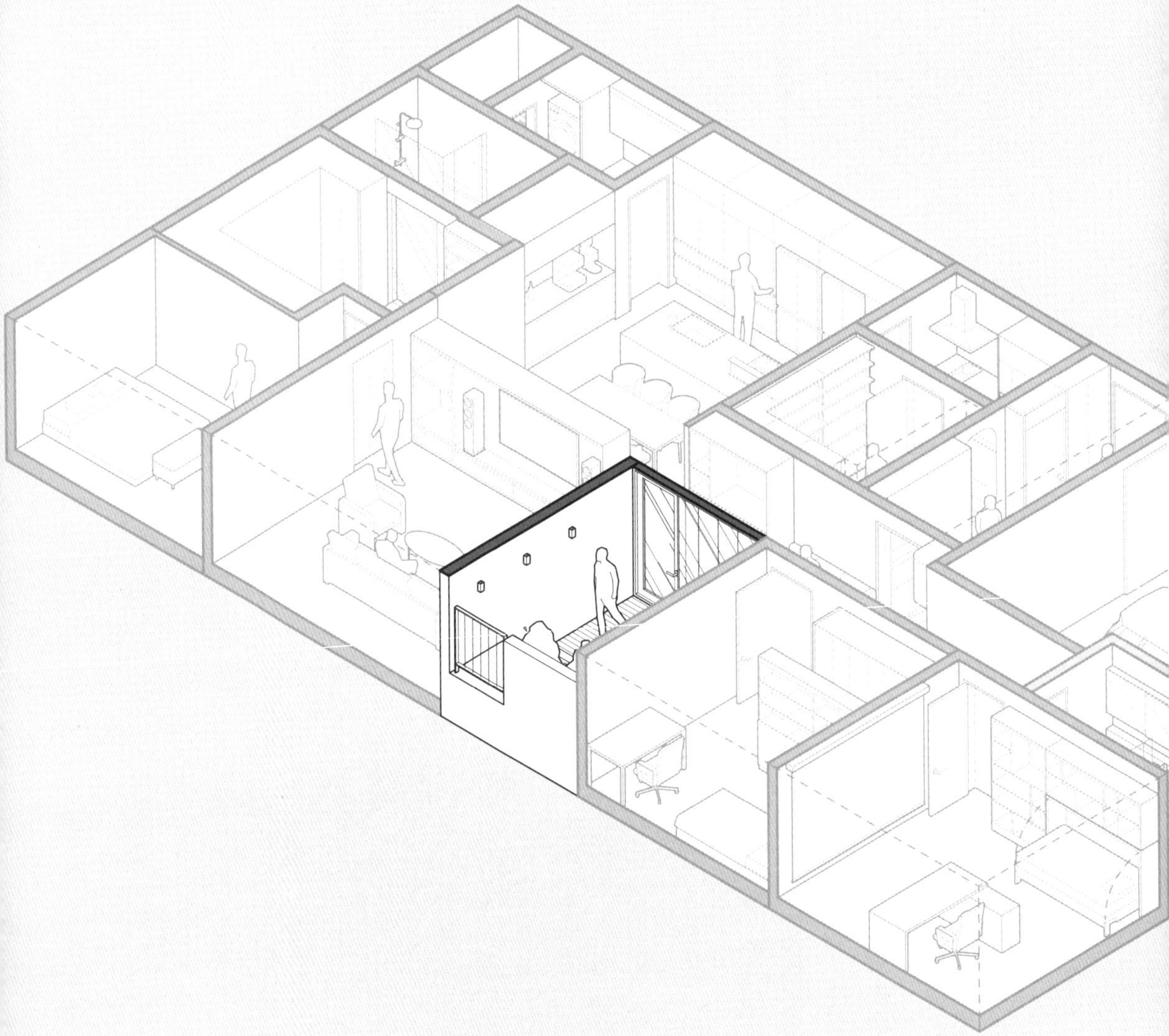

주택

HOUSING

외부공간

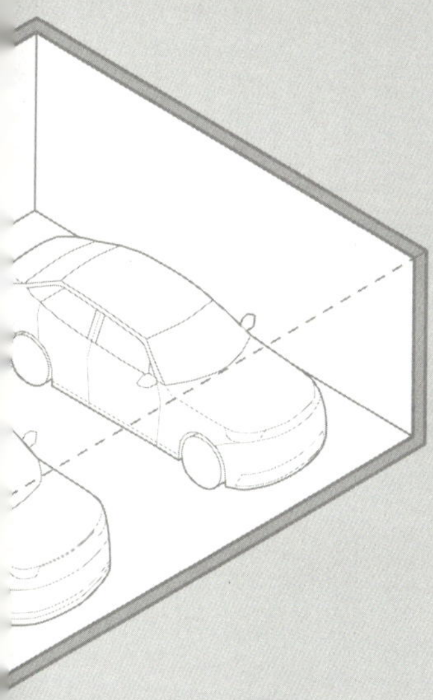

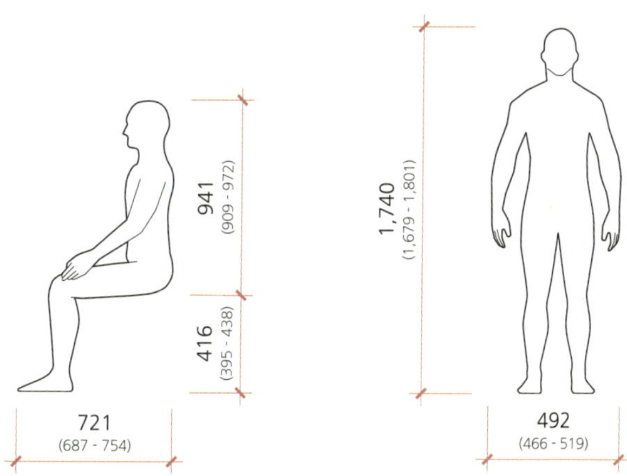

난간

공동주택에도 물론 난간이 있지만 공동주택 공용부 난간은 대체로 조성 비용, 안전, 유지 및 관리 측면에서 그 구성과 형태가 결정된다. 단독주택이나 공동주택은 복층Duplex으로 설계하거나 짓는 경우 계단이나 벽 대신 난간을 만들 기회가 생긴다.

난간은 사람 손이 닿는 난간두겁Handrail[1], 난간두겁을 지지하는 난간동자Baluster[2], 안전을 위해 추가적으로 설치하는 발끝막이판Footrail [3]으로 구성된다. 난간의 기원Origin은 기원전으로 거슬러 올라가지만 현재와 같이 난간동자를 건물 기둥처럼 일정 간격으로 세워 두겁을 지지하면서 추락을 방지하고 미적인 아름다움까지 추구하기 시작한 것은 고대 그리스 · 로마 시기로 알려져 있다. 이것이 시간이 지나 재료와 기술이 발전하면서 난간동자가 점점 가늘어지고 심지어는 유리로 만들어져 눈에서 사라지기도 하였다.

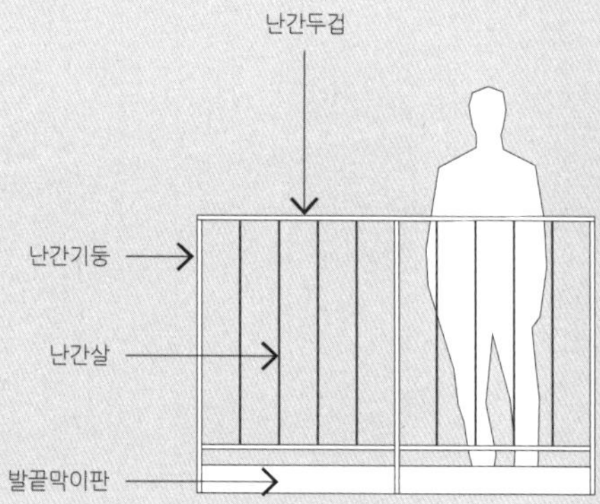

난간 부위별 명칭

1 「산업안전보건 기준에 관한 규칙」 제13조(안전난간의 구조 및 설치요건)에서는 "상부난간대"로 정의 했으며, 건축 · 시공 분야에서는 '손스침'이라는 용어를 주로 사용한다.

2 난간동자를 엄지기둥 · 난간기둥 · 난간살로 구분해서 부르기도 하는데 '엄지기둥'은 난간 단부나 꺾임부에 설치하여 구조적으로 가장 많은 힘을 받는 두꺼운 세로 부재를, '난간기둥'은 두겁 하중을 아래로 전달하는 세로 부재를, '난간살'은 난간기둥 사이에 들어가서 추락을 방지하기 위해 설치하는 부재로 구분한다.
디자인에 따라 엄지기둥을 생략하고 난간기둥만 반복해서 세로 부재를 짜기도 하고, 난간살을 생략하고 난간기둥이 난간살의 역할을 하기도 한다.

3 디자인에 따라 발끝막이판은 생략하기도 한다

현대 난간은 보통 난간살 재료와 구성에 따라 구분하는데 재료는 보통 구조적 강도를 만족시킬 수 있는 목재Timber, 금속재Metal, 유리Glass를 사용하고 난간살 구성에 따라 세로살 난간, 가로살 난간, 유리 · 폴리카보네이트 · 금속 타공Perforated판을 사용한 판재Panel 난간, 와이어 메쉬Wire Mesh · 스테인리스 스틸 케이블Stainless Steel Cable 등을 사용한 케이블 난간 등으로 구분한다.

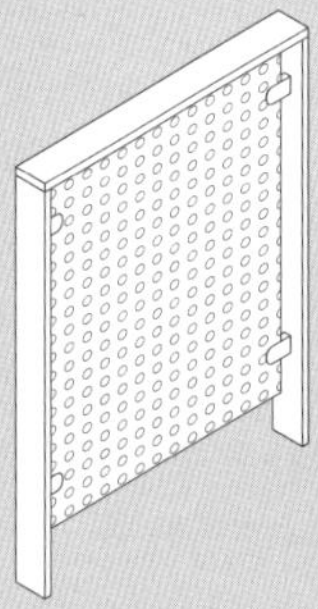

면_금속재 난간

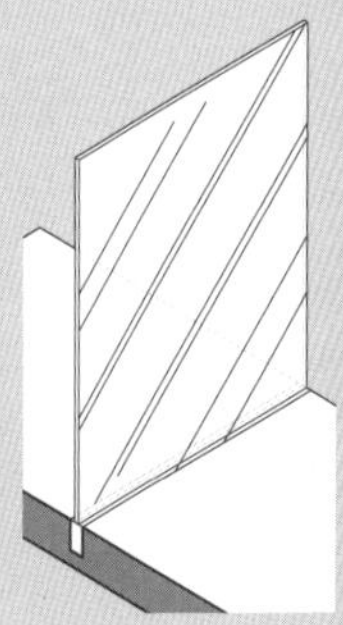

면_프레임리스 유리 난간

케이블_스테인리스 스틸
케이블 난간

케이블_와이어메쉬 난간

세로살 난간

가로살 난간

외부공간

발코니, 베란다, 테라스, 파티오, 포치, 데크 등은 모두 주택 외부공간을 표현하기 위해 자주 사용하는 용어이다. 비슷하지만 모두 다른 종류의 공간을 표현하고 있어 구분해서 사용하는 것이 좋다.

발코니Balcony

지층Ground Level이 아니라 최소 2층 외부에 조성된 건물 외벽에 붙어 돌출된 외부공간이다. 일반적으로는 특정한 방에 붙어있어서 규모가 작으며 사교Sociality나 놀이를 위한 것보다 주로 바깥 공기를 느끼고 풍경을 즐기며 기분 전환하기 위한 용도로 사용한다. 그래서 방 별로 별도의 발코니를 조성할 수 있다.

발코니는 유일하게 대한민국 건축법에서 정의하고 있는 외부공간이다.[4] 대한민국에는 발코니 면적 일부를 바닥면적에서 제외해 혜택을 주는 법이 있다.[5]

---

4 「건축법 시행령」 제2조(정의) 제14항 "발코니"란 건축물의 내부와 외부를 연결하는 완충공간으로서 전망이나 휴식 등의 목적으로 건축물 외벽에 접하여 부가적(附加的)으로 설치되는 공간을 말한다. 이 경우 주택에 설치되는 발코니로서 국토교통부장관이 정하는 기준에 적합한 발코니는 필요에 따라 거실 · 침실 · 창고 등의 용도로 사용할 수 있다.
사실 발코니와 함께 "노대露臺"라는 용어도 건축법 시행령 제40조, 제119조 등에서 자주 사용되지만 외부공간만을 징하는 용어는 아니며 발코니를 포함한 광의Broad Sense로 보는 것이 타당하다. 실제로 노대는 발코니, 테라스, 캐노피 등으로 해석할 수 있다.

5 「건축법 시행령」 제119조(면적 등의 산정방법) 제1항 제3호 (나)목 건축물의 노대등의 바닥은 난간 등의 설치 여부에 관계없이 노대등의 면적(외벽의 중심선으로부터 노대등의 끝부분까지의 면적을 말한다)에서 노대등이 접한 가장 긴 외벽에 접한 길이에 1.5미터를 곱한 값을 뺀 면적을 바닥면적에 산입한다.

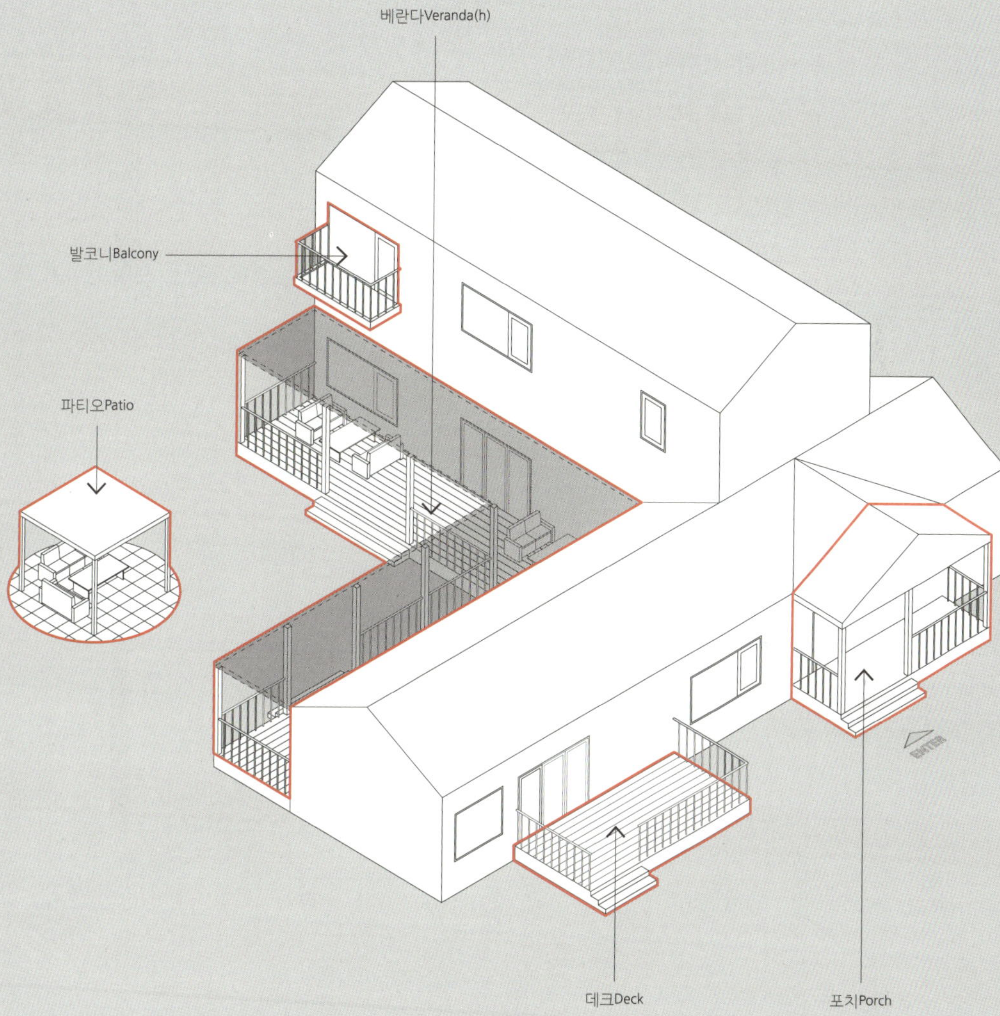
베란다Veranda(h)
발코니Balcony
파티오Patio
데크Deck
포치Porch
ENTER

때문에 발코니 면적 전체를 제외 받기 위해 유효너비[6] 1,200mm 정도로 돌출된 발코니를 조성하는 것이 일반적이나 4인용 야외 테이블 정도를 놓고 사용할 계획이라면 최소 1,800mm 정도의 유효너비를 확보하는 것이 좋다. 당연히 이때는 발코니 면적의 일부를 바닥 면적으로 산정해야 한다.

실제로 돌출된 형태로 발코니를 조성하지 않아도 「발코니 등의 구조변경절차 및 설치기준」 제2조에 따라 "확장형 발코니"를 조성할 수 있다. 우리에게 익숙한 아파트 발코니 확장[7]과 동일한 개념으로, 아파트 뿐만 아니라 '다가구주택과 다중주택을 제외한 단독주택[8]'에 조성하는 발코니 또한 2면 이내에 한해 계획단계에서부터 방, 거실 등으로 구조변경[9]할 수 있다. 이 경우 또한 법적 허용 범위 내에서 바닥 면적을 제외하는 동일한 혜택을 받을 수 있다.

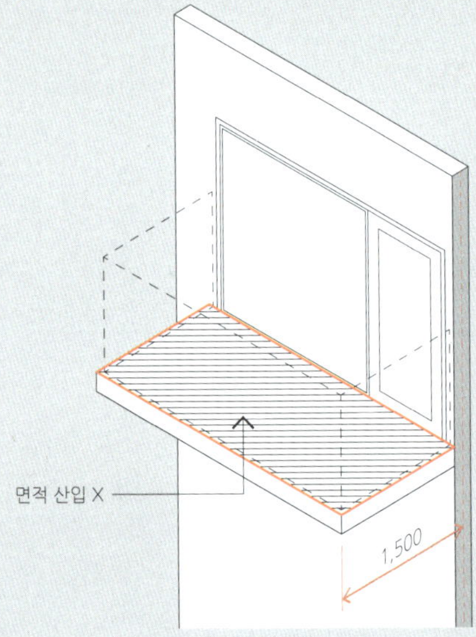

너비 1.5m 이하 발코니

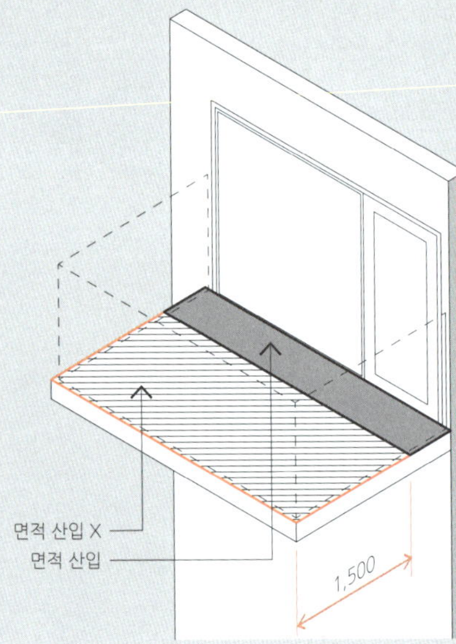

너비 1.5m 초과 발코니

---

6 벽체 중심선이나 구조체 중심선 등 법적인 면적 계산을 위한 거리 기준이 아닌, 실제로 사용 가능한 길이를 말한다.

7 사실 아파트 발코니는 도입 시점부터 그 형태가 발코니도 베란다도 아니었다. 태생부터 이름만 발코니인 실내 공간이었고 대부분 그 공간을 발코니로 사용하지 않고 불법으로 거실로 변경해 사용하다 보니 결국 2005년 10월 법이 바뀌어 합법화 된 것이다. 그 이후 대부분의 아파트는 피난을 위한 일부 공간을 제외하고 발코니가 거실로 확장된 형태로 정착했다.

8 「건축법 시행령」 [별표 1](용도별 건축물의 종류)의 단독주택이 아니라 한 건물에 한 세대만 사는 사전적 의미의 단독주택에 한정된다는 얘기다.

9 공동주택의 경우에는 면 수의 제한은 없지만 지자체에 따라 다르다. 예를 들어 서울시의 경우 「공동주택 디자인 다양화 판단 기준」을 통해 세대별 외부 벽면 길이의 30%만큼으로 발코니 설치를 제한하도록 권고하고 있다.

베란다Veranda(h)

지층에 조성하며 건물의 주 구조와 연결되어 있으며 지붕이 있는 반 외부공간이다. 포치와 가장 유사한 형태를 띄고 있지만 건물 두 면 이상에 붙어 조금 더 길고 넓으며 대체로 난간을 설치한다. 현관과 마당의 전환 공간인 포치와 달리 베란다는 꼭 출입문과 연결지어 생각할 필요는 없다. 포르투갈어로 베란다는 긴 발코니Long Balcony란 뜻을 가지고 있다.

한국에서는 서양의 용법과 달리 베란다를 위층과 아래층 바닥면적 차이로 인해 생기는 아래층 지붕 위 외부공간을 칭하고 있어서 2층 이상의 층에서만 볼 수 있다. 당연히 용적률이나 연면적에 포함되지 않기에 이 부분을 실내화 시키는 베란다 확장은 연면적이 늘어나는 상황으로 허가가 필요하다.

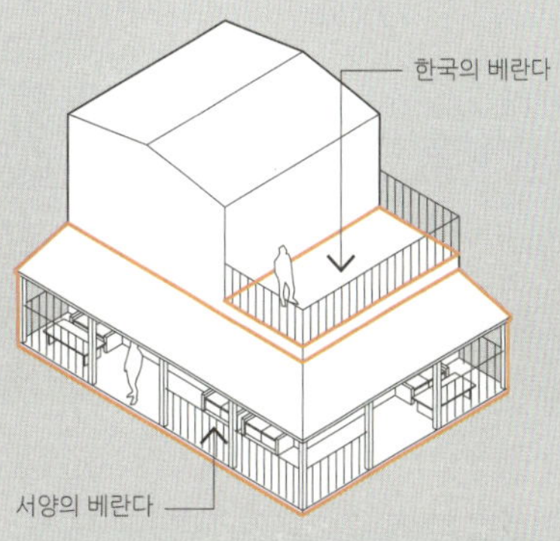

한국과 서양의 베란다

또한 「건축법」 제61조(일조 등의 확보를 위한 건축물의 높이 제한) 제1항에 따라 일조 등의 확보를 위해 정북방향으로 높이 제한을 두고 있는데 이 법규 때문에 정북쪽 방향으로 높이 10m가 넘는 부분은 높이의 2분의 1 만큼 들여서 형태를 만들어야 하고 깎여 나간 곳에 자연스럽게 베란다를 만들게 된다. 예를 들어 한 층의 높이가 3m라면 북쪽 방향으로 1.5m 깊이의 베란다가 만들어 지는 것이다.

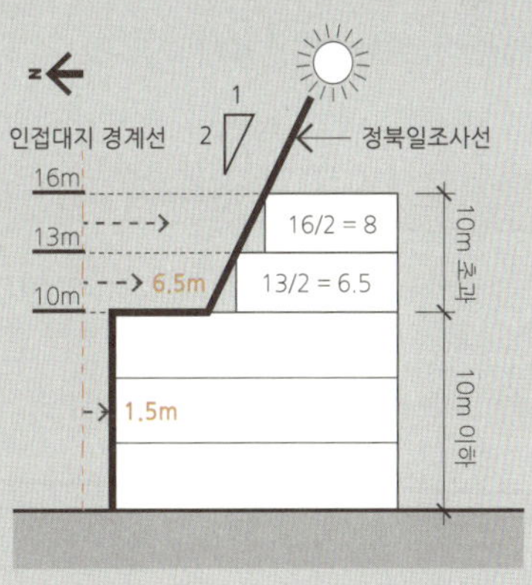

정북일조사선 제한

테라스Terrace

발코니와 가장 혼용하여 잘못 사용하고 있는 것이 테라스이다. 테라스는 땅Earth이라는 뜻의 라틴어 'Terra'에서 유래한 단어로 땅에서 살짝 돋아 뻗어져 나간 장소이다. 발코니와 달리 본 건물과 붙어 있지 않아도 된다. 아무것도 조성하지 않는다면 그냥 마당이 되지만 테라스는 노출콘크리트 골조나 나무 널빤지, 벽돌 등으로 바닥이 구획Zoning되어 있다.

특히 한국에서는 지표면에서 1m 미만 높이로 바닥면을 조성하면 건축면적에 산입하지 않기에 테라스는 1m 미만 높이로 조성한다. 지붕이 있는 경우 지붕의 구조에 따라 중심선에서 1m 후퇴한 일부 면적이 건축면적에 산입될 수 있다.

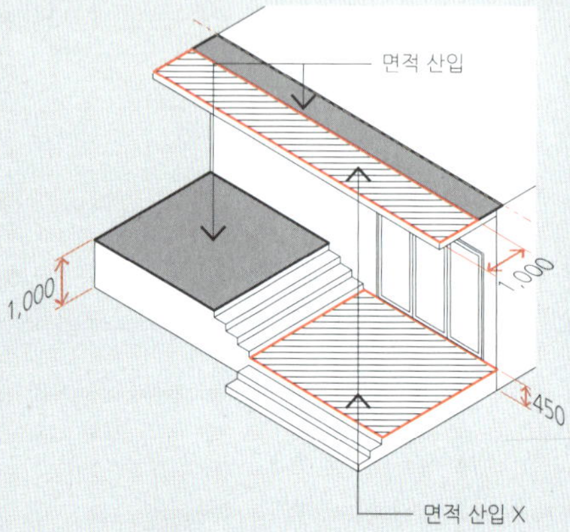

테라스 건축면적 산정 기준

파티오Patio

파티오는 또한 본 건물 구조체와 붙어 있지 않아도 되는 지층의 외부공간이다. 테라스에 비해 외부 노출이 되지 않은 더 사적인 공간이다. 간단한 차를 마시는 등 조용히 휴식을 취하는 용도로 조성하며 때로는 지인들을 초대해 사적인 파티를 하는 장소로 사용하기도 한다. 대체로 자연석이나 조약돌, 타일, 투수성 블록 등을 사용해 조성한다. 파티오는 스페인어로 뜰Courtyard를 뜻한다.

포치Porch

포치는 지층에 조성하며 테라스나 파티오와 달리 건물의 주 구조체와 붙어 있어서 건물이 연장된 것처럼 느껴지며 난간을 설치하는 것이 일반적이다. 앞이나 뒷 현관과 마당을 연결해 주는 역할을 하며 지붕이 있는 것이 일반적이다. 한국에서는 포치를 보기가 힘든데 담이 없거나 낮은 울타리로 집 경계를 조성하여 전이 공간인 포치에서 쉬면서 외부를 관망하는 서양 주택 문화와 달리 한국에서는 대지 경계에 외부동선과 시야를 차폐하기 위해 높은 담을 치는 것이 일반적이기 때문이다.

데크Deck

데크는 선박에서 나무나 철판을 깔아놓은 평평한 바닥에서 온 용어로 나무로 만들어졌거나 최소한 나무 바닥이 깔린, 풍경을 감상하기 좋은 외부공간을 의미한다. 따라서 대체로 지층이라도 조망하기 좋은 곳이나 2층 이상에 조성하여 넓게 열린 시야를 확보하고 낙하 방지를 위한 난간을 설치한다. 나머지와 분류 기준이 다른 용어로 파티오나 베란다가 데크의 기능을 할 수도 있다.[10]

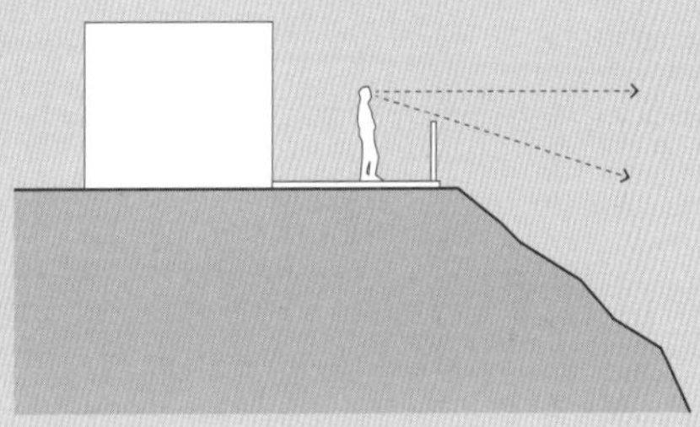

1층에 조성한 데크

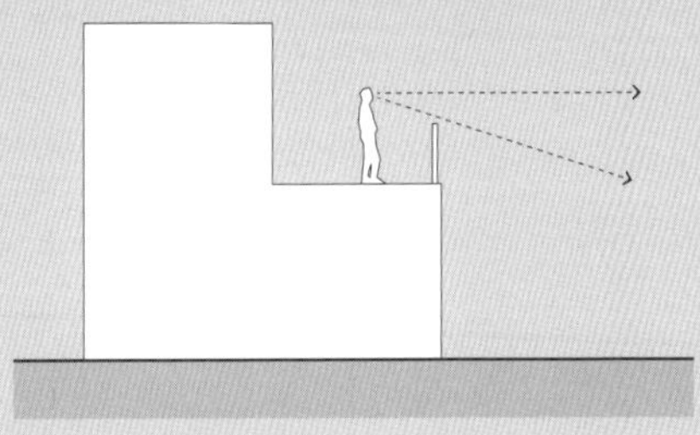

2층 이상에 조성한 데크

10 지역에 따라 포치와 대응되는 용어로 구분하기도 하는데, 이 때는 정문에 붙어 있는 전이공간을 포치로 후문에 붙여 있는 전이공간을 데크로 부른다. 변하지 않는 점이 있다면 바닥이 천연 목재든 인조 목재든 널빤지를 사용하고 있다는 점이다.

감시 카메라Surveillance Camera

공동주택에 거주하는 사람들도 필요에 따라 현관에 감시 카메라를 설치하기도 하지만 공동주택의 외부는 공용공간이기에 그 누구도 감시 카메라의 위치나 형태, 색상을 중요하게 생각하지는 않는다.

그러나 단독주택의 경우는 상황이 조금 다르다. 단독주택은 그 자체로 형태적 완결성을 가진다. 주택 조성과 관련된 모두가 노력해서 외관을 빚어 완성 시킨다. 그런데 항상 마지막 감시 카메라는 보안 업체가 그들이 가지고 있는 제품으로 가장 눈에 띄는 위치에 알아서 설치를 해버린다. 물론 감시 카메라는 눈에 띄게 설치하는 것이 범죄 예방에 도움이 된다는 연구 결과가 있다.

그러나 건물의 완결성을 보존하면서 범죄 억제 효과를 동시에 얻을 수 있는 방법이 있을 것이다. 어떤 보안 업체를 사용할 것인지를 미리 결정하고 감시 카메라 종류[11], 색상 그리고 설치 위치를 설계 단계에서부터 결정하는 것이 중요하다. 조금 더 민감하게 한다면 카메라 외관 색상이 맞춤 제작 가능한지 알아보고 불가능하다면 기성품을 사서 현장에 도장 공정이 있을 때 함께 도장하는 것도 가능하다.

또한 IP 감시 카메라를 설치하는 경우 세대 통신 단자함에 모뎀Modem을 설치하게 되는데 이 모뎀은 우리가 많이 접한 인터넷 티비 모뎀처럼 인터넷에 연결되어야 한다. 따라서 통신 단자함에 미리 랜LAN선을 연결할 수 있는 이더넷Ethernet 포트를 뽑아 두지 않는다면 부득이하게 안전성, 보안성, 속도에서 불리한 와이파이로 통신을 해야하니 설계 단계에서 미리 계획하는 것이 좋다.

---

11 돔Dome 카메라, 불릿Bullet 카메라, PTZPan-Tilt-Zoom 카메라 등

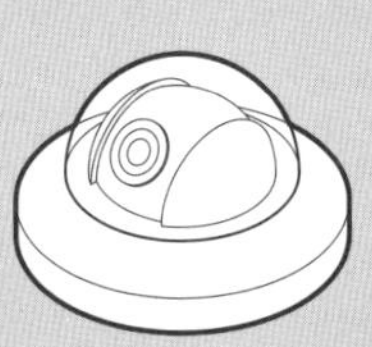

돔Dome 카메라

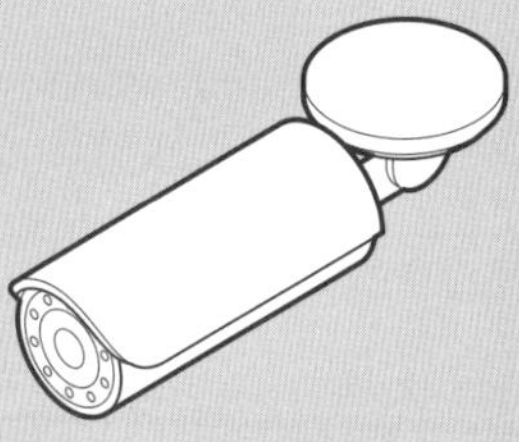

불릿Bullet 카메라

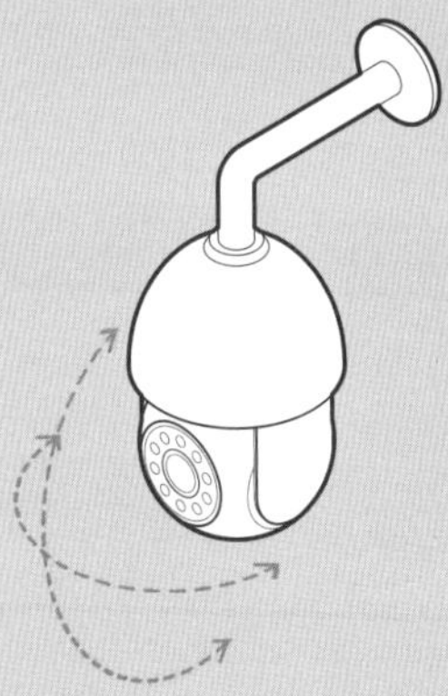

PTZPan Tilt Zoom 카메라

아파트 전형

침실

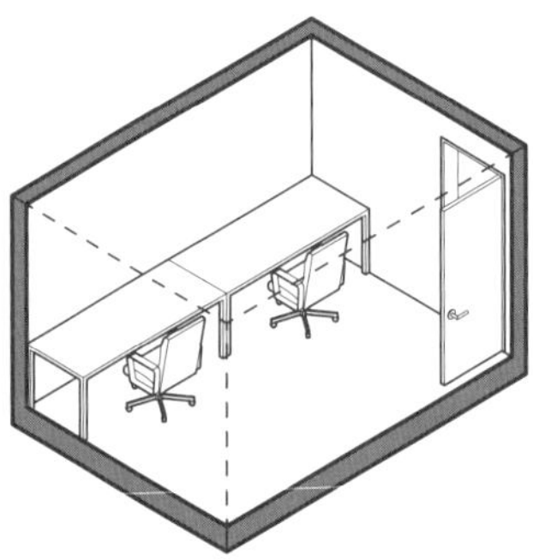

인테리어 변형

외부공간

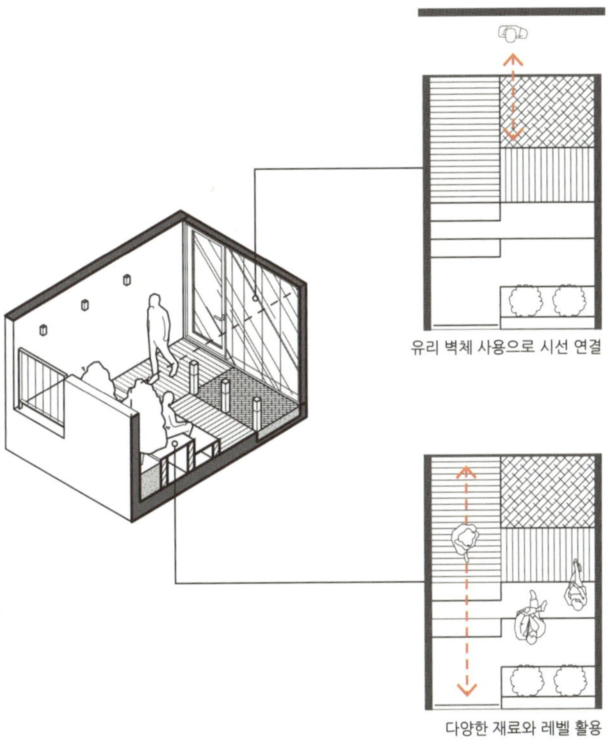

인테리어 변형

외부공간

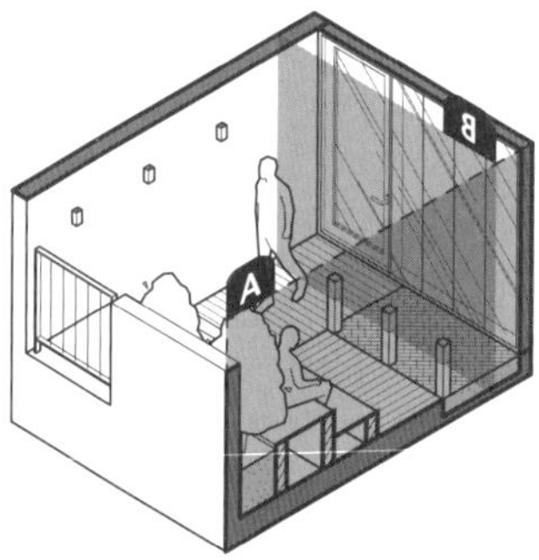

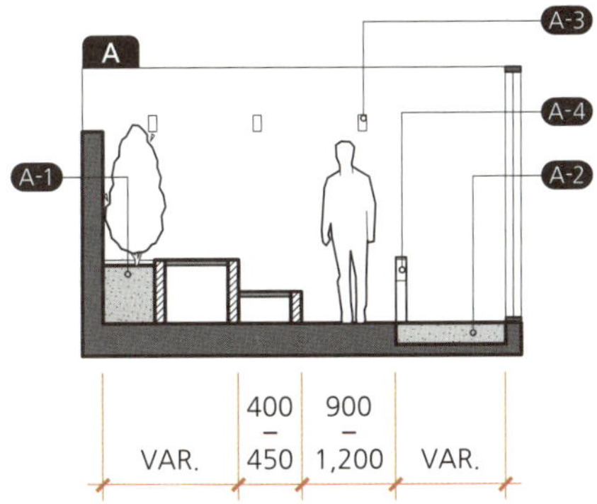

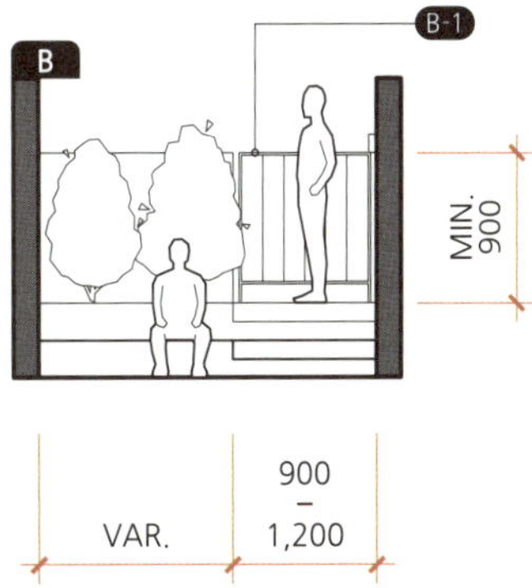

식재 최소 토심[1]

A-1

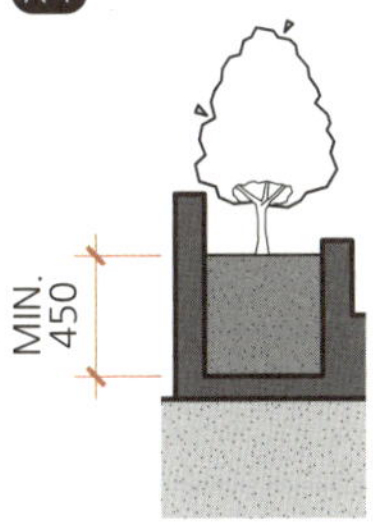

소관목 식재 최소 토심

A-2

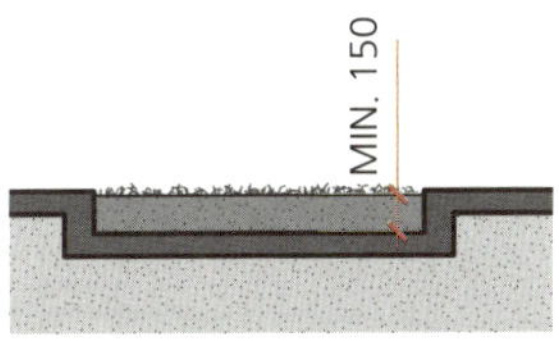

지피류 식재 최소 토심

1 「조경설계기준 일반식재기반 KDS 34 30 10」: 2024

난간 최소 높이[2]

B-1

2 주택단지 기준 MIN. 1,200
「주택건설기준 등에 관한 규정」 제18조,
「주택법 시행령」 제27조(사업계획의 승인) 제1항

외부 조명

A-3

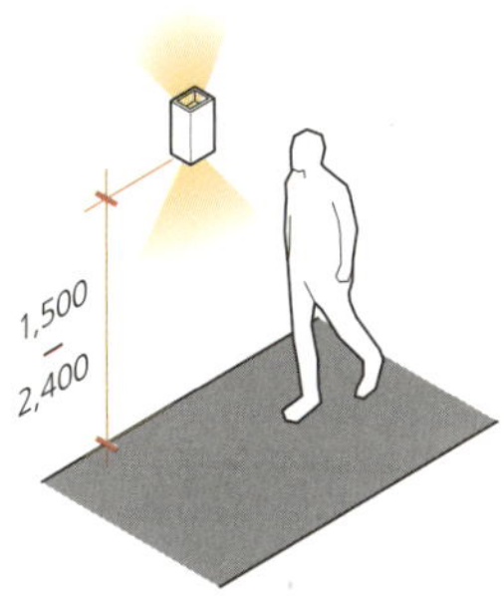

외부 벽부등 설치 높이

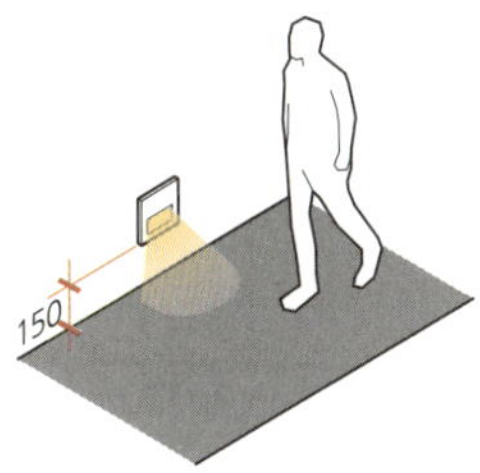

매입 각광등Recessed Foot Light 설치 높이

A-4

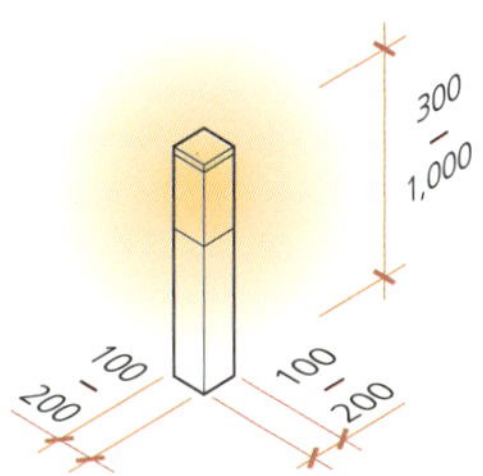

볼라드등Bollard Light

건축 변형

외부공간

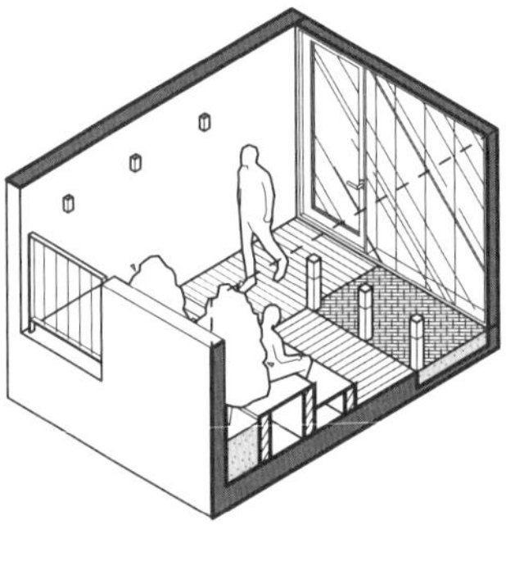

외부 수공간 구성

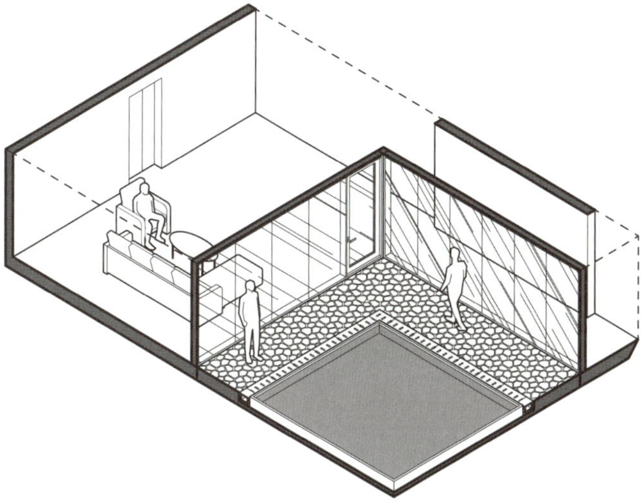

기준층 레벨 수공간

기준층 레벨 오픈 트렌치 단면

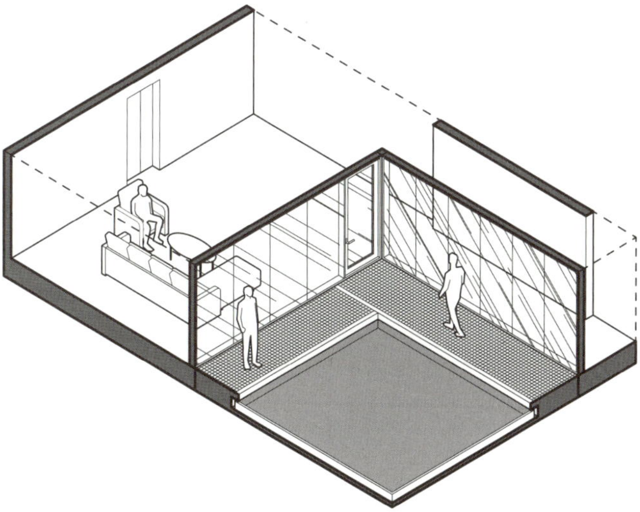

기준층 하부레벨 수공간

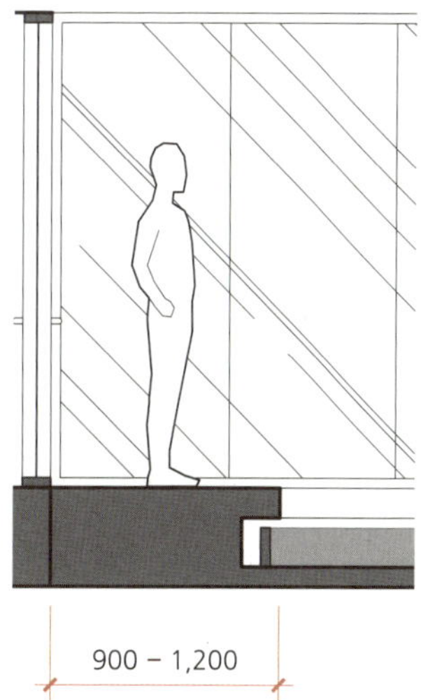

기준층 하부레벨 오픈 트렌치 단면

내 · 외부 공간 연계

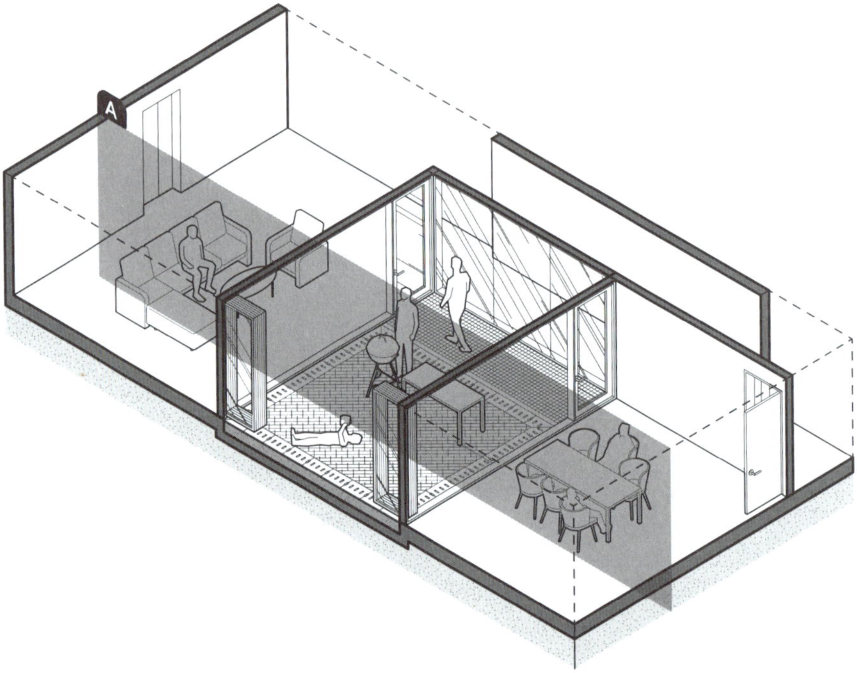

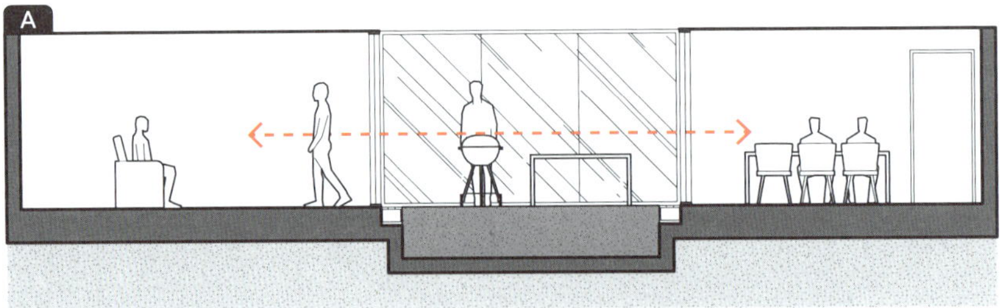

근린생활시설

NEIGHBORHOOD FACILITIES

공용공간

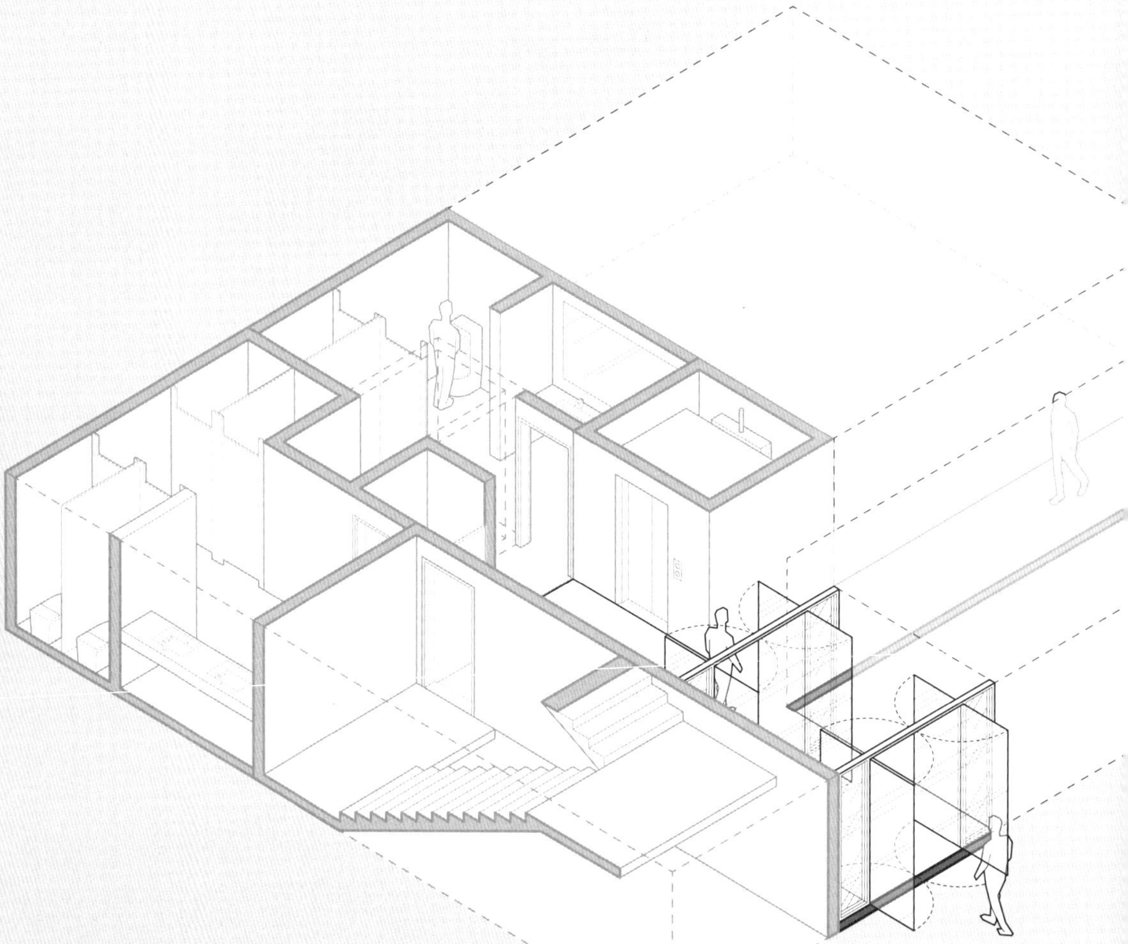

근린생활시설
NEIGHBORHOOD FACILITIES

공용공간
출입구 — 공용부 복도

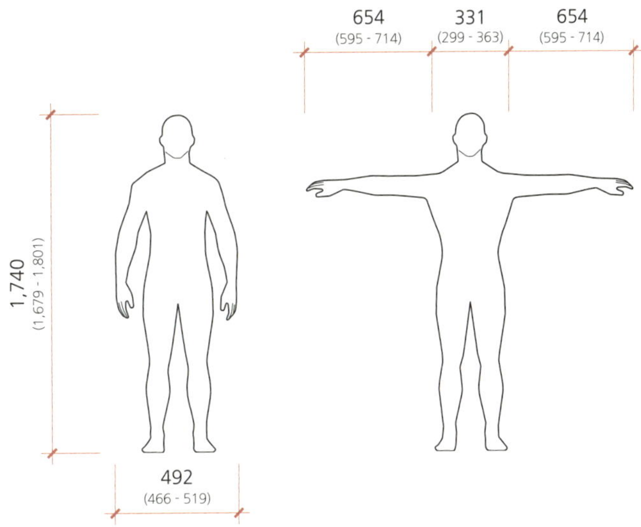

방풍구조

한국에서는 냉방 또는 난방 설비를 설치하고 냉방 또는 난방 열원을 공급하는 대상의 연면적의 합계가 500㎡ 이상인 건축물은 허가 전에 에너지절약계획서를 제출하여 검토, 승인 받도록 되어있다.「건축물의 에너지절약설계기준」 제6조(건축부문의 의무사항)에 따라 외기에 직접 면하고 1층 또는 지상으로 연결된 출입문은 방풍구조로 해야한다.

쉽게 말해 문을 두 번 열어야 출입이 가능한 구조로 만들라는 것인데 건축 계획에서 중요한 부분은 첫 번째 문과 두 번째 문 사이의 간격이다. 출입문의 너비를 1,200mm로 생각할 때 두 문이 충돌하지 않기 위해서는 최소 2,400mm 간격이 필요한 것을 알 수 있다.[1]

1 「건축물의 에너지절약설계기준」 제5조(용어의 정의) 제10호 (아)목 "방풍구조라 함은 출입구에서 실내외 공기 교환에 의한 열출입을 방지할 목적으로 설치하는 방풍실 또는 회전문 등을 설치한 방식을 말한다."

공용부 복도

계단과 마찬가지로 한국에서「건축물의 피난·방화구조 등의 기준에 관한 규칙」제15조 제2항 (복도의 너비 및 설치기준)에 따라 법적으로 복도의 너비를 규정하고 있는 용도 시설이 있다. 유치원 · 초등학교 · 중학교 · 고등학교, 공동주택 · 오피스텔, 공연장 · 집회장 · 관람장 · 전시장 등인데 복잡한 세부 규정과 무관하게 그 치수의 범위는 1. 복도 양 옆에 거실이 있는 경우와 2. 그렇지 않은 경우로 구분된다.

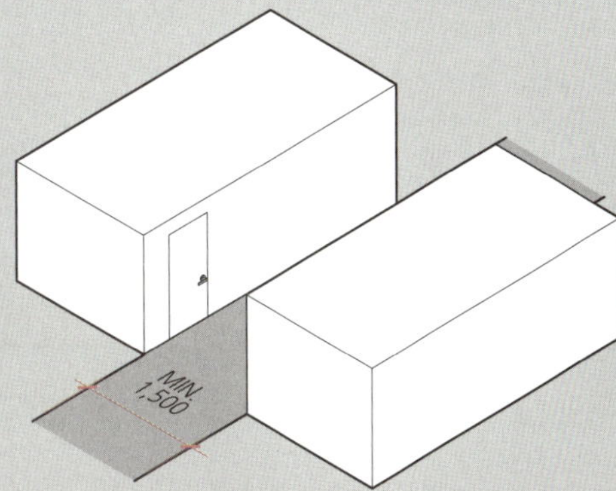

중복도_양옆에 거실이 있는 경우

그 치수를 범위로 표현해보면 시설에 따라 1. 양 옆에 거실이 있는 경우는 1,500mm 이상, 1,800mm 이상, 2,400mm 이상으로 2. 그렇지 않은 경우는 1,200mm 이상, 1,800mm 이상으로 규정하고 있다. 모든 법적 기준은 인체 치수를 기반으로 한 최소한의 안전 장치를 두는 것이다. 이 경우 문을 열고 나오는 사람이 차지하는 너비를 500 - 600mm로 이동하는 사람이 차지하는 너비 또한 500 - 600 mm로 잡고 있다는 것을 알 수 있다. 따라서 계획할 때에는 양 옆에 거실이 있는 경우 복도 너비는 1,500mm 이상으로, 한 쪽에만 거실이 있거나 단순 통과 복도인 경우는 그 너비를 1,200mm 이상으로 조성해야한다는 결론이 나온다.

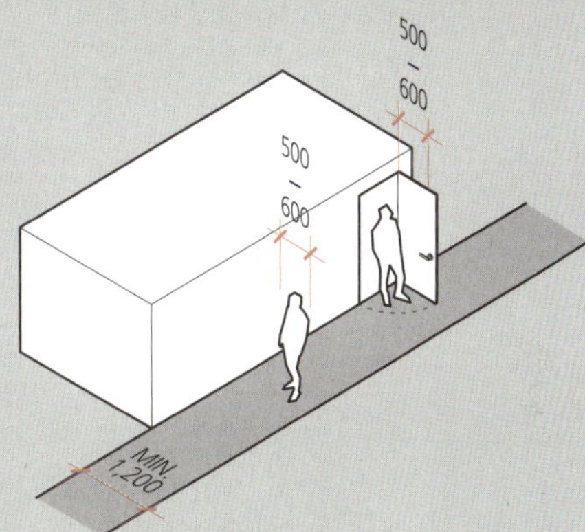

편복도_한쪽에만 거실이 있는 경우

근린생활시설

출입구 — 공용부 복도

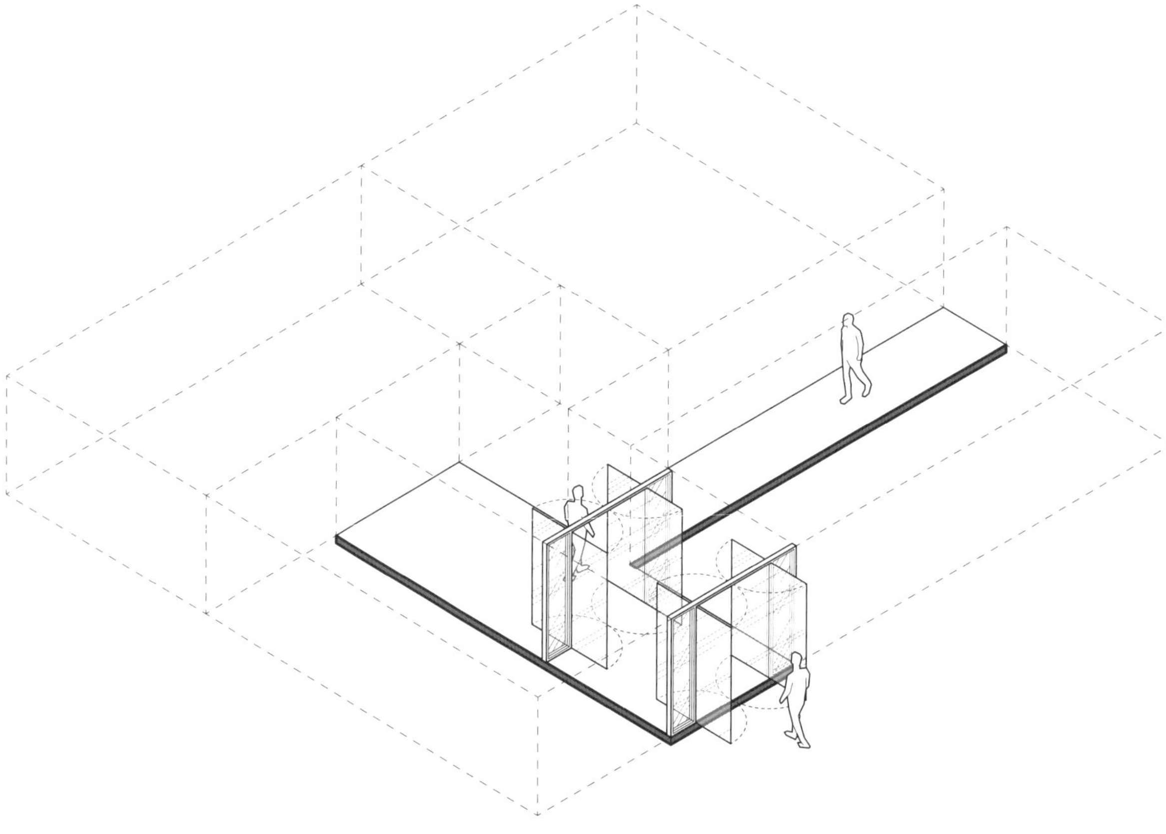

휠체어 통행가능 복도

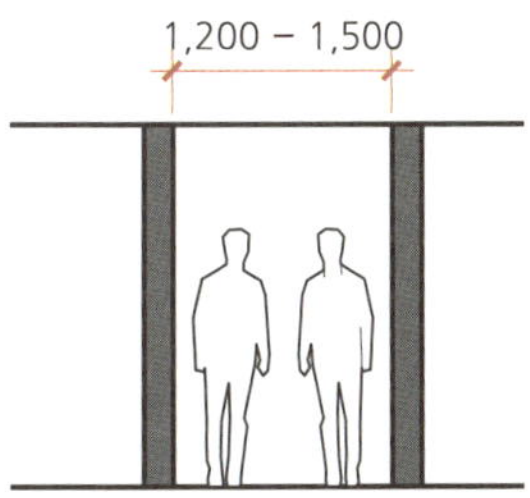

2인 교행 가능

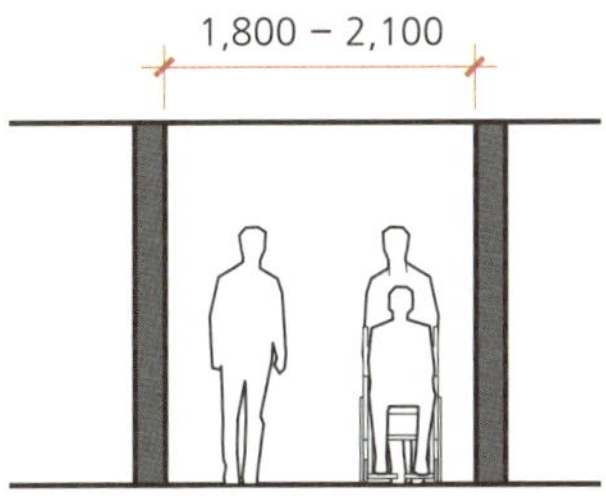

2인 이상 · 휠체어 교행 가능

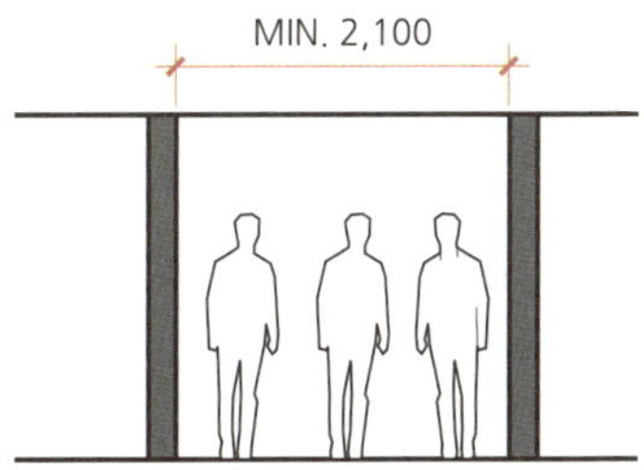

3인 이상 교행 가능

휠체어 통행가능 복도

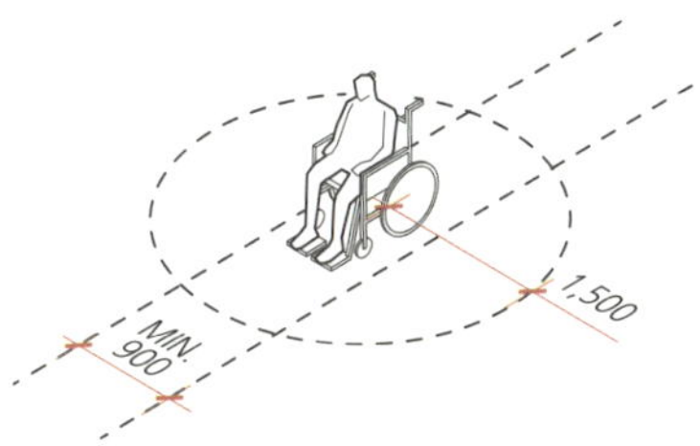

휠체어 통행 최소 너비

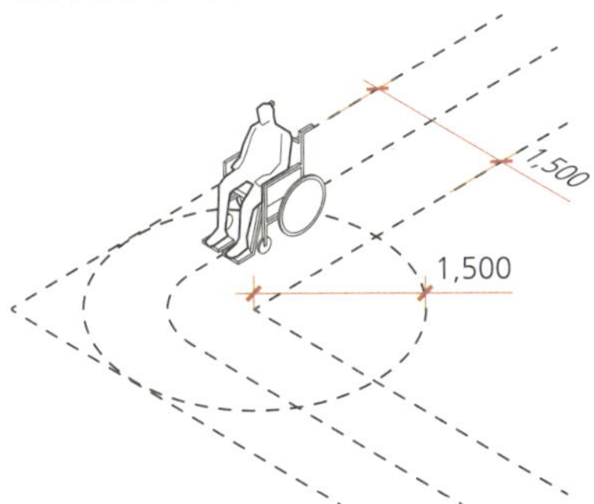

휠체어 회전반경

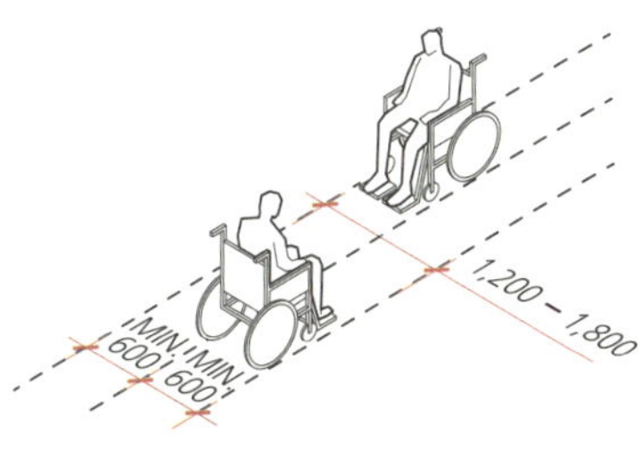

휠체어 교행 최소 너비

방풍실 및 출입문

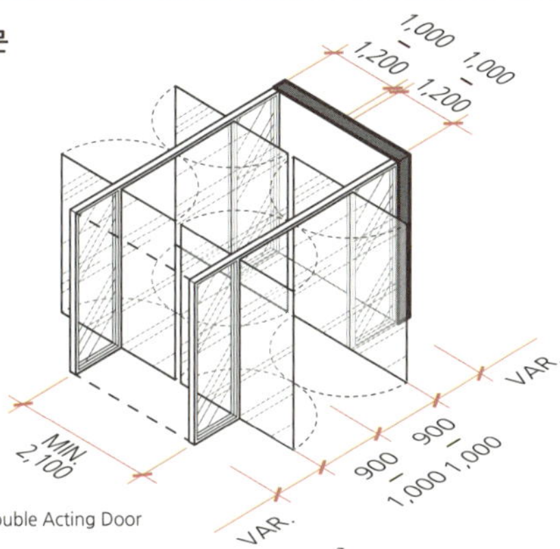

쌍여닫이 자유문Double Acting Door

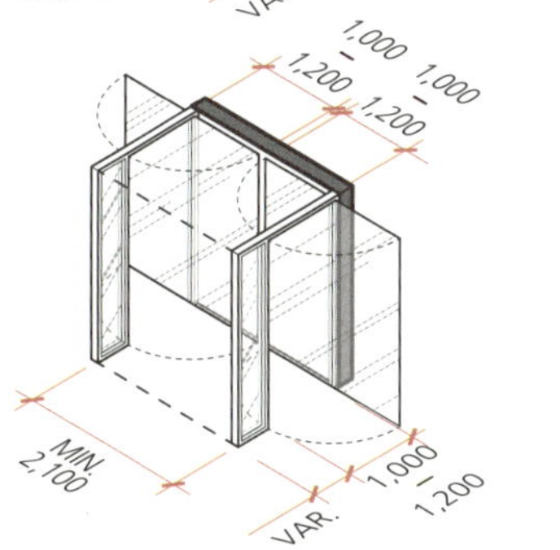

외여닫이 자유문

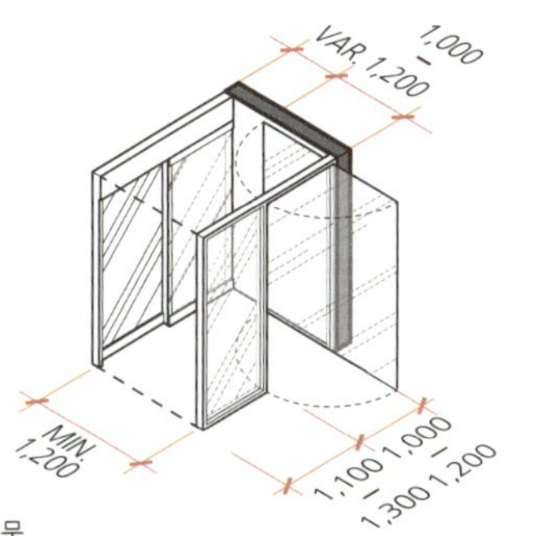

외여닫이 자유문 - 자동문

근린생활시설_건축 변형

출입구 – 공용부 복도

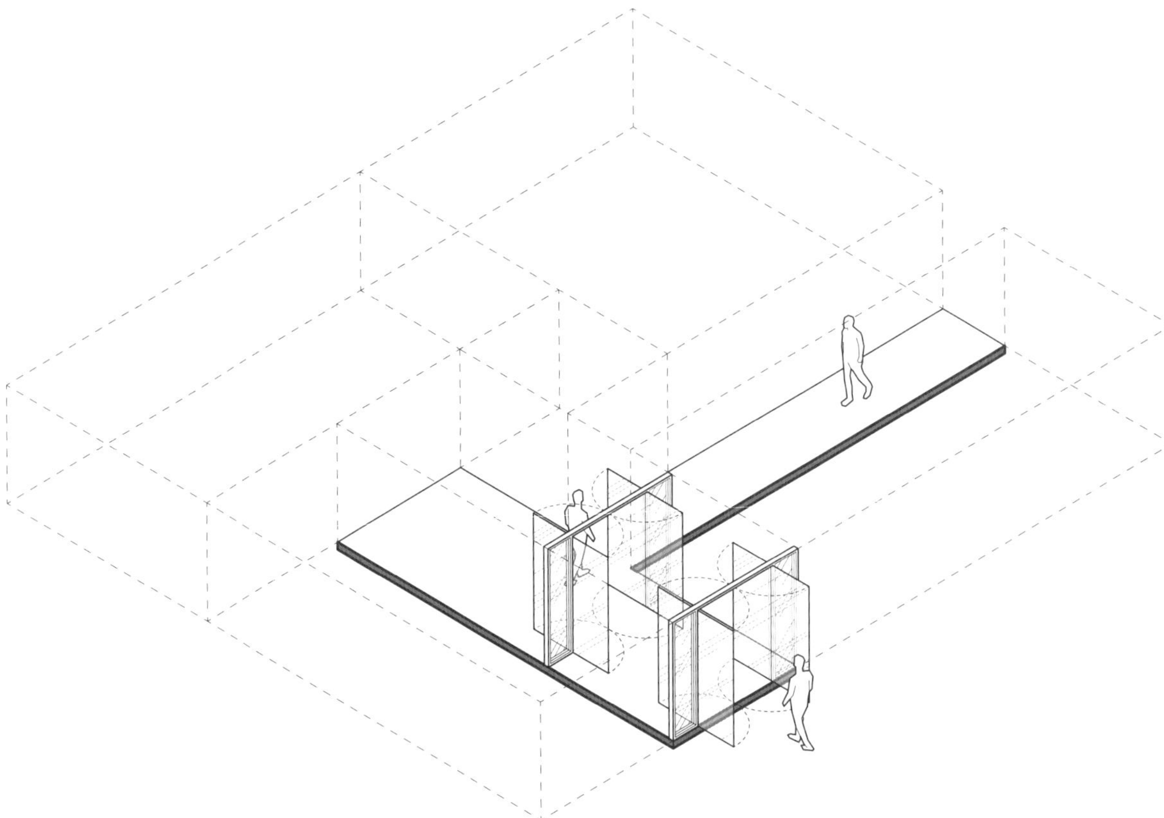

장애물 없는 생활환경Barrier Free 인증을 만족하는 방풍실 및 출입문

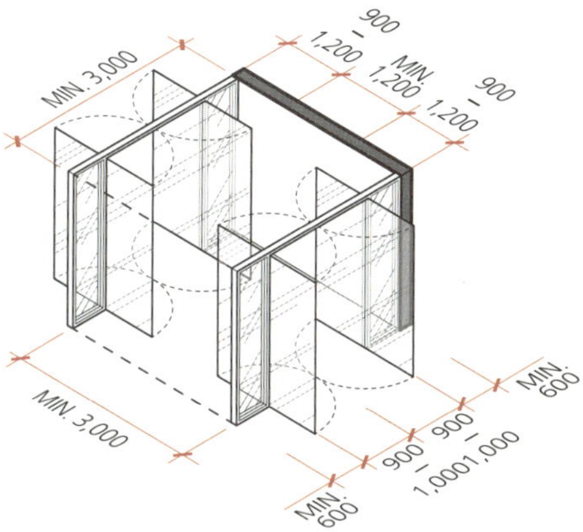

쌍여닫이 자유문Double Acting Door

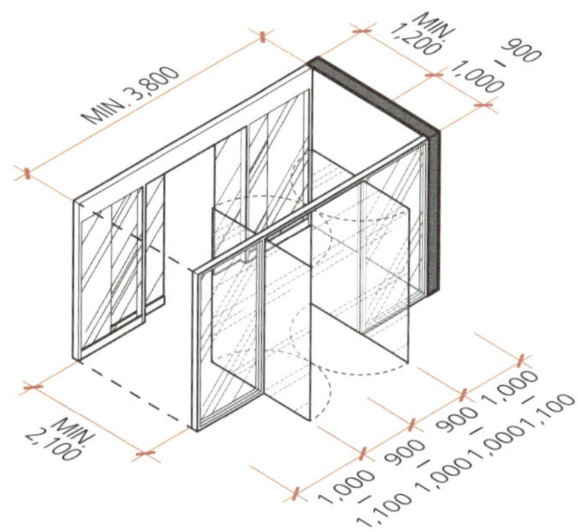

방풍실 너비를 줄일 수 있는 출입문 형태 제안

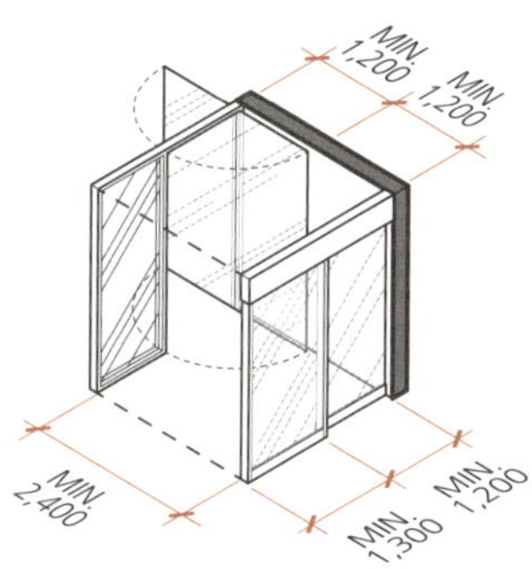

외여닫이 - 자동문 방풍실

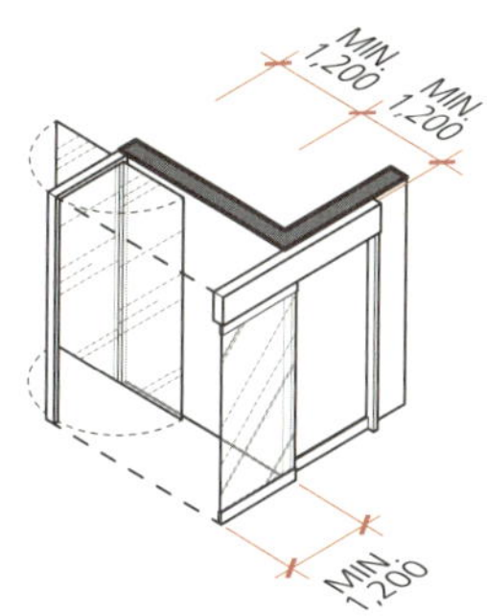

방풍실 너비를 줄일 수 있는 자동문 형태 제안

출입구 공간

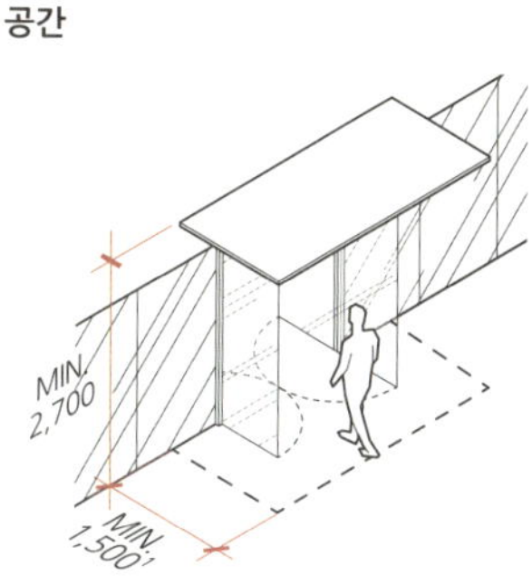

캐노피를 통한 출입구 공간 형성
1 주택에서는 MAX. 1,000mm

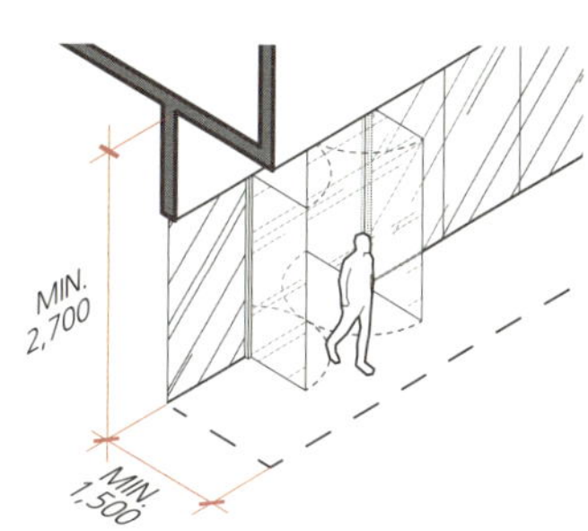

캔틸레버 구조를 이용한 출입구 공간 형성

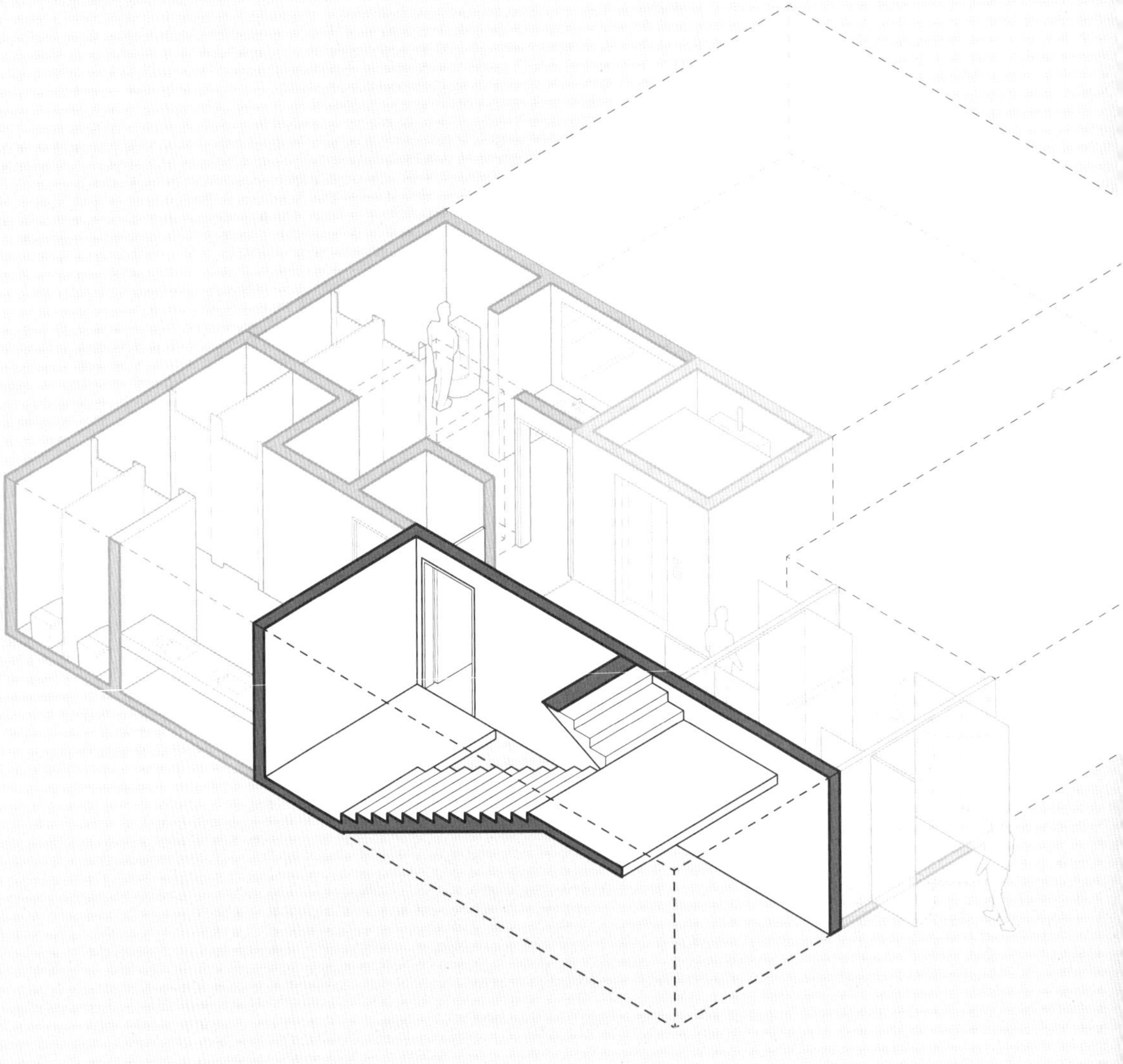

근린생활시설

NEIGHBORHOOD FACILITIES

공용공간

계단

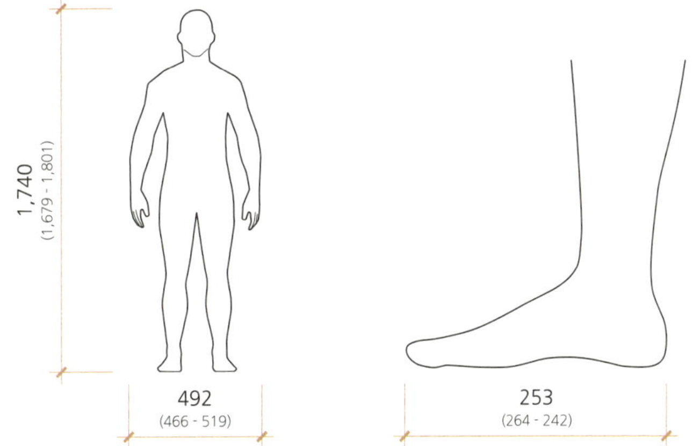

계단의 경사도

법에서 계단의 치수에 대해 규정하고 있는 부분은 계단참, 유효높이, 유효너비, 난간, 계단 높이와 깊이다. 법은 안전을 보장하고 질서를 유지하기 위해서 최소한의 약속이라는 사실을 상기해봤을 때 「건축물의 피난 · 방화구조 등의 기준에 관한 규칙」 제15조(계단의 설치기준)나 「주택건설기준 등에 관한 규정」 제16조(계단)에서 정하고 있는 계단에 대한 치수들은 앞서 논의했던 전형 공간 및 치수에서도 최소 치수를 말한다는 것을 기억해야 한다. 여기서 말하고 싶은 것은 용도와 위치에 따라 건축가가 알아서 처리해야할 법적 치수가 아니라 인체 치수와 축척에 근거한 것들이다.

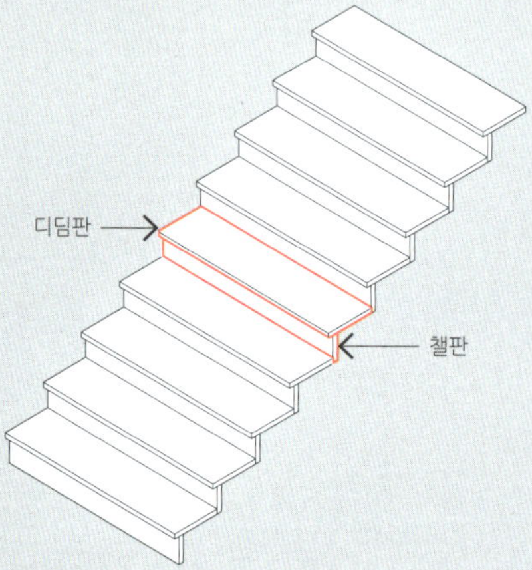

계단의 구성요소 명칭

여러가지 법적인 부분을 제외하고 계단을 설계할 때 가장 먼저 신경 써야할 것은 챌판Riser의 높이Rise와 디딤판Tread의 깊이Run다. 법적으로는 공동주택, 초중고등학교와 문화 및 집회 시설 등 몇몇 시설에서만 디딤판의 깊이와 단 챌판의 높이에 대한 기준이 있다. 성인남녀의 평균 보폭 60 - 80cm를 기준으로 계단을 설계한다고 가정했을 때, 오르고 내릴 때 편의성과 안전성을 감안하여 일반적으로

590mm ≤ 2R + T ≤ 660mm

(R= 챌판 높이, T=디딤판 깊이)의 공식을 사용한다.[1] 참고로 한국 [장애물 없는 생활환경 인증제도]인 BFBarrier Free 인증 기준이 T≥280, R≤180이라는 것을 감안했을 때의 2R+T 값은 640mm이다. 이때 해당 계단의 경사도는 약 64%(32.6°)로 설계 할 때는 2R+T의 치수와 더불어 경사도까지 고려해야한다.

경사도는 T와 R 값에 따라 비례적으로 변하게 되는데 최소 20°에서 최대 50°를 권장하며 이상적Ideal으로는 30°내외로 맞추는 것이 좋다. 즉, 37% ≤ R / T x 100 ≤ 84% 이며 이상적으로 58%(30°) 내외로 계산한다.

참고로 지리산 로타리대피소에서 천황봉까지 평균 경사도가 32%(17.74°), 설악산 오색에서 대청봉까지의 평균 경사도가 26%(14.57°)이고 스키장 초급 코스의 경사도가 5 - 10%, 중급이 10 - 20%, 상급이 20 - 30%인 것을 감안하면 계단의 경사도는 우리가 생각하는 것보다 가파르다는 것을 알 수 있다.

장애물 없는 생활환경 인증제도 기준 :	64%
지리산 로타리대피소 - 천황봉 :	32%
설악산 오색 - 대청봉 :	26%
스키장 상급코스 :	20 - 30%
스키장 중급코스 :	10 - 20%
스키창 초급코스 :	5 - 10%

1 17세기 프랑스 건축가 쟈크 프랑수와 블롱델Jacques-François Blondel가 고안해낸 공식으로 2R + T = 630mm가 가장 이상적인 값이라고 하였다. 현재 제안하고 있는 최소, 최대 치수는 남녀노소, 국적이나 민족에 따라서 조금씩 변화가 필요하다. 비슷한 공식으로 R + T가 있는데 서양의 경우는 460mm지만 한국는 450mm를 기준으로 잡는다.

근린생활시설

계단

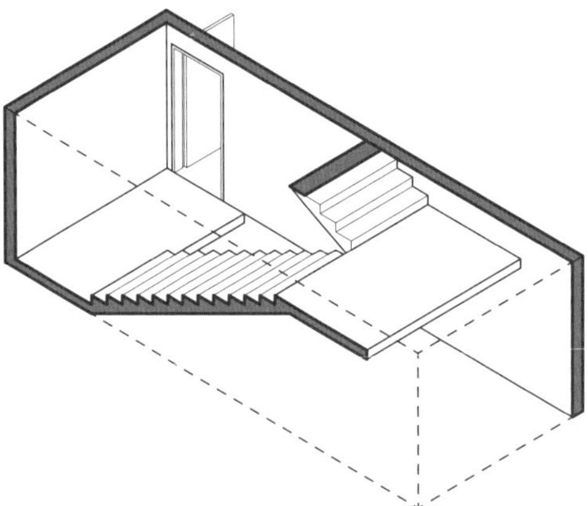

계단의 유효너비

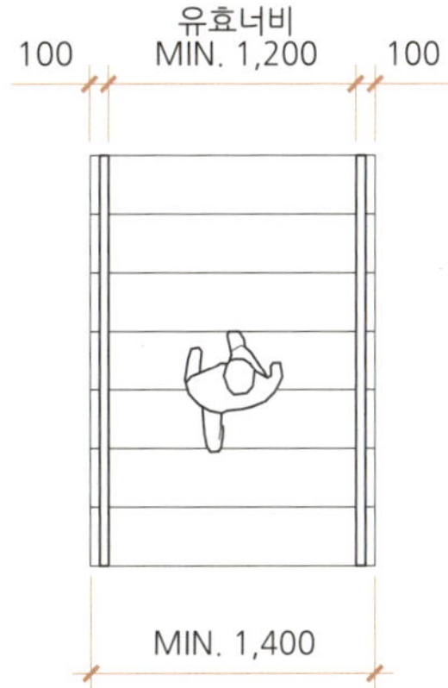

계단의 유효너비

계단과 계단 사이 최소 유효높이[1]

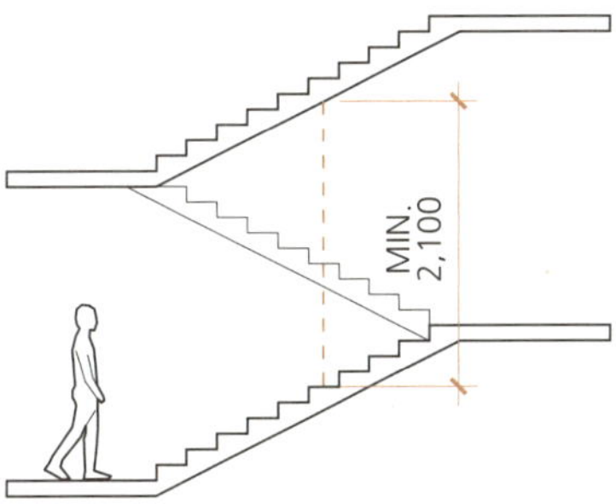

1 「건축물의 피난 · 방화구조 등의 기준에 관한 규칙」 제15조 (계단의 설치기준) 제1항 제4호

계단참 의무 설치 최대 높이[2]

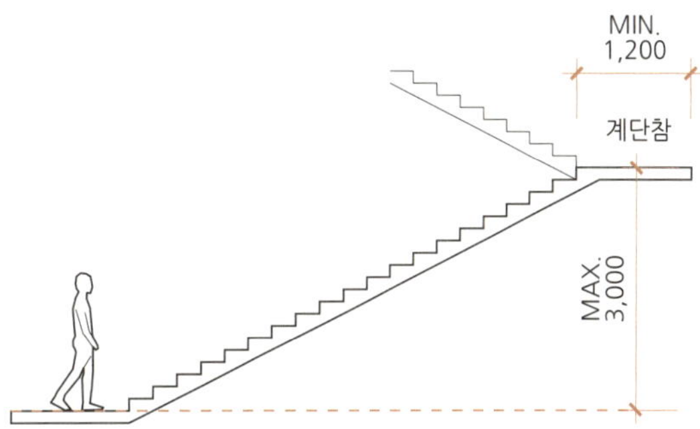

2 「건축물의 피난 · 방화구조 등의 기준에 관한 규칙」 제15조 (계단의 설치기준) 제1항 제1호

계단과 경사로의 난간

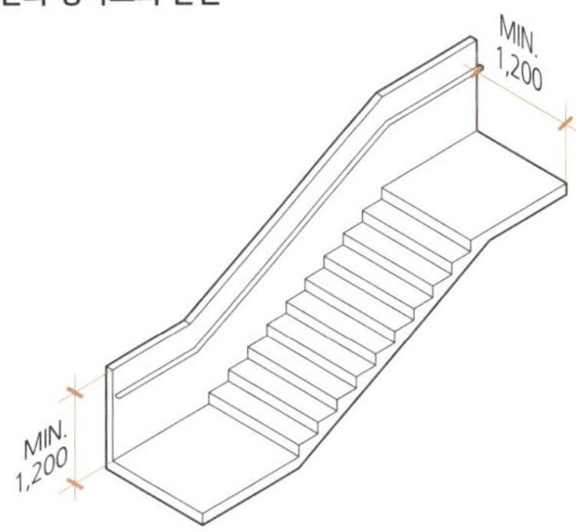

계단 최소 유효너비와 난간의 최소 높이

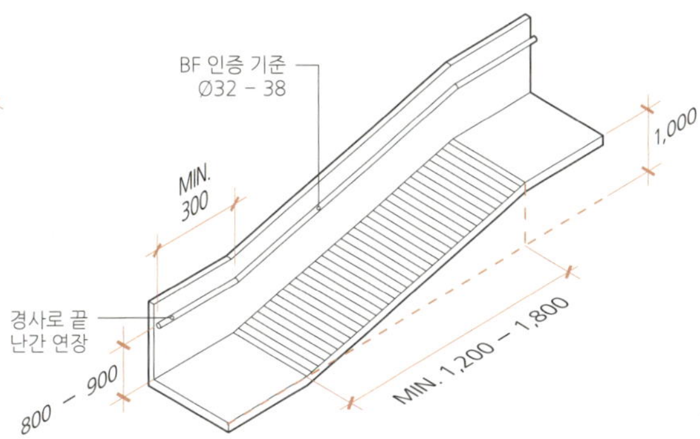

경사로 핸드레일 높이 및 경사도
경사도 = 1/12 - 1/18

근린생활시설_건축 변형

계단

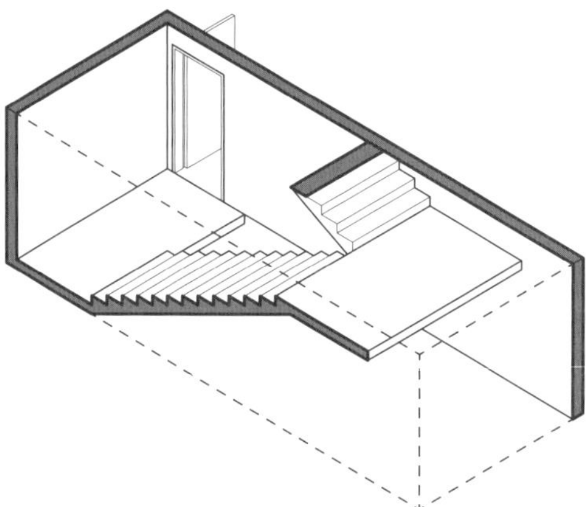

계단 디자인에 따라 바뀌는 계단참 난간 디자인

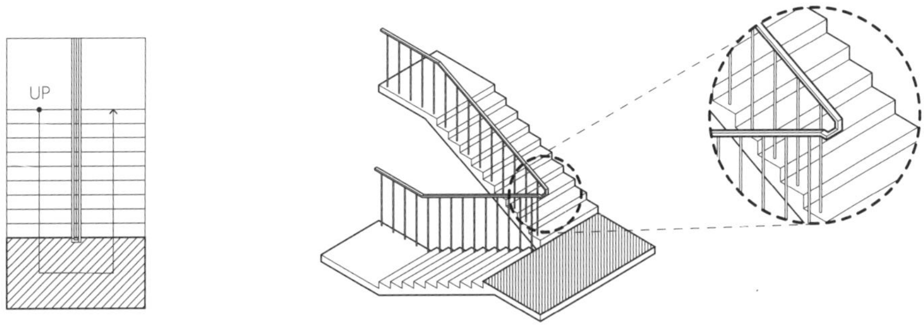

일반적인 계단

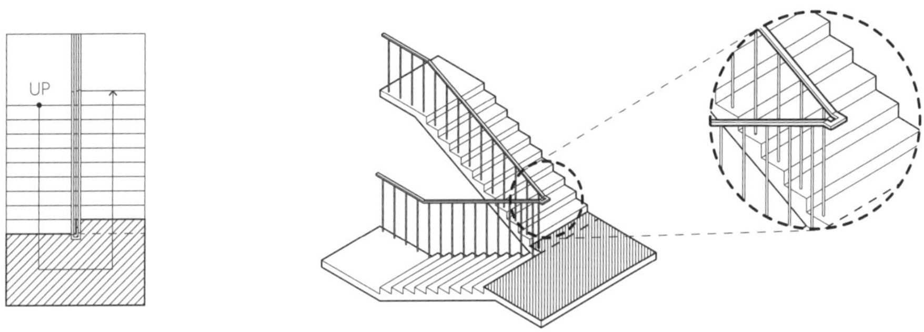

계단참이 상행계단 쪽으로 확장된 계단

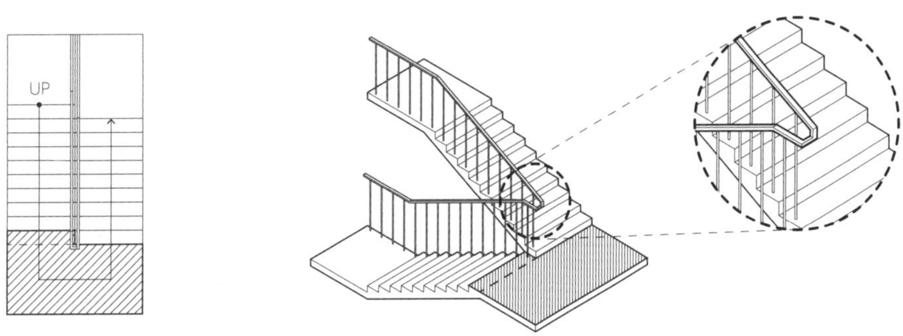

계단참이 하행계단 쪽으로 확장된 계단

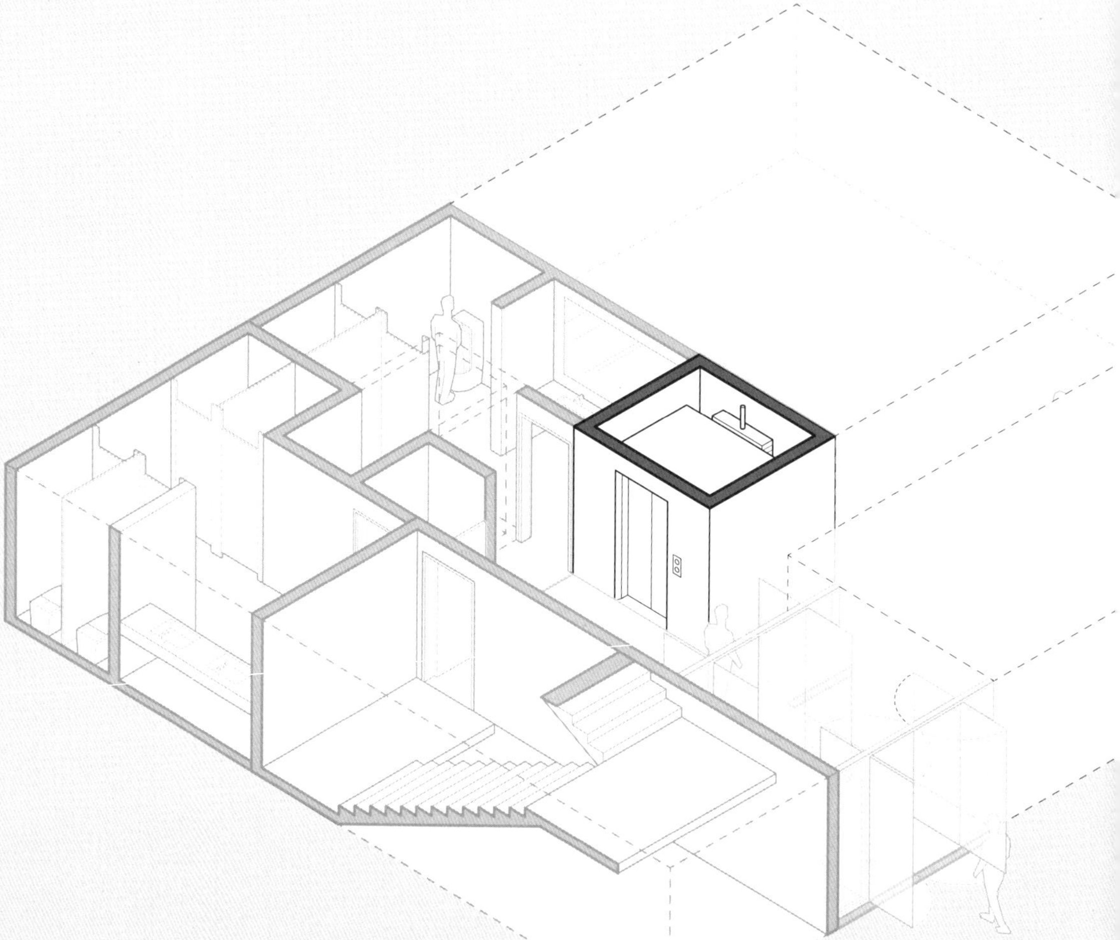

근린생활시설

NEIGHBORHOOD FACILITIES

공용공간

승강기

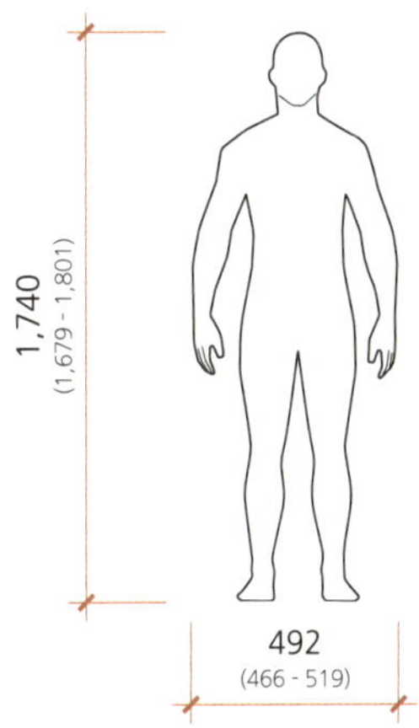

승강기Elevator

한국에서는 「건축법」 제64조(승강기) 제1항에 따라 6층 이상으로서 연면적이 2,000㎡ 이상인 건축물은 승강기를 설치해야한다. 또한 「건축법 시행령」 제119조(면적 등의 산정방법)에 따라 장애인용 승강기는 건축면적과 바닥면적 산입에서 제외된다. 쉽게 말해서 승강기를 설치한 면적 자체를 없는 것으로 보겠다는 혜택이다. 따라서 근린생활시설을 계획할 때 법적으로 설치할 필요가 없더라도 사용자의 편의를 위해 승강기를 설치하는 것이 좋을지, 또 설치 한다면 초기 비용이 더 들더라도 전용면적을 늘리기 위해 장애인용 승강기를 설치하는 것이 더 좋을지 생각해 봐야한다.

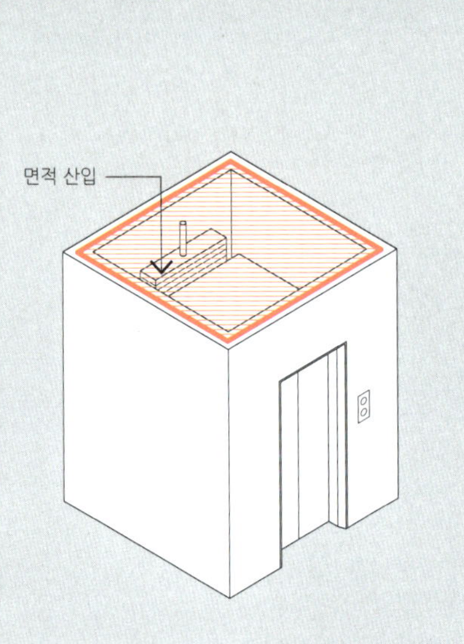

일반 승강기

장애인용 승강기를 기준으로 「승강기안전부품 안전기준 및 승강기 안전기준」 [별표 22]에서는 승강기 전면으로 1.4m x 1.4m의 활동공간을 확보하도록 하고 있지만 사람이 내린 후 기다리던 사람이 타는 순서를 생각해보면 그보다 넓은 면적을 확보해야 한다. 승강기 전면공간 역시 인체 치수를 기반으로 기다리는 사람이 차지하는 대기공간의 면적과 뒤쪽에서 이동하는 사람에게 필요한 치수 등을 합산하여 계산한다.

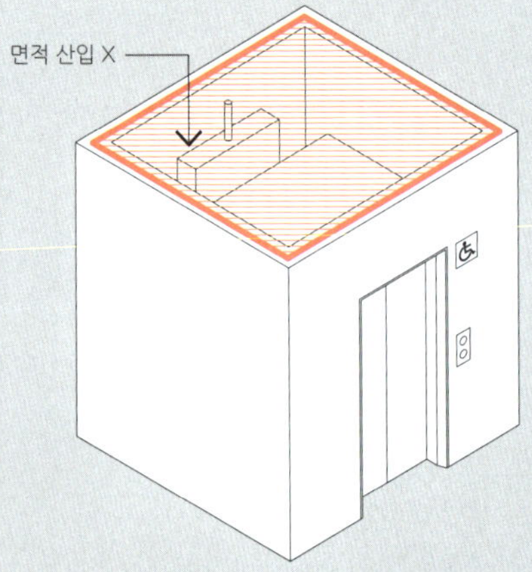

장애인용 승강기

보통 승강기를 병렬 배치하는 경우Side by Side Arrangement 승강기 차량Car 긴 너비의 1.5 - 2배를 전면공간 너비로 산정하고, 승강기 대수가 4대 이상인 경우는 사용성과 공간 효율성을 감안하여 대면 배치를 하는데Opposite Arrangement 이때는 경우는 양쪽에서 동시에 내리는 상황을 고려하여 2 - 2.5배를 확보하기도 한다.

그런데 우리가 다루고자 하는 근린생활시설은 승강기가 법적으로 많아야 2대[1]를 설치하는 것이 일반적이고 장애인용 승강기의 법적 승강기 차량 내부 규격인 1,350 x 1,600mm[2] 중 긴 너비 1,600mm를 반영해보면 필요한 전면 공간은 대략 2,400 - 3,200mm가 나온다.

계단실과 승강기 홀을 마주보게 계획하는 경우에는 가상의 경계선을 작성하여 승강기 전면 공간과 계단참 공간Stair Landing Space을 반드시 별도로 생각하여 합산한 치수로 계획한다.

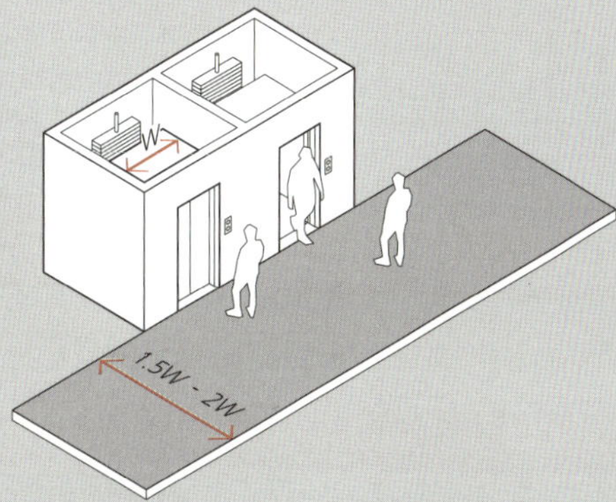

병렬 배치된 승강기
W = 승강기 차량의 긴 너비

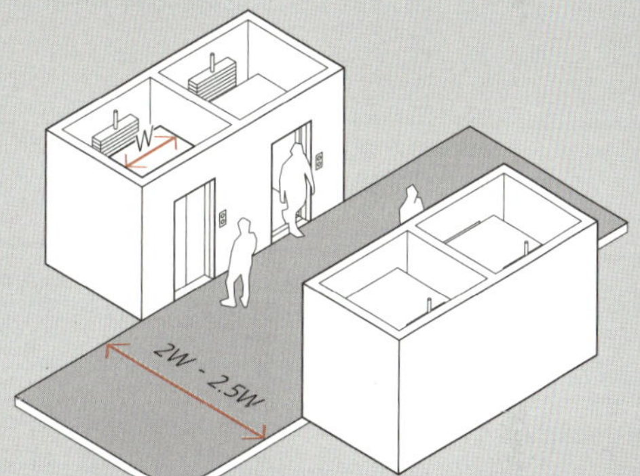

대면 배치된 승강기
W = 승강기 차량의 긴 너비

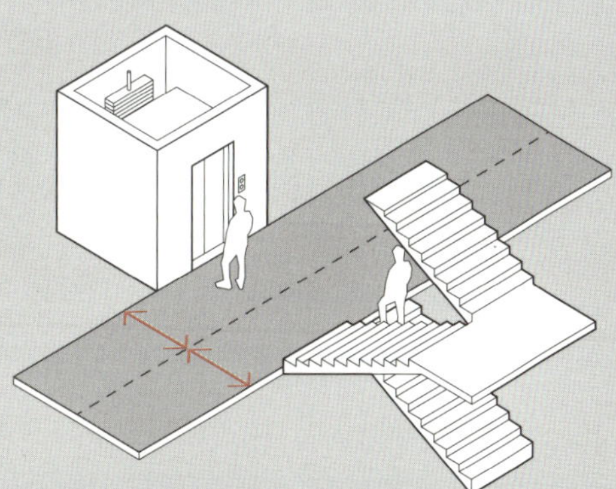

승강기 홀과 마주하는 계단실

1 「건축물의 설비기준 등에 관한 규칙」 [별표 1의2] 승용승강기의 설치기준

2 일반적으로 정원 12인승, 용량 900kg 이상인 승강기는 이 규격을 만족한다.

근린생활시설

승강기

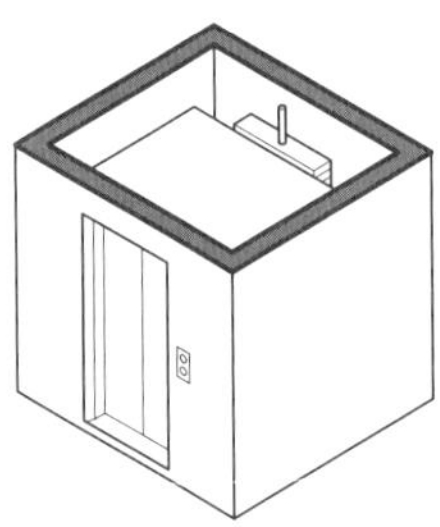

장애인용 12인승 기준 승강기 치수

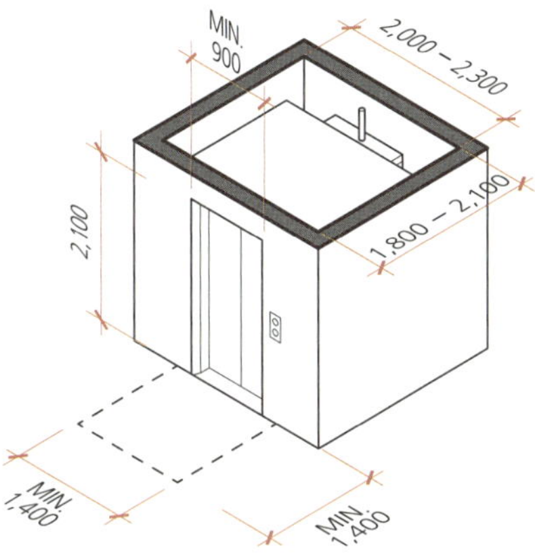

벽체 내부 최소치수와 대기공간 치수

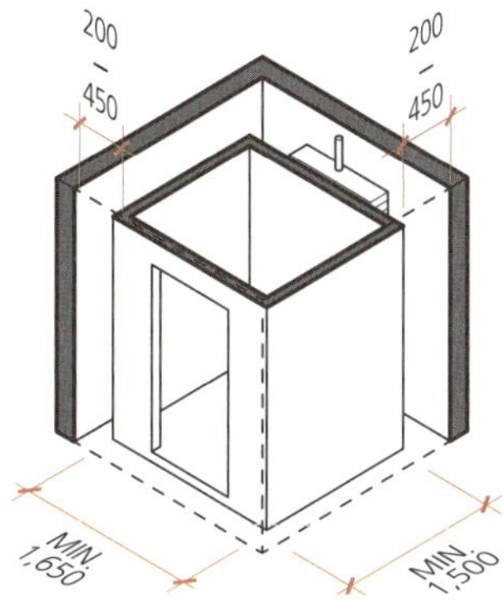

승강기 차량 최소치수와 이격거리

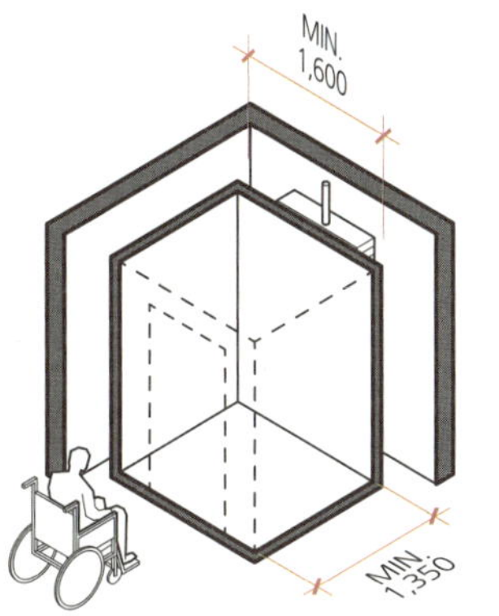

승강기 차량 내부 치수

장애인용 12인 승강기 기준 오버헤드 · 피트[1] 치수

1 오버헤드는 도르래, 케이블, 무게추, 피트는 유압 완충기, 배수 설비 등을 위한 공간이며, 둘 모두 승강기 차량 상 · 하부 안전 여유 공간을 겸한다.

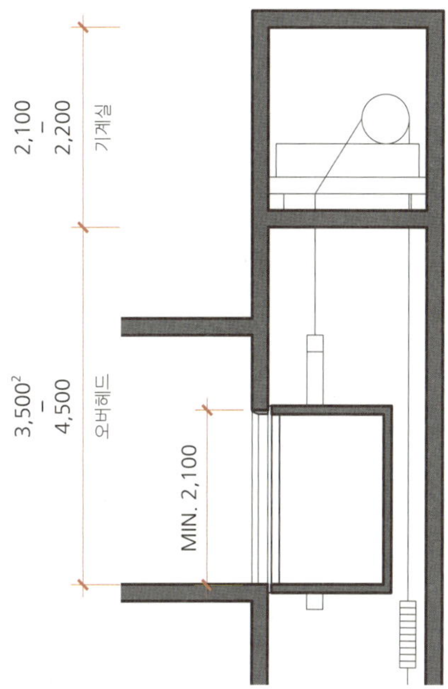

오버헤드Overhead · 기계실

2 기계실 없는 승강기MRL: Machine Room Less는 높이 3,000mm 전후까지 가능

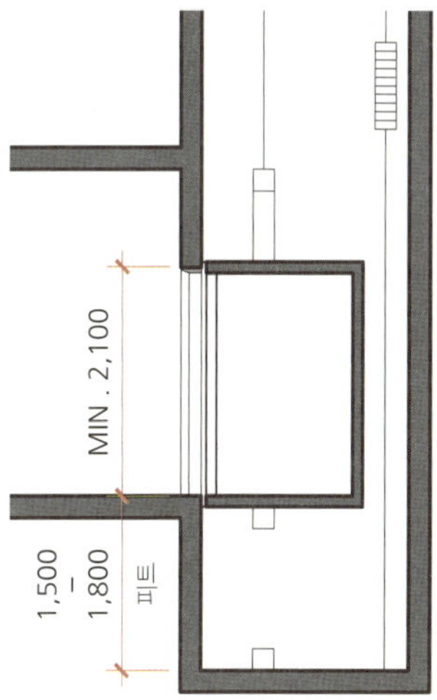

피트Pit

근린생활시설_건축 변형

승강기

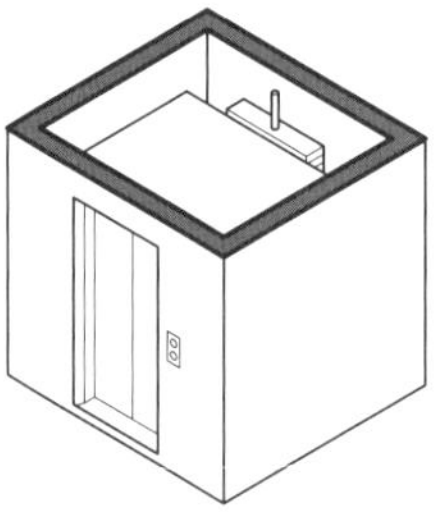

승강기 배치와 복도 및 대기공간

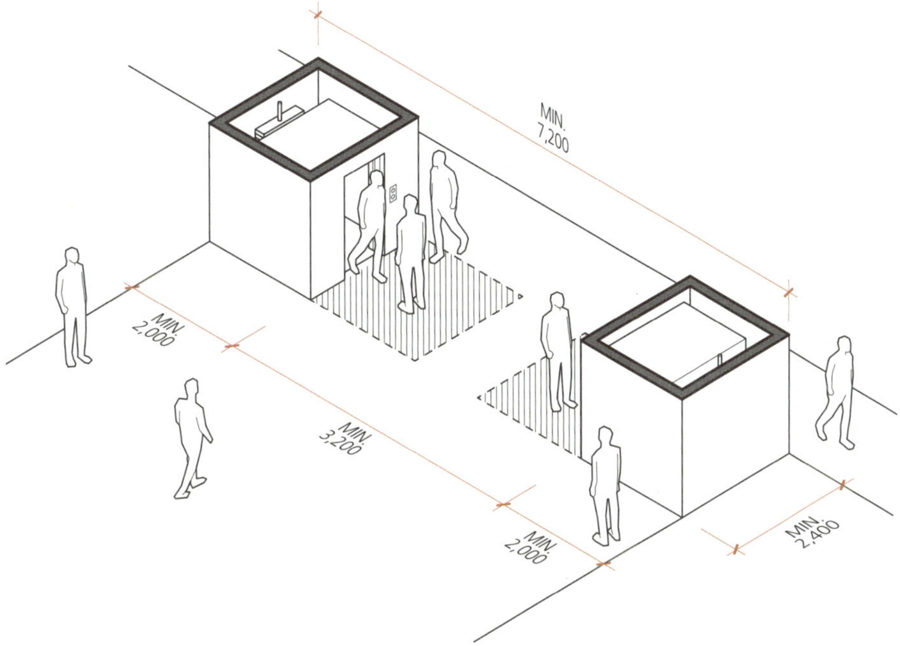

대면 배치 승강기의 대기공간과 복도 동선

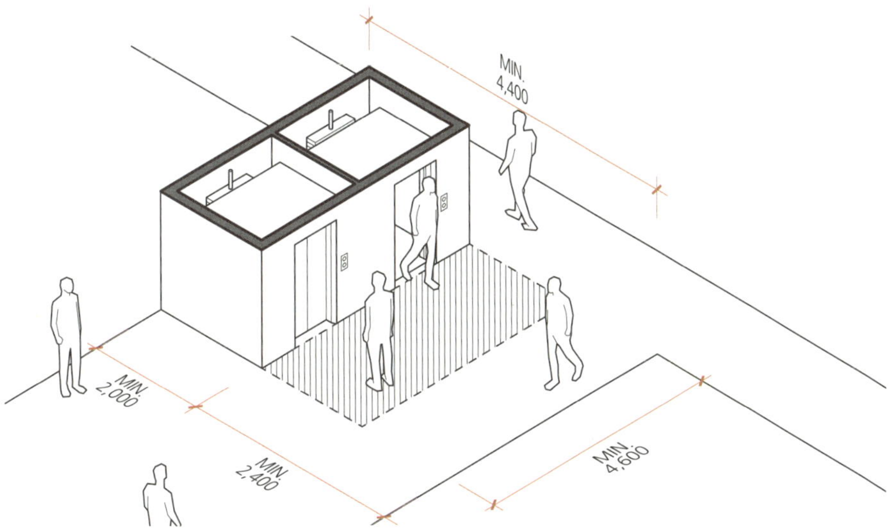

병렬 배치 승강기의 대기공간과 복도 동선

일반적인 승강기 배치 방식과 치수

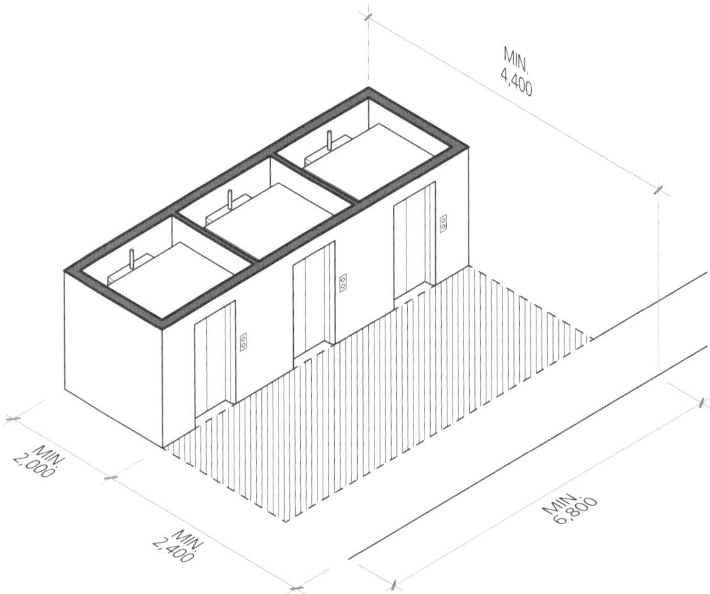

3대 배치

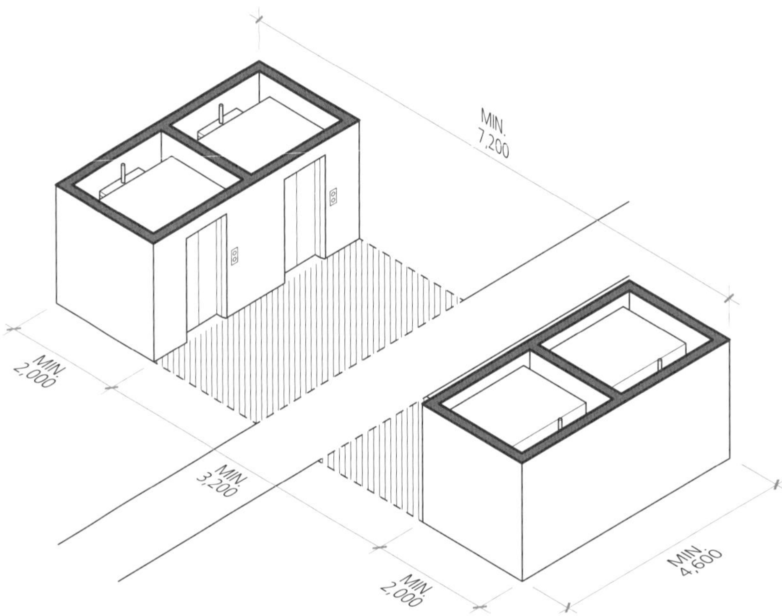

4대 배치

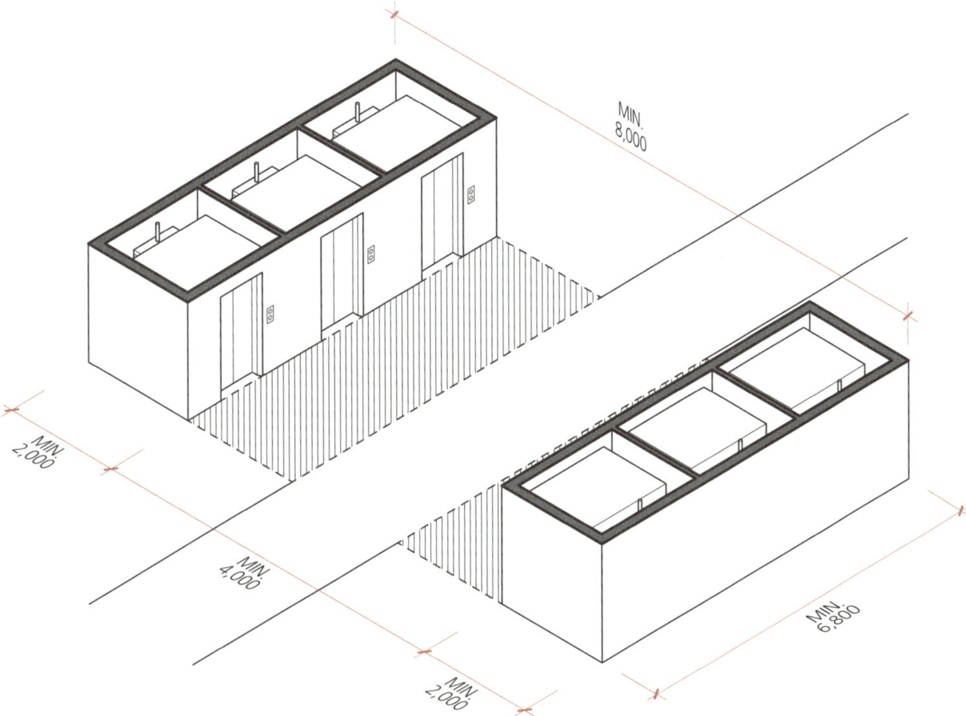

6대 배치

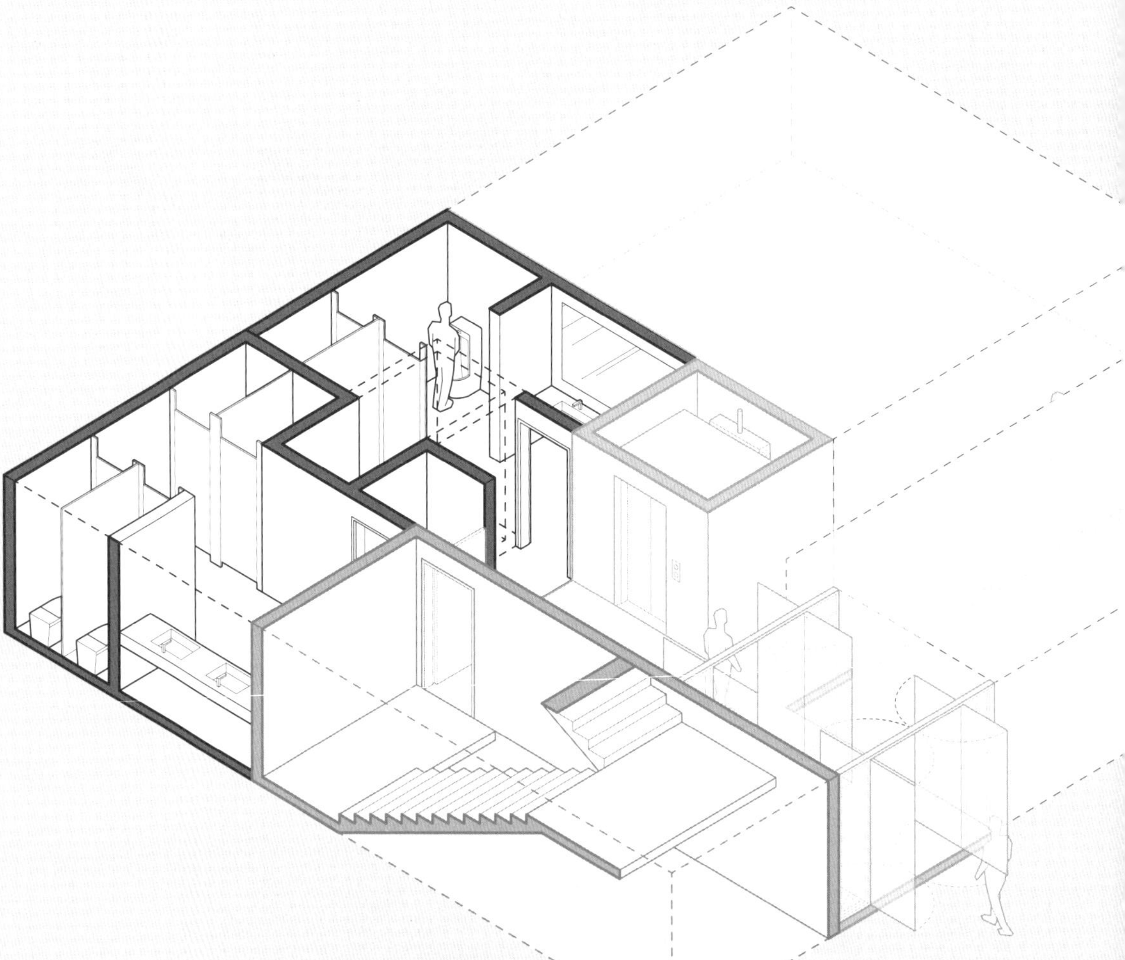

근린생활시설

NEIGHBORHOOD FACILITIES

공용공간

공용 화장실

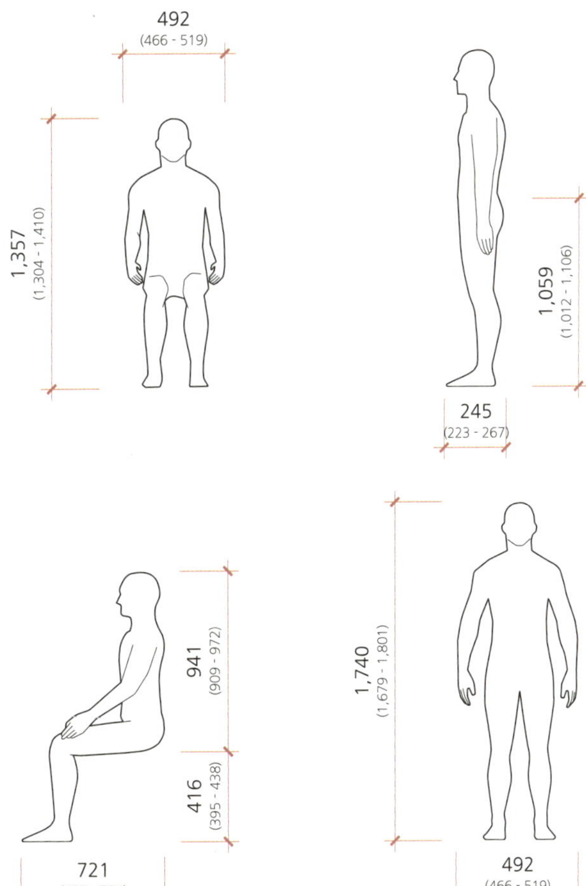

공용 화장실

주택의 화장실과 달리 불특정 다수가 이용하는 근린생활시설 내 공용 화장실은 남녀로 구분된다. 공용 화장실은 크게 출입구, 출입 통로, 세면대, 대변기, 소변기로 이루어진다. 공용 화장실에는 두 곳의 통로가 만들어 지는데 하나는 출입구 전면 통로, 다른 하나는 대변기 전면 통로이다. 공용 화장실은 로비나 홀, 또는 복도에서 출입하게 되는데 지나가는 사람들 시선이 화장실 내부로 닿지 않도록 계획하는 것이 중요하다. 이에 따라 앞서 언급한 두 곳의 통로를 일자로 배치하지 않고 꺾어서 내 · 외부 시선을 차단하는 것이 중요하다.

두 통로 모두 들어가고 나가는 사람들이 부딪히지 않고 지나갈 수 있도록 1,200mm 정도를 확보하는 것이 좋다. 근린생활시설의 규모에 따른 화장실 면적 확보가 쉽지 않을 때는 900mm까지도 계획 가능하나 교행할Two-way Passing 시 누군가는 어깨를 틀어야 하는 상황이 생길 것이다.

한국은 「공중화장실 등에 관한 법률」이 있다. 공중이 이용하기 위해 설치하는 화장실에 대해 법적인 규정을 적어놓은 법률이다. 2018년 9월 4일 전까지는 시행령 세부 설치기준 안에 면적 기준이 있었다. 대변기 칸막이 규격과 소변기 간격 기준을 법적으로 규정해 둔 것인데, 대변기 칸막이는 850 x 1,300mm 이상으로 소변기 한 칸의 너비는 750mm 이상으로 조성하도록 한 것이다. 지금은 지방자치단체가 설치기준을 자율적으로 정할 수 있도록 이 기준이 삭제 되었지만 계획할 때는 공중화장실이 아니더라도 이 치수를 최소 치수로 이해하면 된다.

실제로 대변기 칸막이는 900 x 1,500mm 정도로 계획했을 때 대변기 후면에 깊이 100mm 이상의 선반을 설치할 수 있는 여유로운 내부 공간이 나오며 안여닫이로 설치된 문에 가방과 옷을 걸고 사용할 때도 거슬리지 않는다. 소변기 한 칸의 차지 공간Occupation Space은 900 x 600mm 정도가 되어야 사용 시 심리적 부담이 없다. 소변기와 대변기는 마주보게 계획하는 것이 일반적이므로 대변기 칸막이 너비와 소변기 한 칸의 너비를 맞추면 깔끔해 보인다.

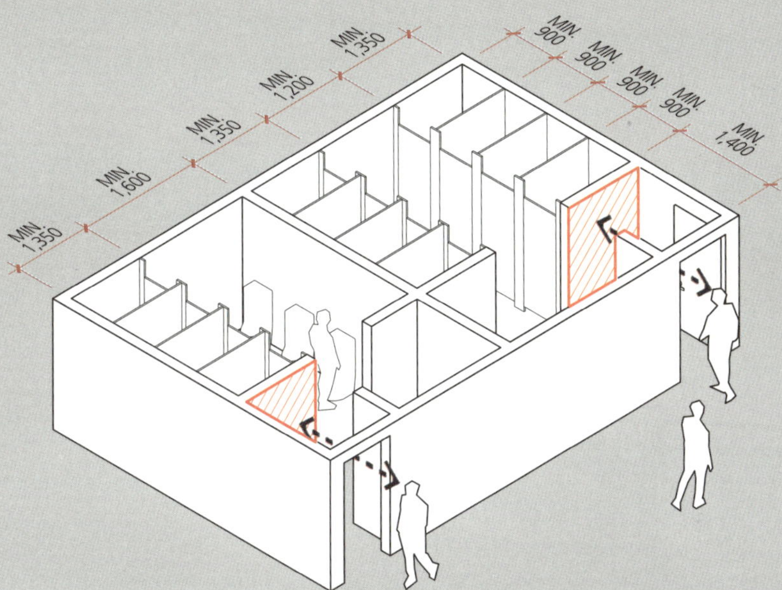

공용화장실 내 · 외부 시야 차단

근린생활시설

공용 화장실

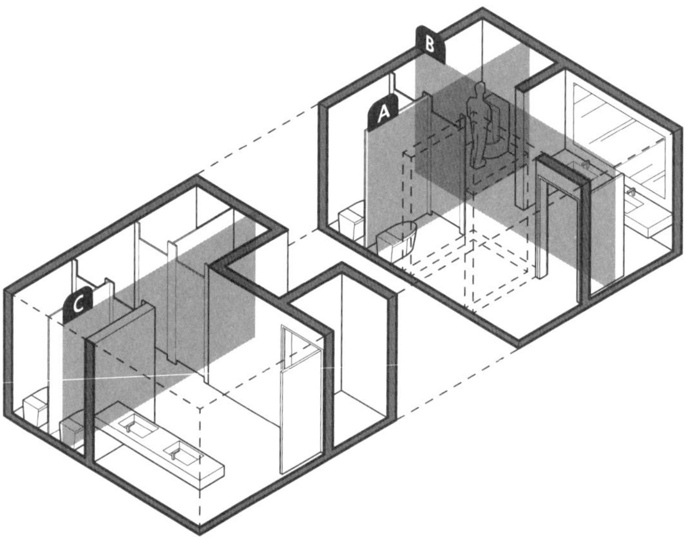

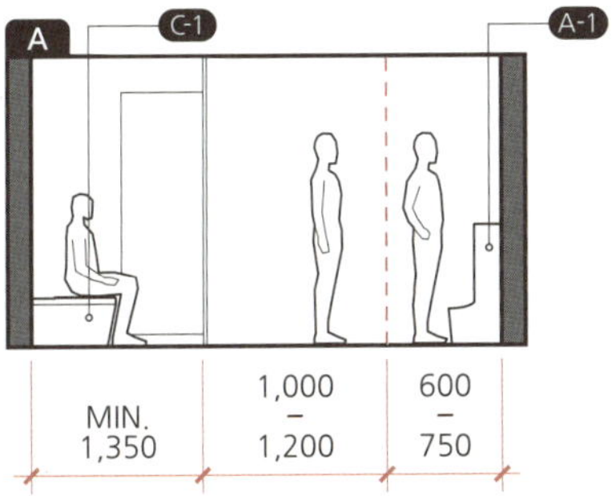
A
C-1
A-1
MIN.
1,350
1,000
–
1,200
600
–
750

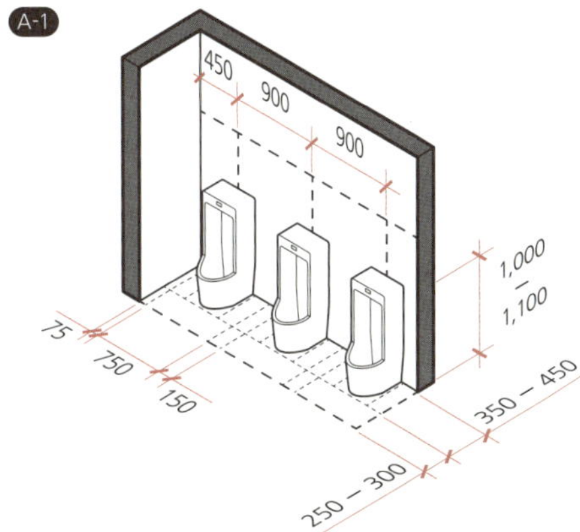
A-1
450
900
900
1,000
–
1,100
75
750
150
350 – 450
250 – 300

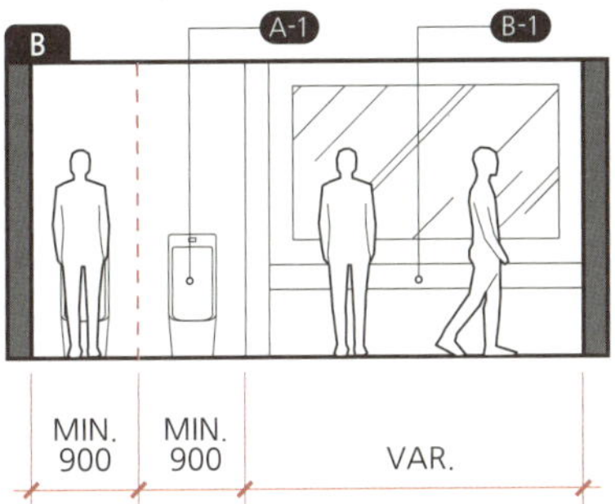
B
A-1
B-1
MIN.
900
MIN.
900
VAR.

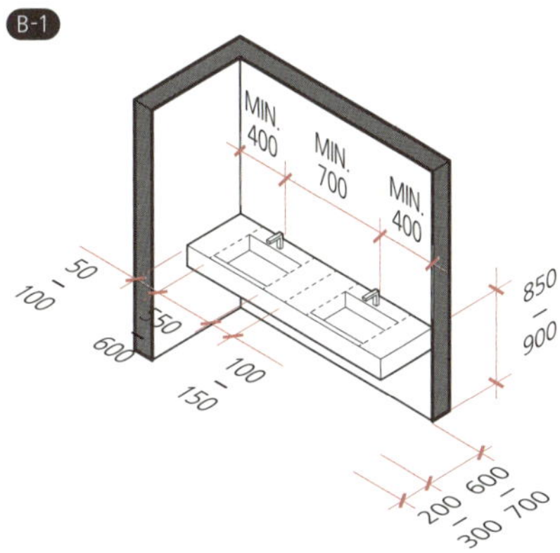
B-1
MIN.
400
MIN.
700
MIN.
400
50
100
50
600
100
150
850
–
900
200
300
600
700

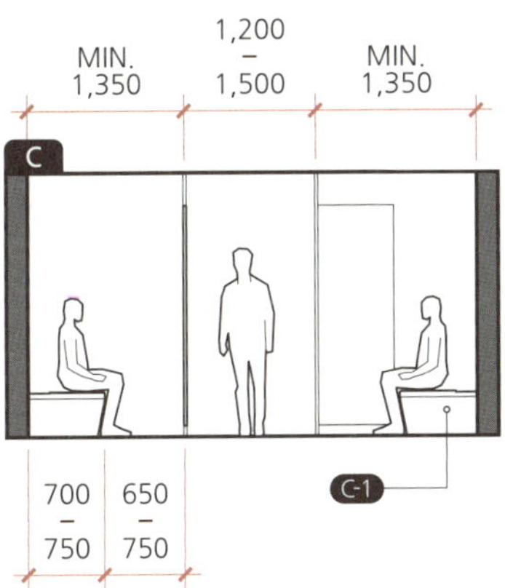
MIN.
1,350
1,200
–
1,500
MIN.
1,350
C
C-1
700
–
750
650
–
750

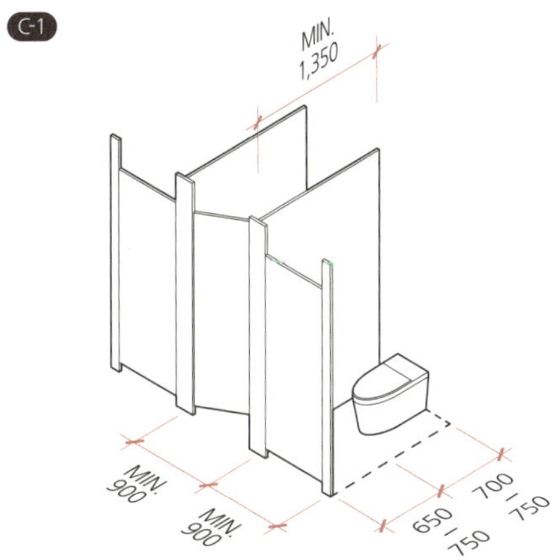
C-1
MIN.
1,350
MIN.
900
MIN.
900
650
750
700
750

근린생활시설_건축 변형

공용 화장실

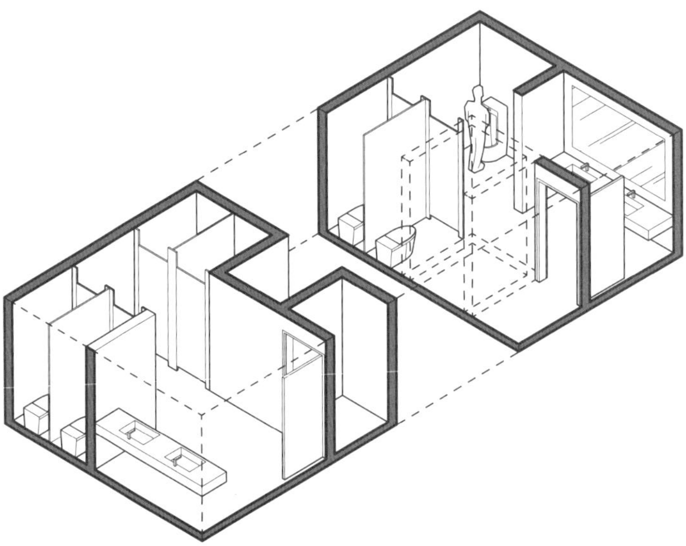

장애인 화장실 배치

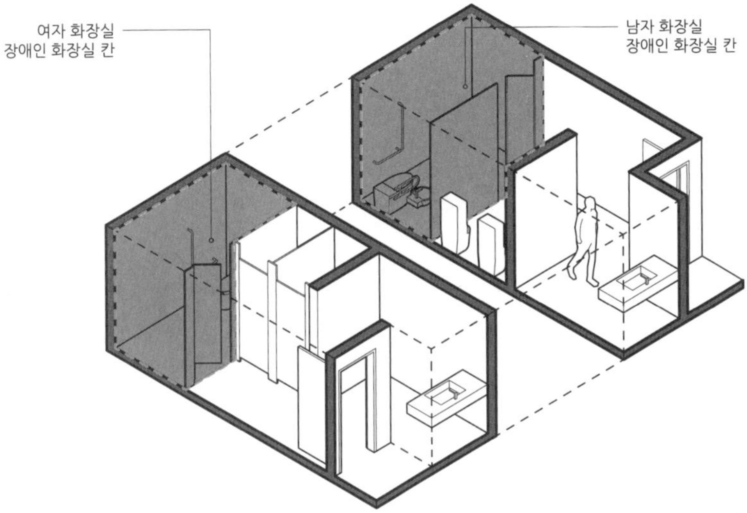

남녀 화장실 내부 장애인 화장실 칸 설치

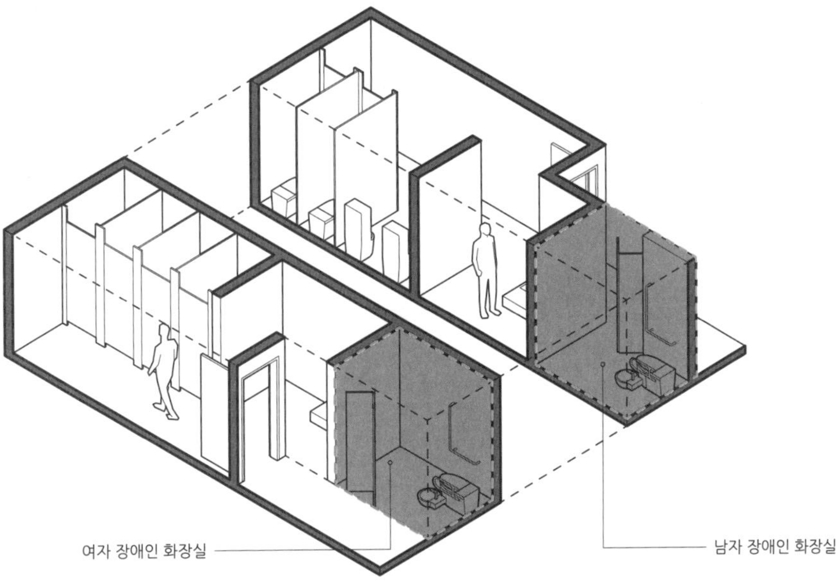

남녀 장애인 화장실 개별 설치

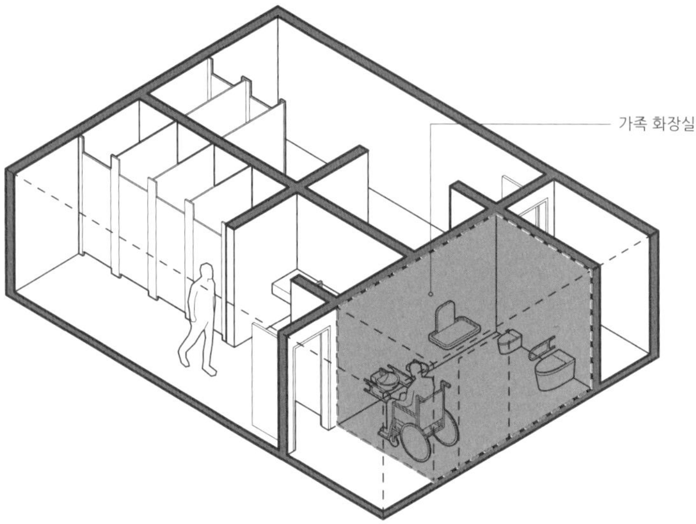

남녀 화장실 중앙에 가족 화장실 설치

근린생활시설

NEIGHBORHOOD FACILITIES

사무소 OFFICE

사무공간

회의실

휴게 · 탕비실

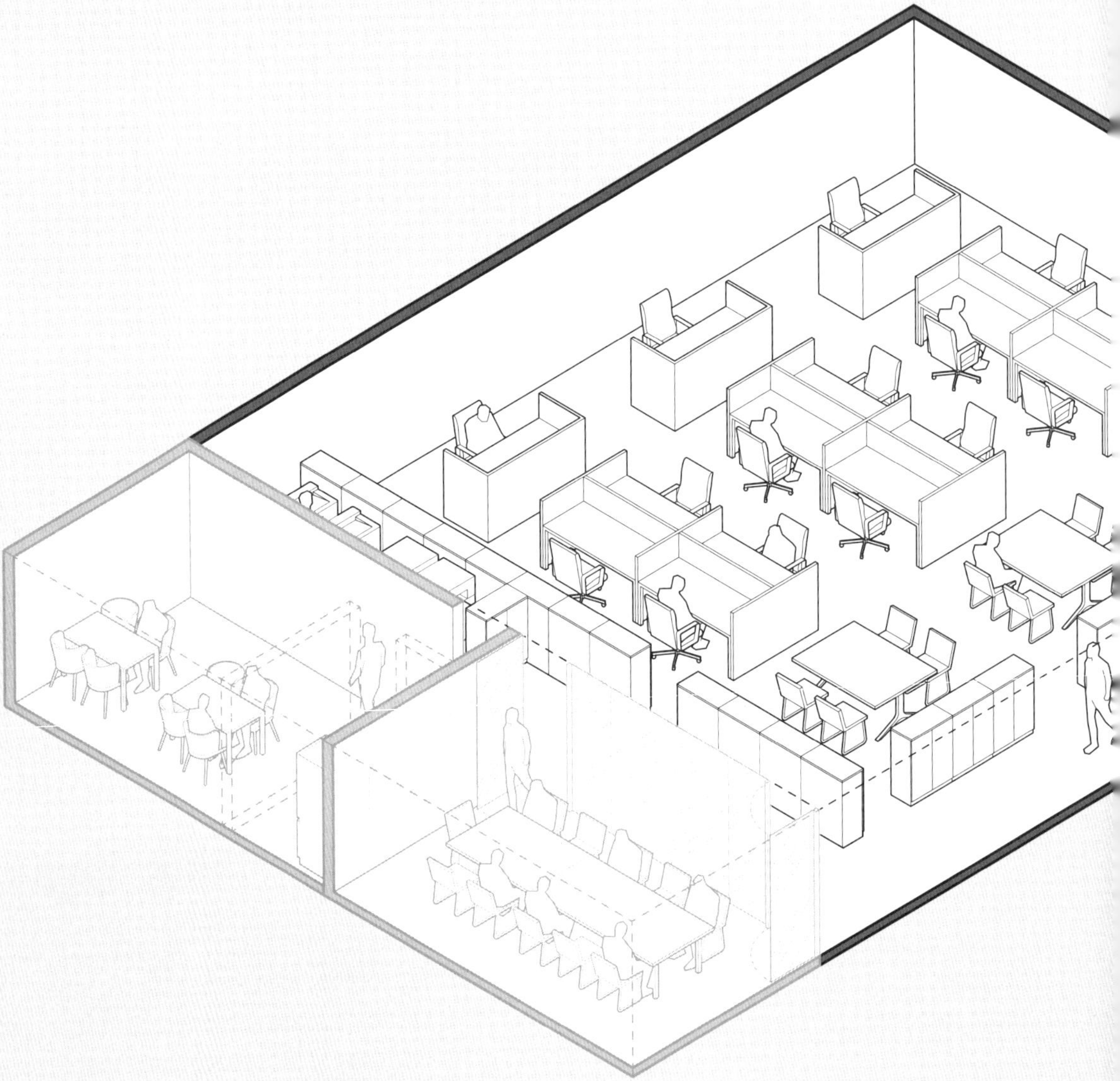

근린생활시설

NEIGHBORHOOD FACILITIES

사무소

사무공간

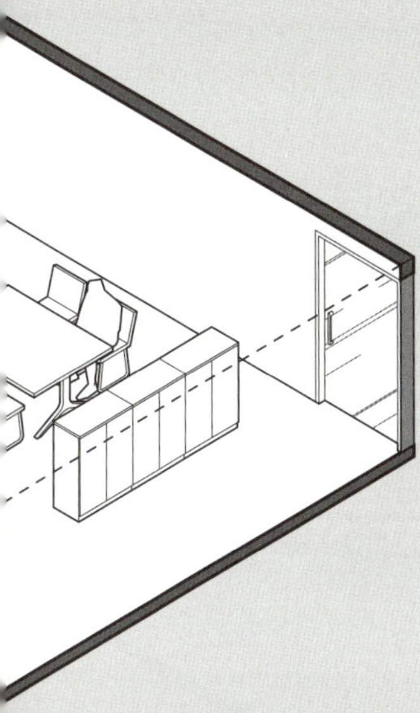

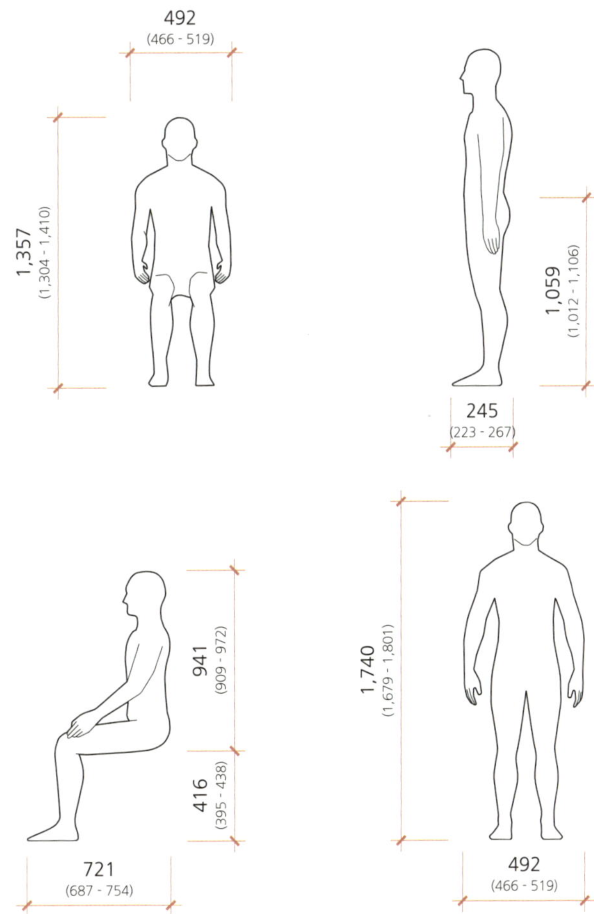

근린생활시설

사무공간

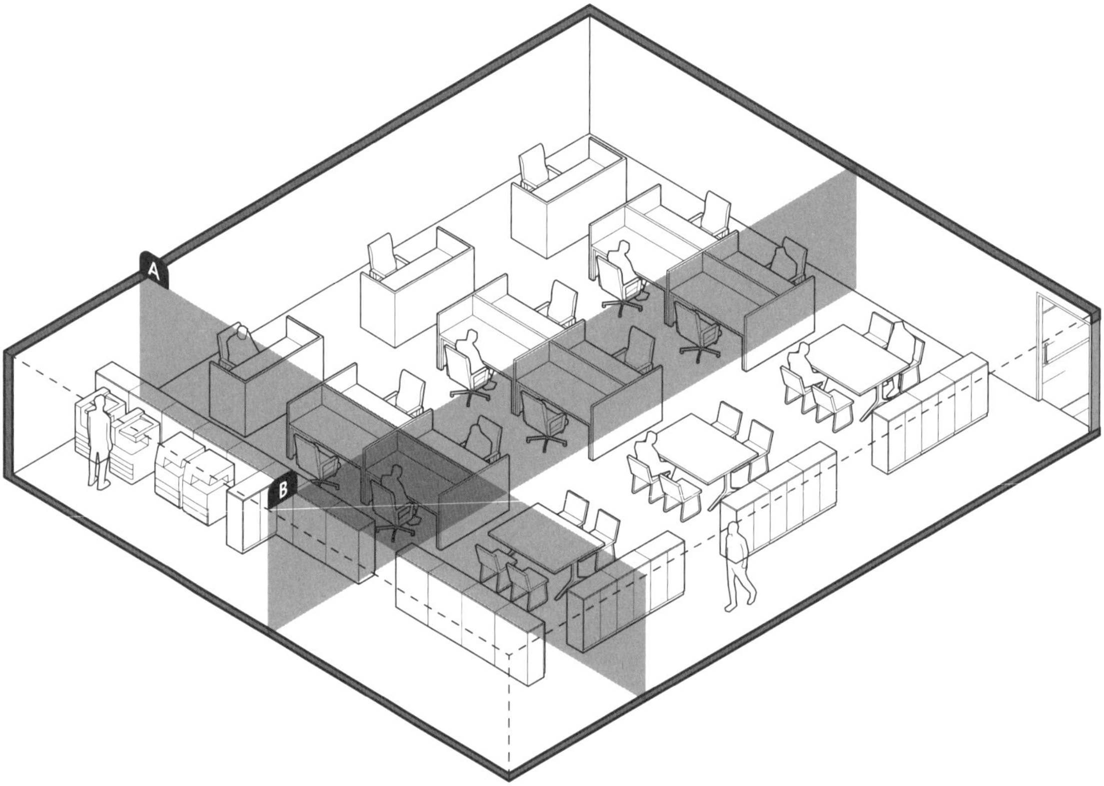

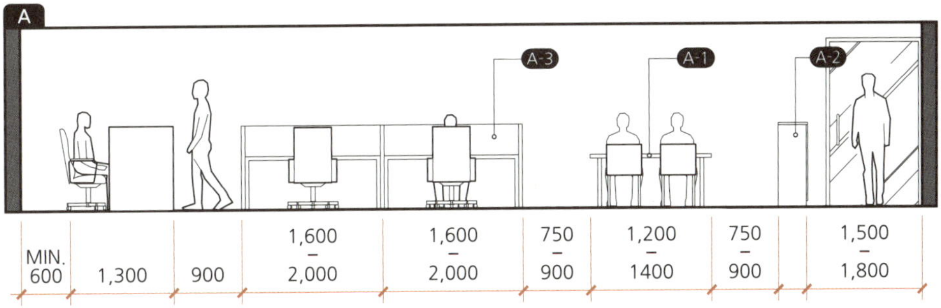

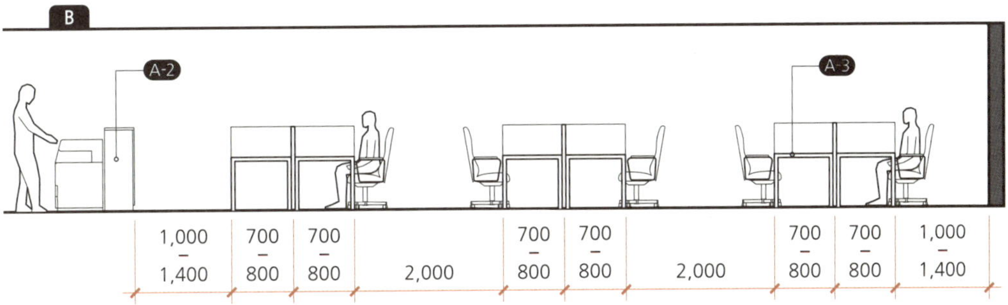

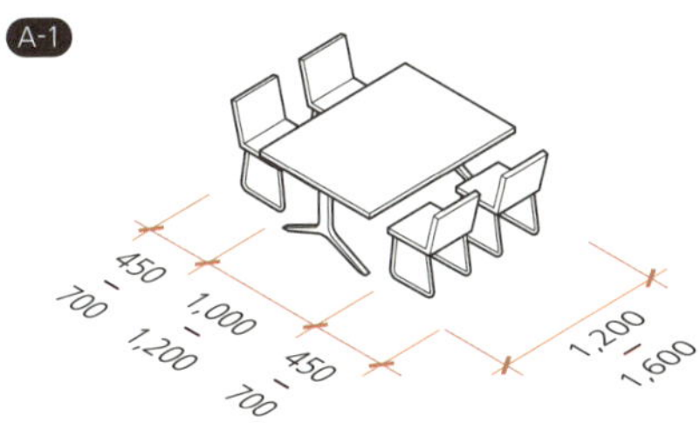

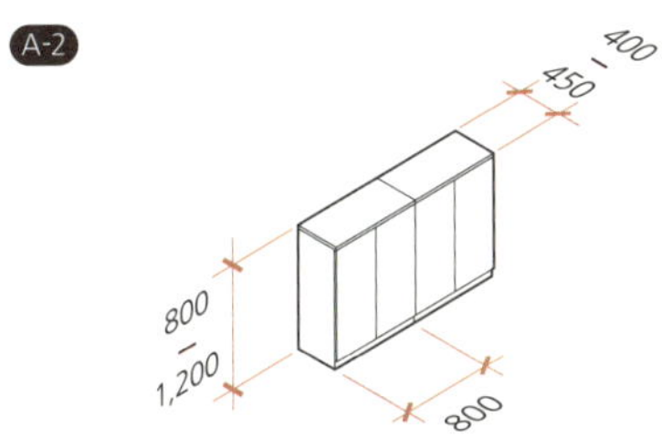

사무공간 1인당 점유면적[1]

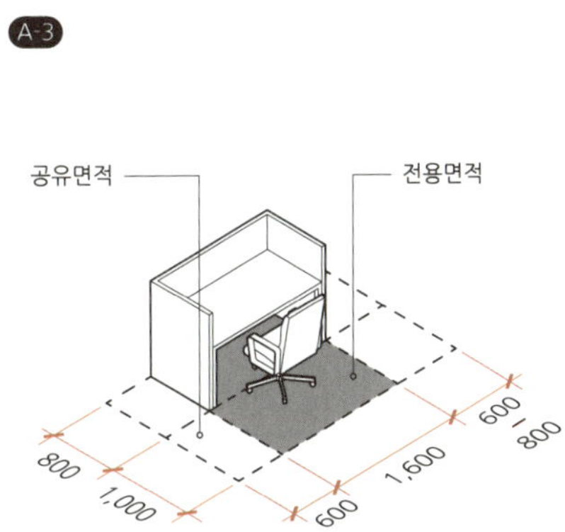

1 사무공간 1인당 점유면적 = 5.4m^2

근린생활시설_건축 변형

사무공간

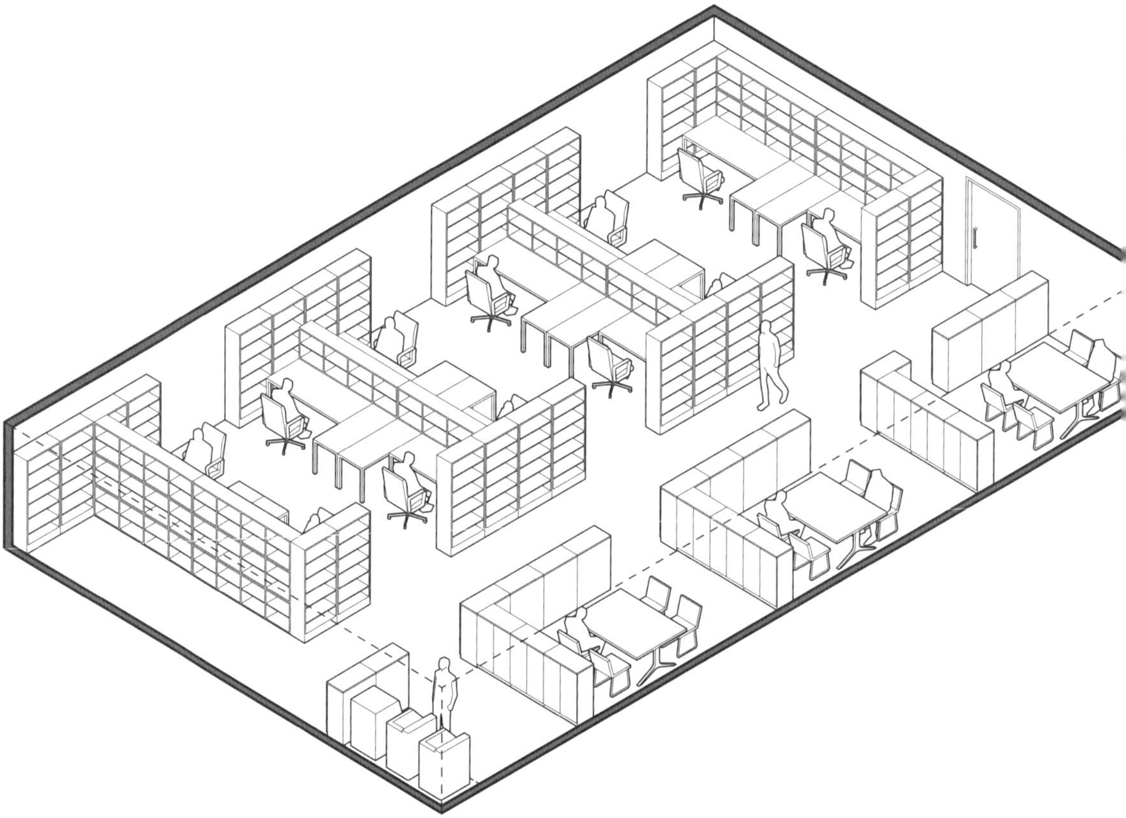

사무공간 1인당 점유면적[2] 제안

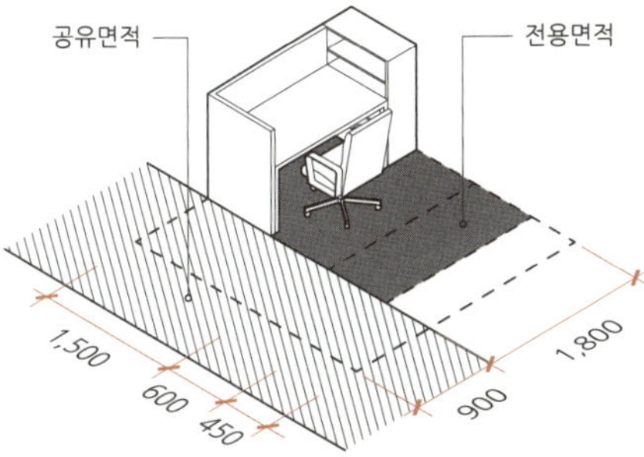

직렬 배치

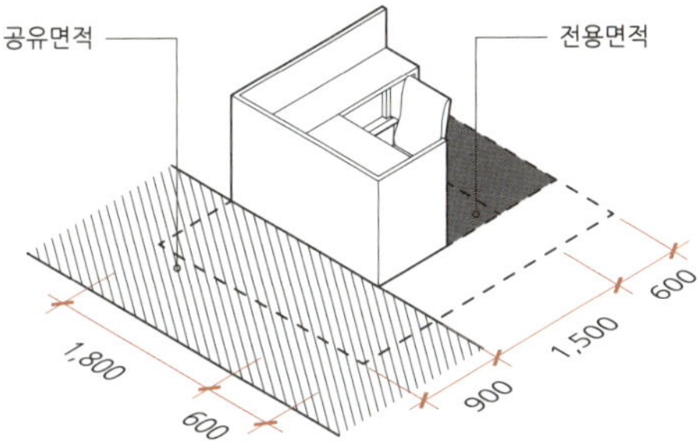

클러스터링 배치

2 사무공간 1인당 점유면적 제안 = 7.2m[2]

공간 클러스터링

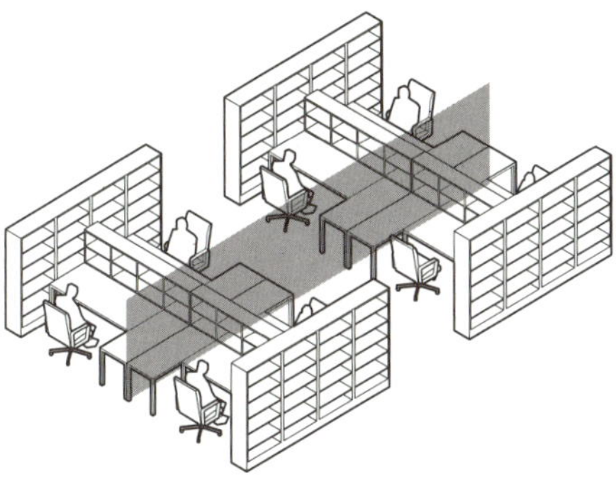

사무공간 클러스터링

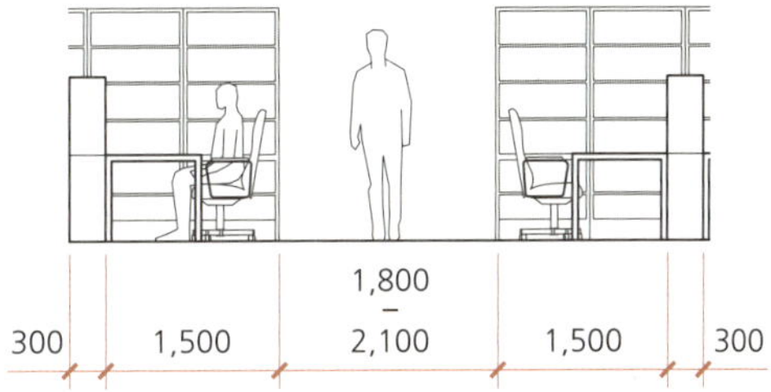

사무공간 클러스터링 단면

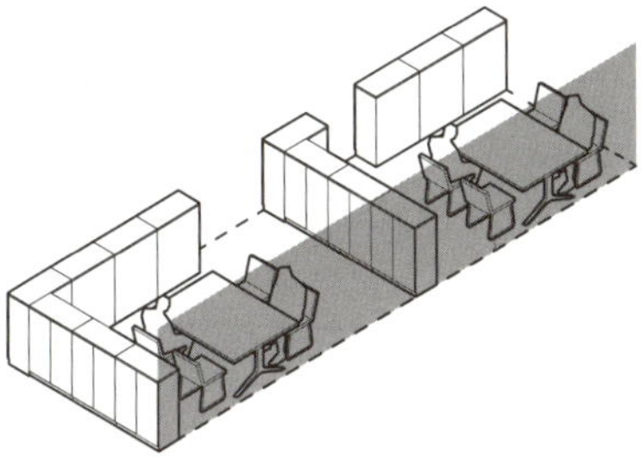

회의공간 클러스터링

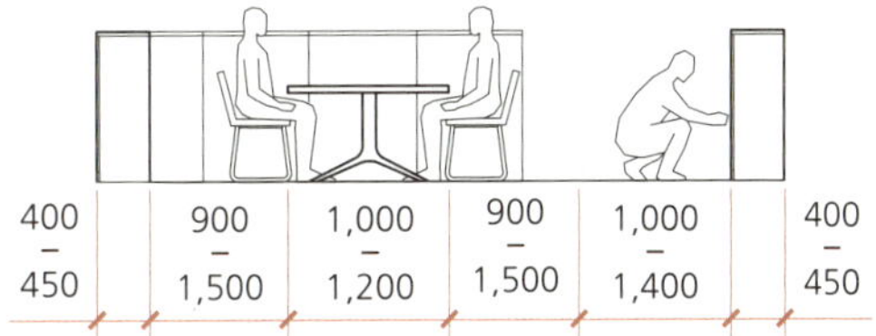

회의공간 클러스터링 단면

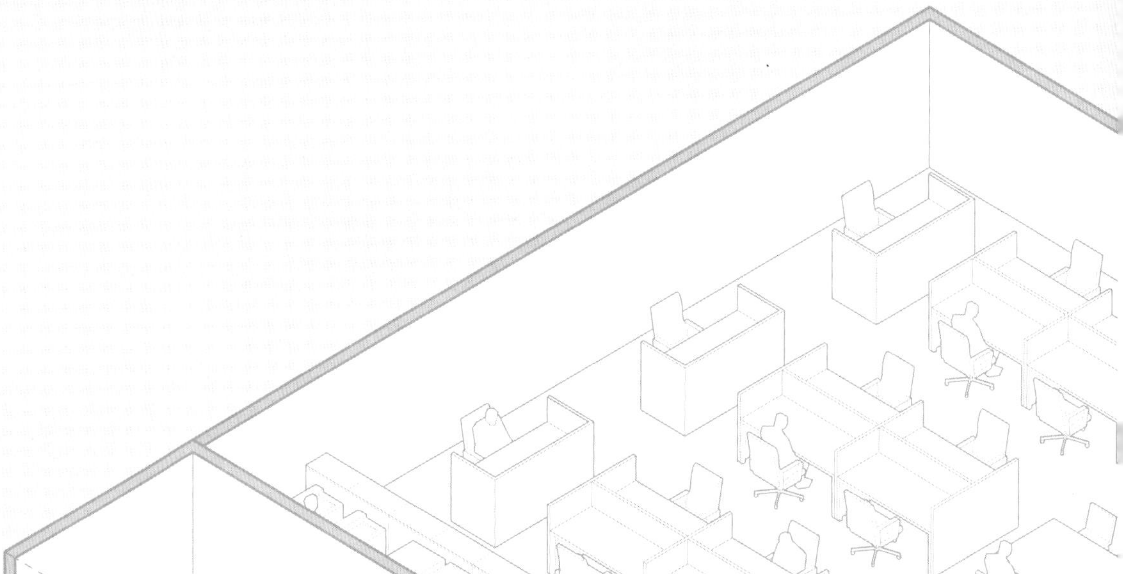

근린생활시설

NEIGHBORHOOD FACILITIES

사무소

회의실

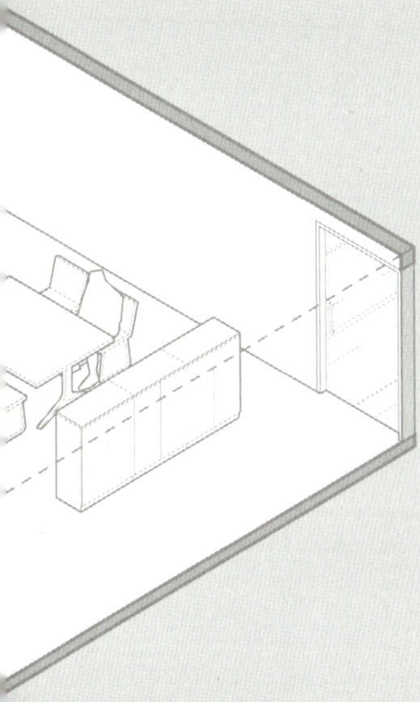

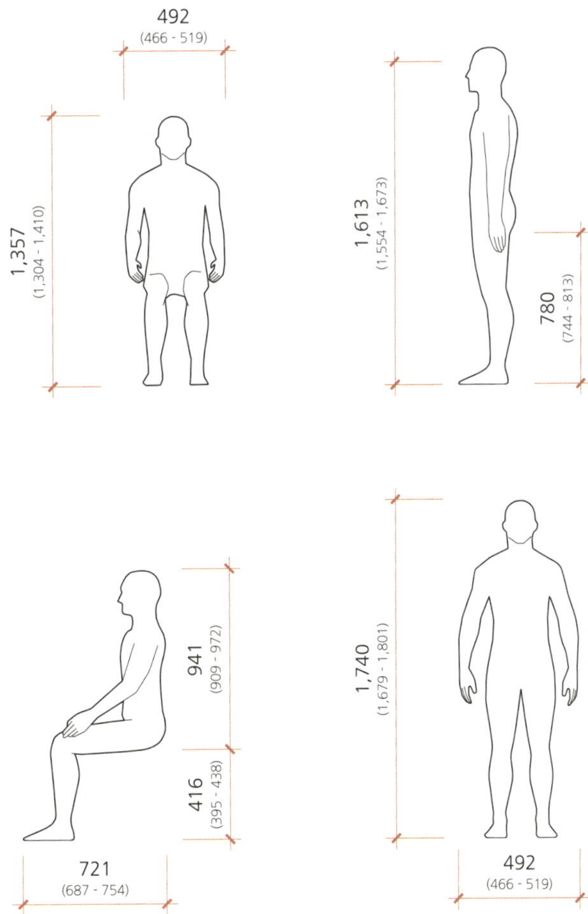

근린생활시설

회의실

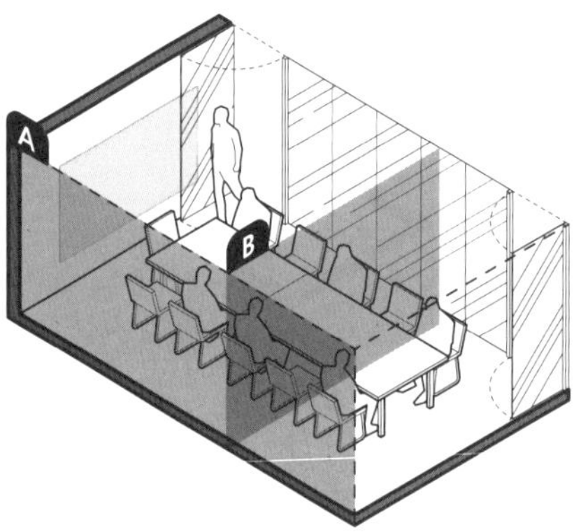

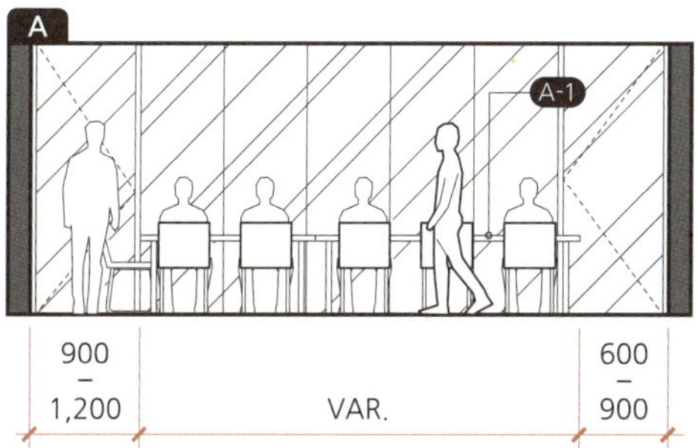

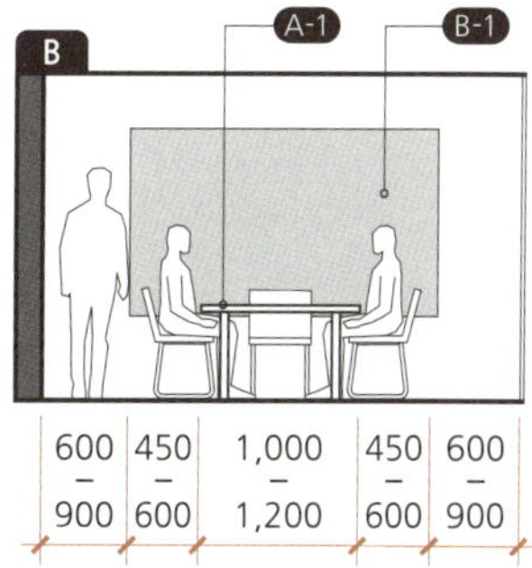

회의실 책상

A-1

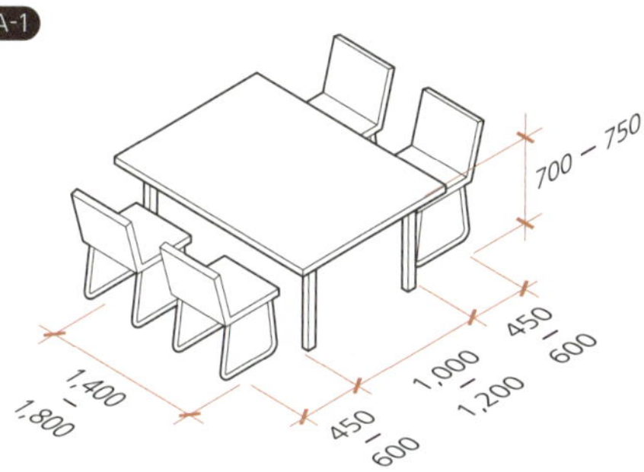

4인 기준 회의실 테이블

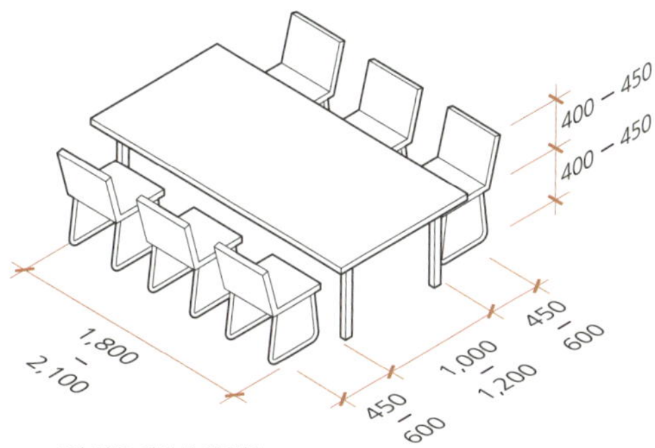

6인 기준 회의실 테이블

1인당 회의실 점유 치수

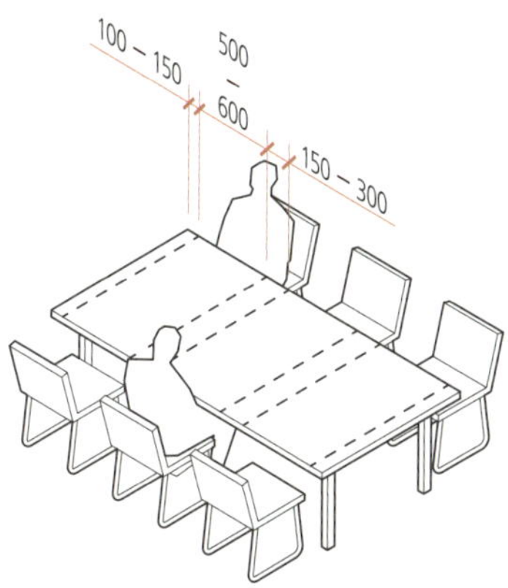

회의실 보드 높이

B-1

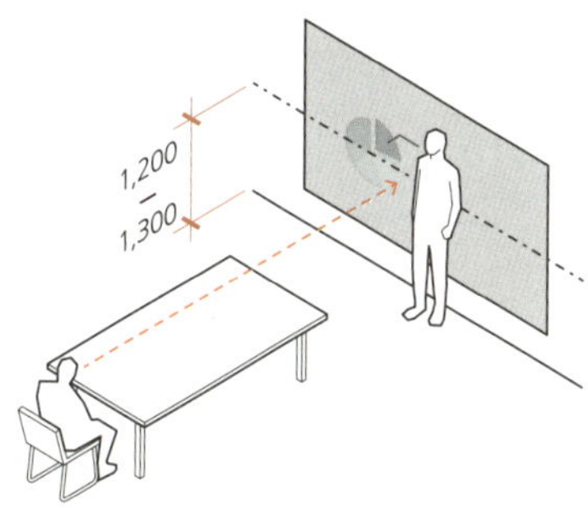

근린생활시설_건축 변형

회의실

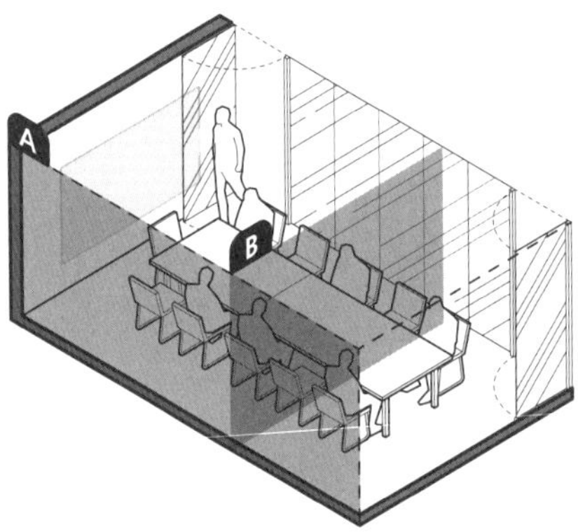

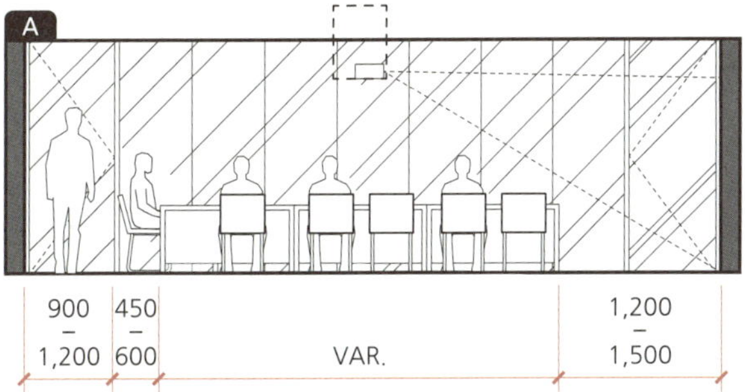

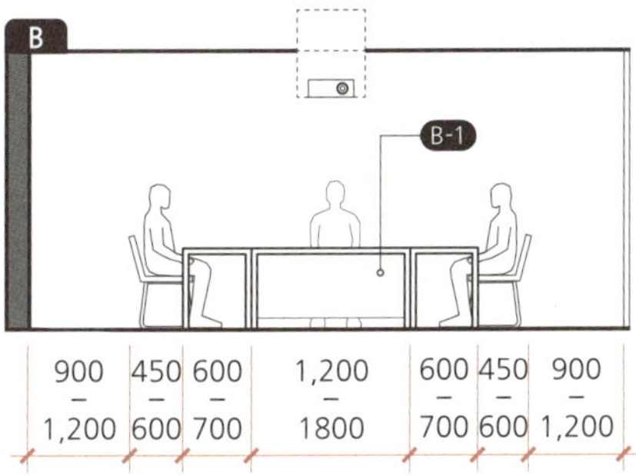

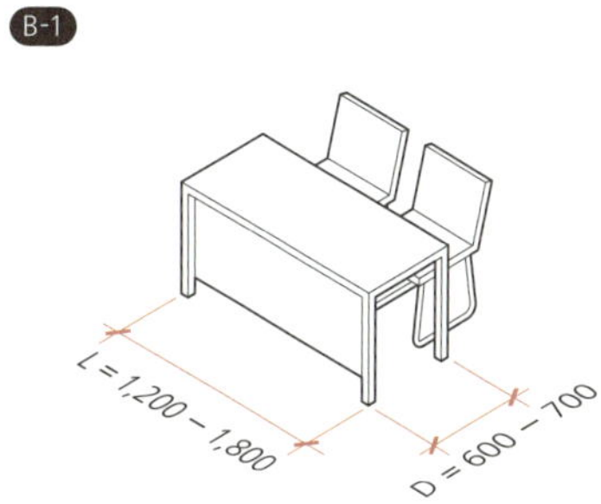

회의실 책상 모듈

회의실 책상 모듈구성 제안

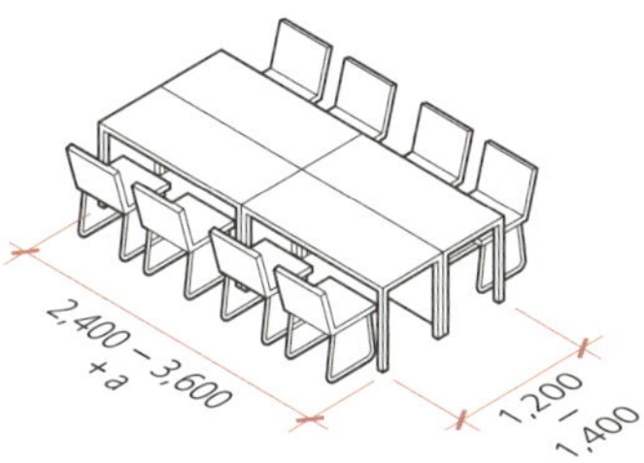

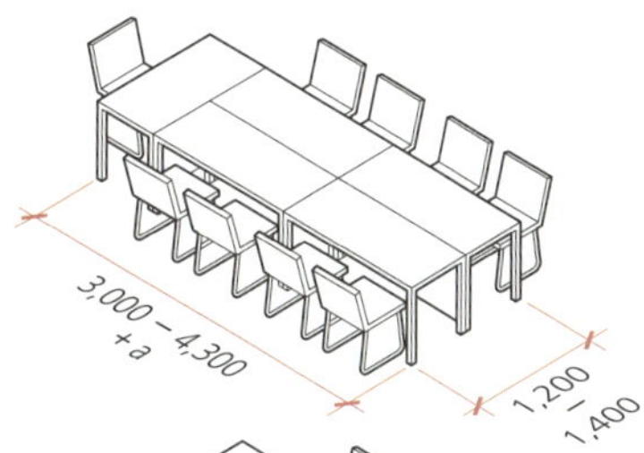

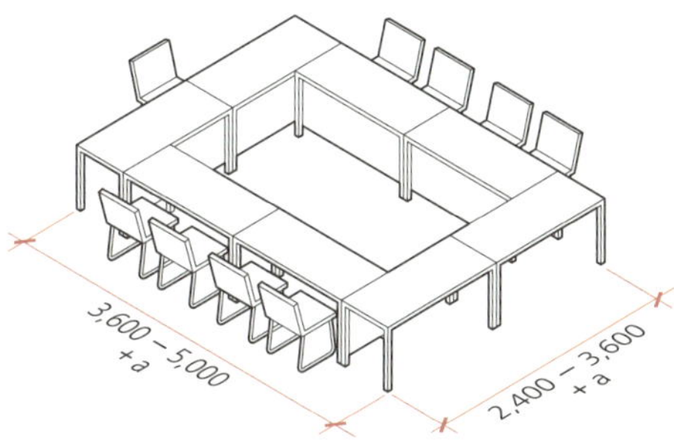

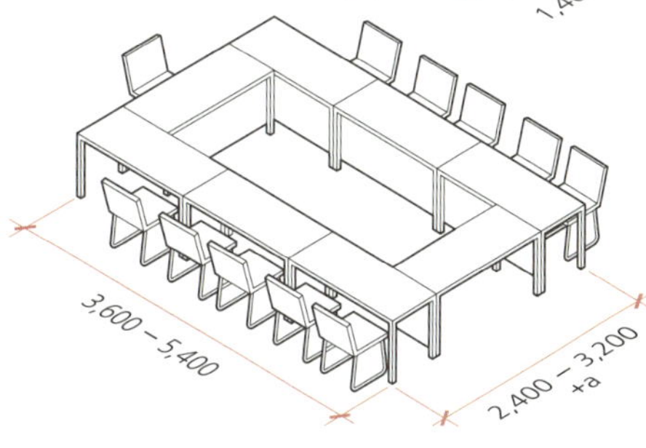

a = 추가 책상 갯수 x L

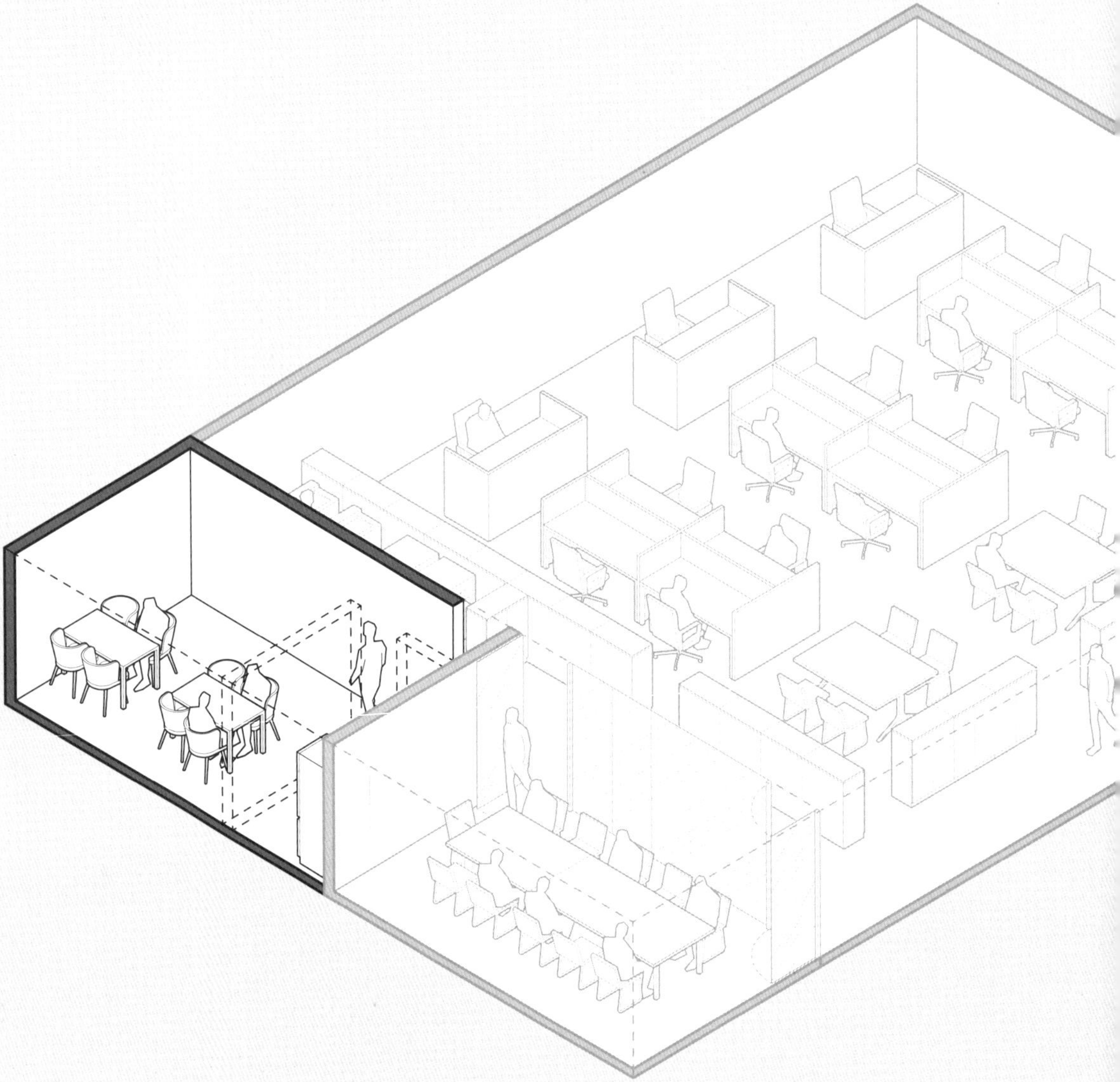

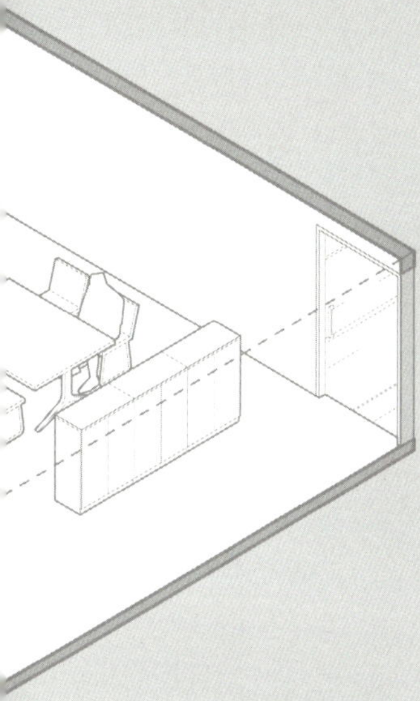

근린생활시설

NEIGHBORHOOD FACILITIES

사무소

휴게 · 탕비실

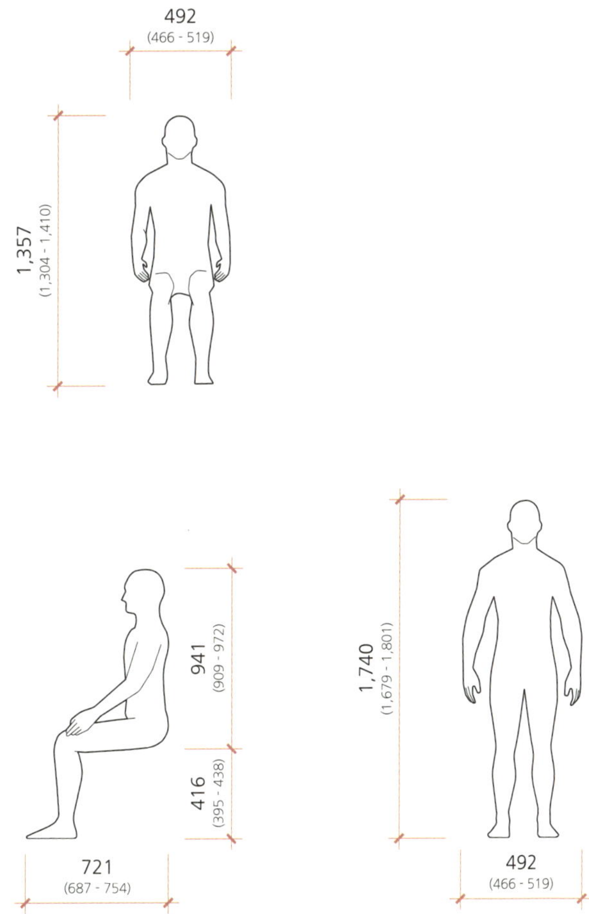

근린생활시설

휴게 · 탕비실

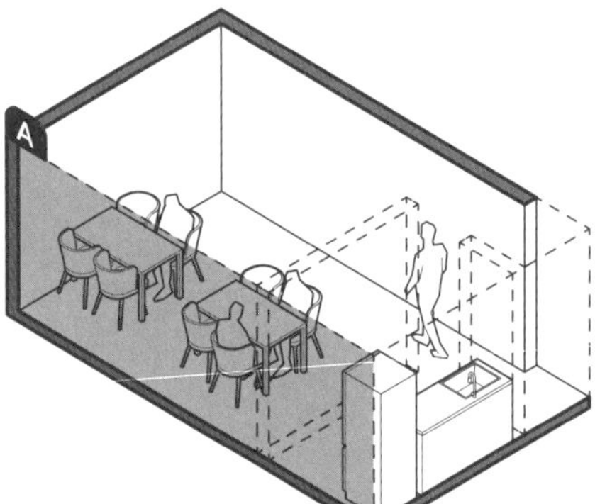

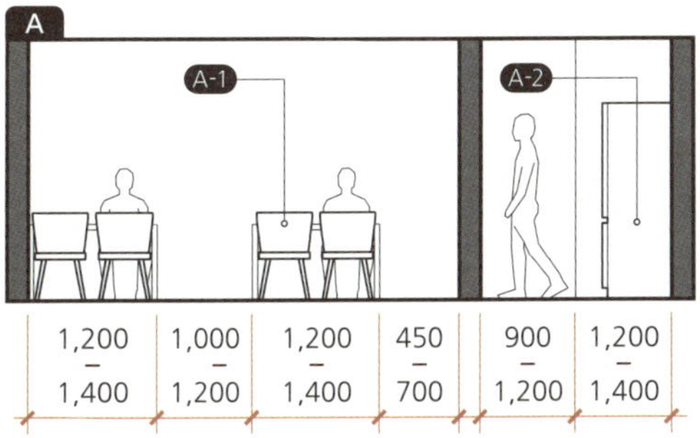
A
A-1
A-2
1,200 – 1,400
1,000 – 1,200
1,200 – 1,400
450 – 700
900 – 1,200
1,200 – 1,400

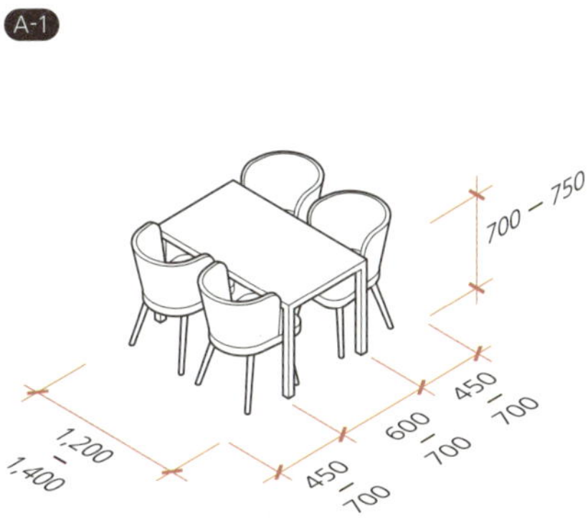
A-1
700 – 750
1,200 – 1,400
450 – 700
600 – 700
450 – 700

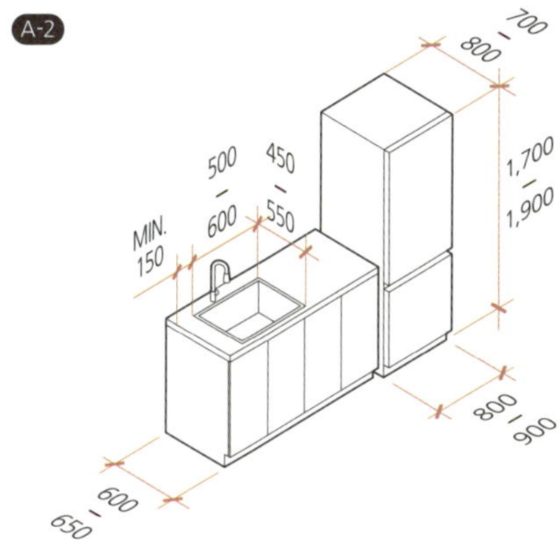
A-2
800 – 700
1,700 – 1,900
500 – 600
450 – 550
MIN. 150
800 – 900
600 – 650

휴게실

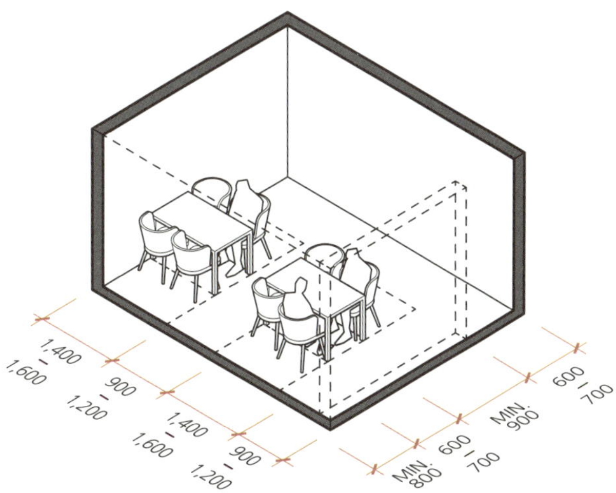
1,400 – 1,600
900 – 1,200
1,400 – 1,600
900 – 1,200
600 – 700
MIN. 900
600 – 700
MIN. 800

근린생활시설

NEIGHBORHOOD FACILITIES

휴게음식점QSR[1]

주방 — 창고

홀Hall

1 QSR는 Quick Service Restaurant의 줄임말로 속도, 효율성, 편의성을 우선시 하는 음식 서비스 시설을 분류하는 전문적인 용어이다. 대부분의 패스트푸드 체인점은 QSR이며, 여기에는 샌드위치 가게, 피자 카운터, 간단한 음식을 파는 카페, 푸드 트럭 등도 포함된다. 따라서 한국에서 휴게음식점을 "식품위생법 시행령"에서 "주로 다류, 아이스크림류 등을 조리 · 판매하거나 패스트푸드점, 분식점 형태의 영업 등 음식류를 조리 · 판매하는 영업으로서 음주행위가 허용되지 아니하는 영업"으로 정의하므로 , "휴게음식점"은 QSR로 번역하는 것이 가장 알맞아 보인다.

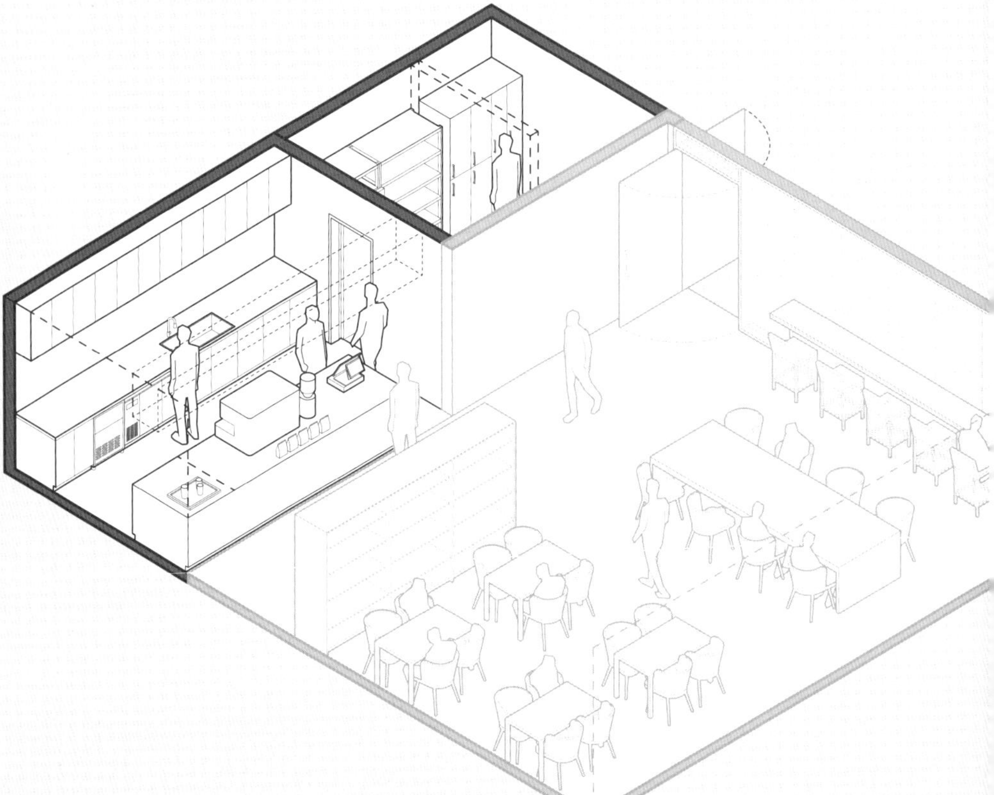

근린생활시설

NEIGHBORHOOD FACILITIES

휴게음식점

주방 — 창고

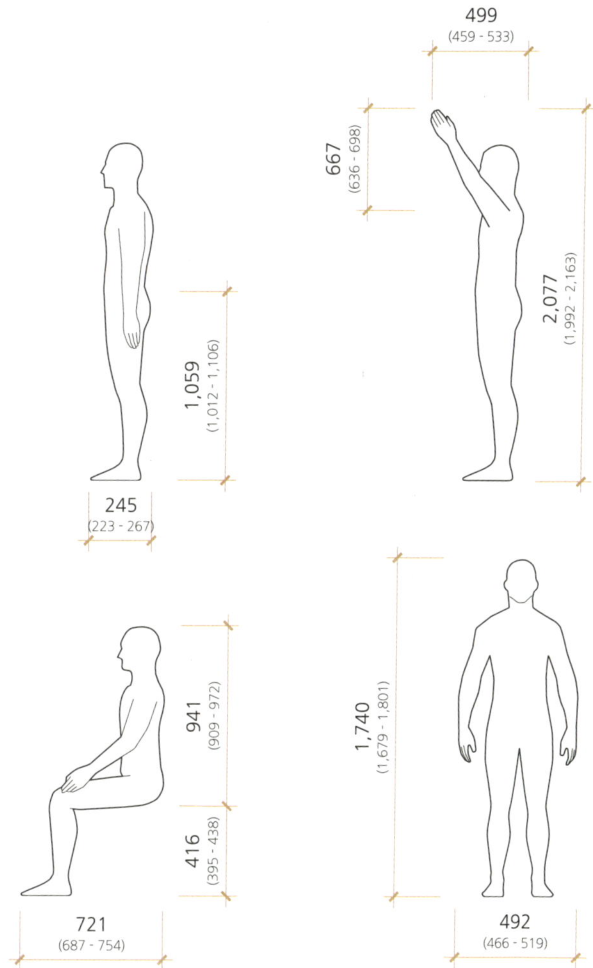

근린생활시설

주방 — 창고

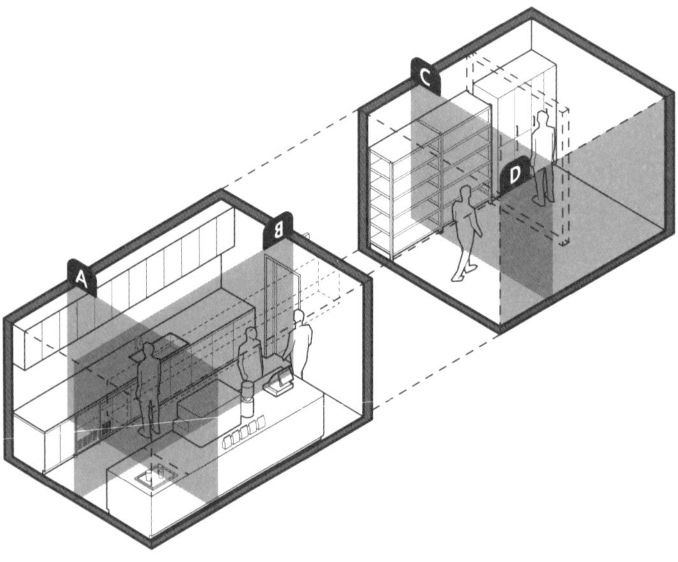

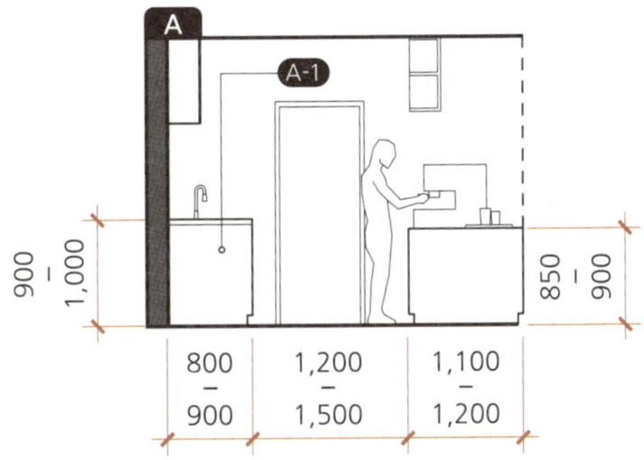
A
A-1
900
–
1,000
850
–
900
800
–
900
1,200
–
1,500
1,100
–
1,200

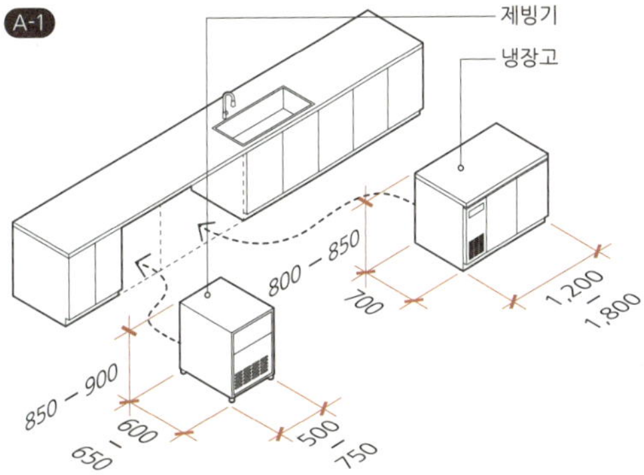
A-1
제빙기
냉장고
800 – 850
700
1,200
–
1,800
850 – 900
600
–
650
500
–
750

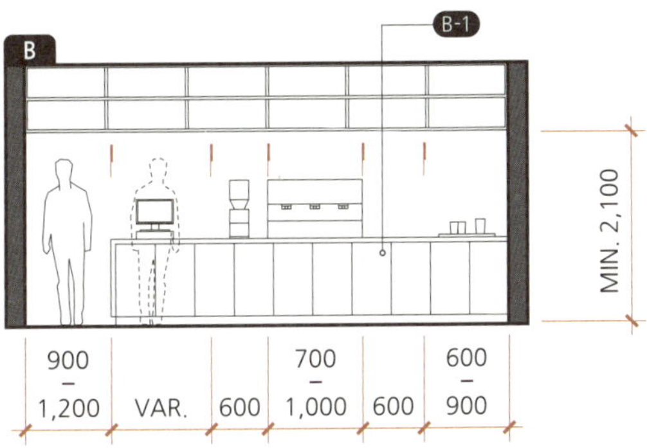
B
B-1
MIN. 2,100
900
–
1,200
VAR.
600
700
–
1,000
600
600
–
900

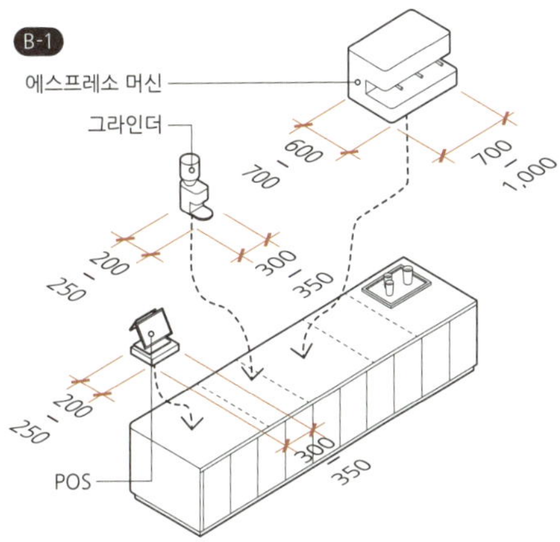
B-1
에스프레소 머신
그라인더
600
–
700
700
–
1,000
200
–
250
300
–
350
200
–
250
300
–
350
POS

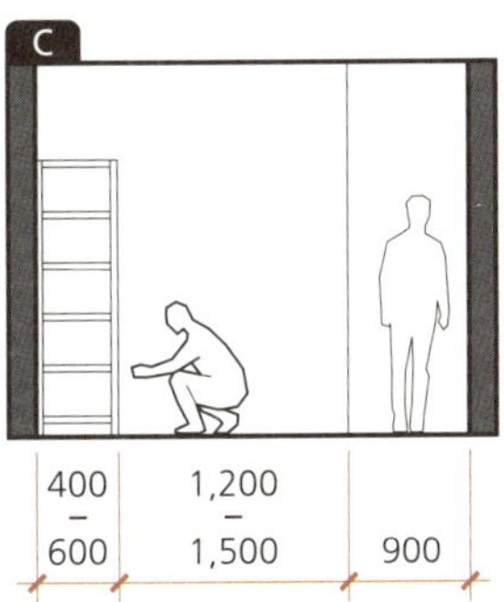
C
400
–
600
1,200
–
1,500
900

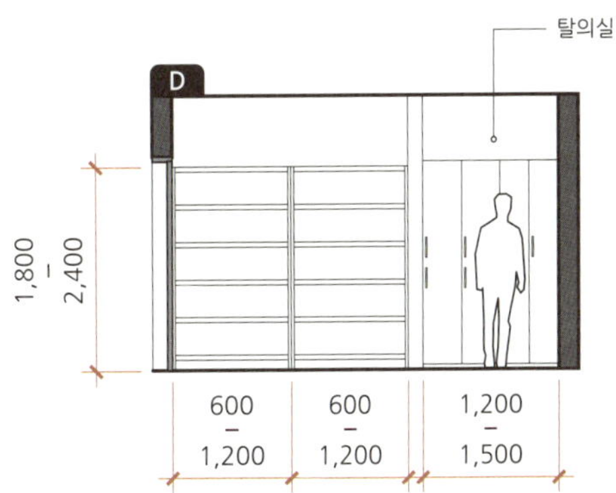
탈의실
D
1,800
–
2,400
600
–
1,200
600
–
1,200
1,200
–
1,500

근린생활시설_건축 변형

주방 — 창고

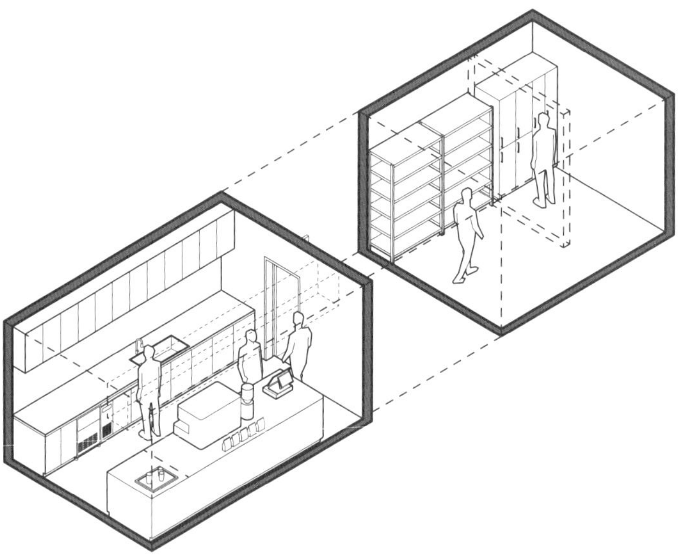

휴게음식점 이용 프로세스

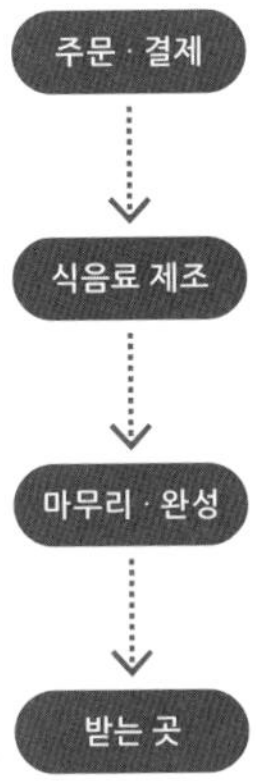

주문 · 결제 대기공간과 주문 후 대기공간 분리

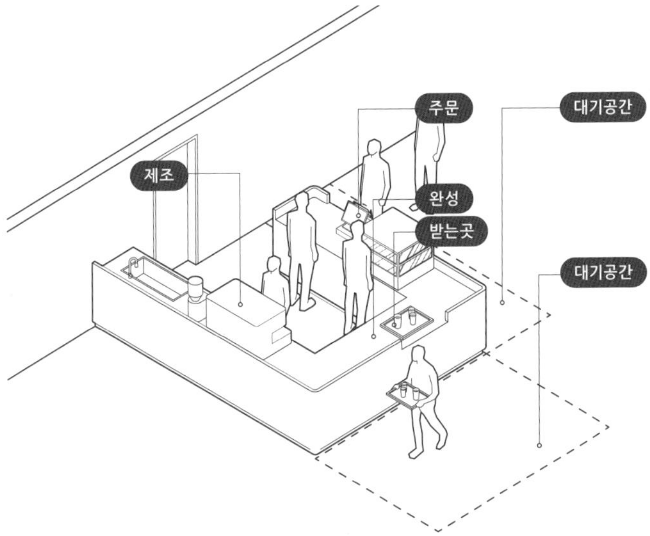

혼합된 대기공간

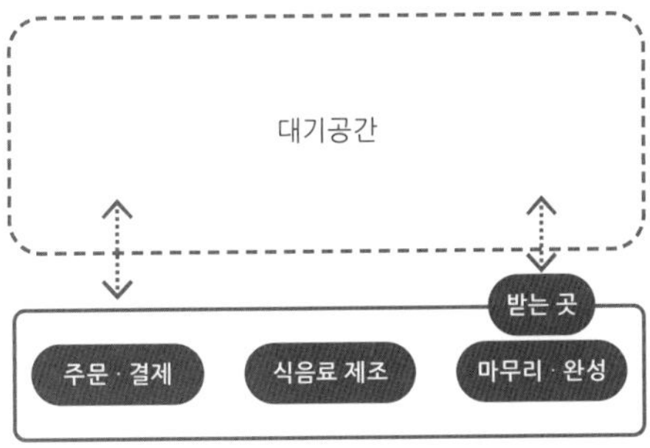

주문 대기공간과 주문 후 대기공간 분리

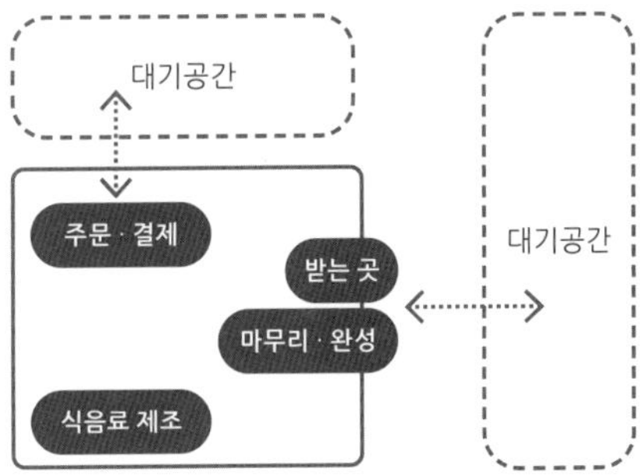

창고 환기 방식

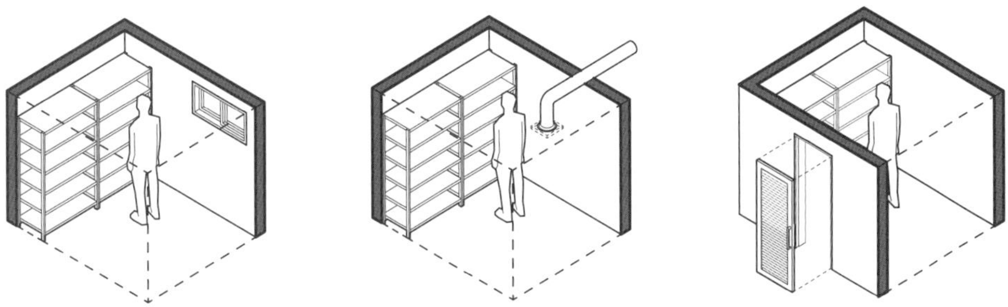

창문을 통한 자연환기　　덕트를 이용한 기계환기　　갤러리 문을 이용한 환기

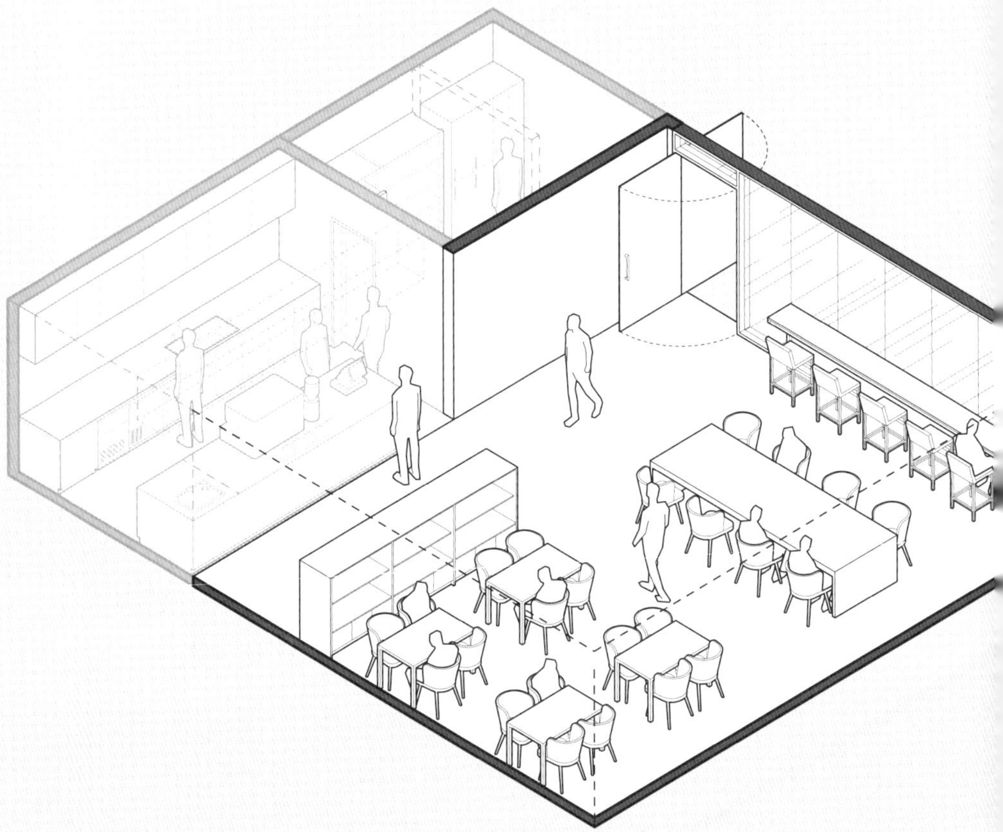

근린생활시설

NEIGHBORHOOD FACILITIES

휴게음식점

홀Hall

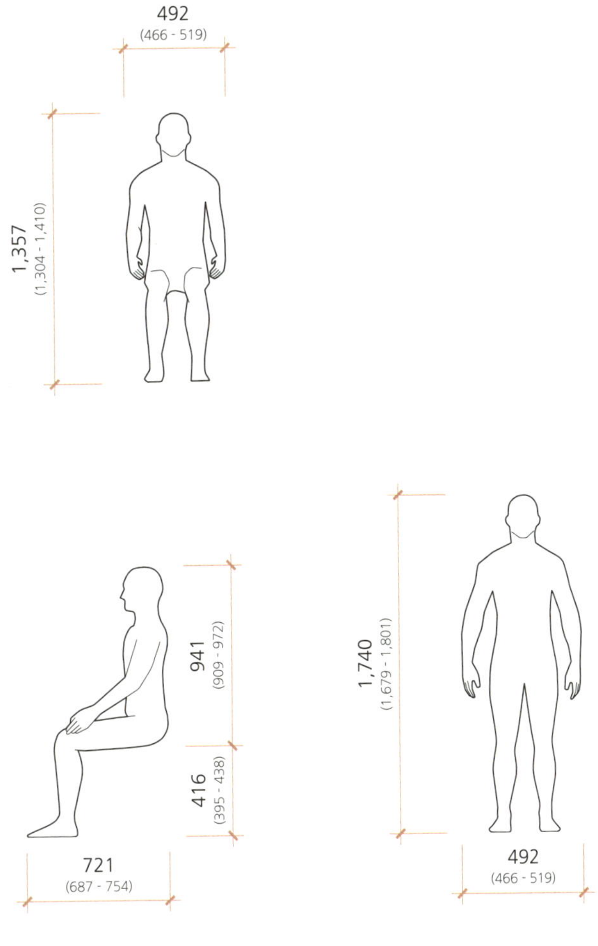

근린생활시설

홀Hall

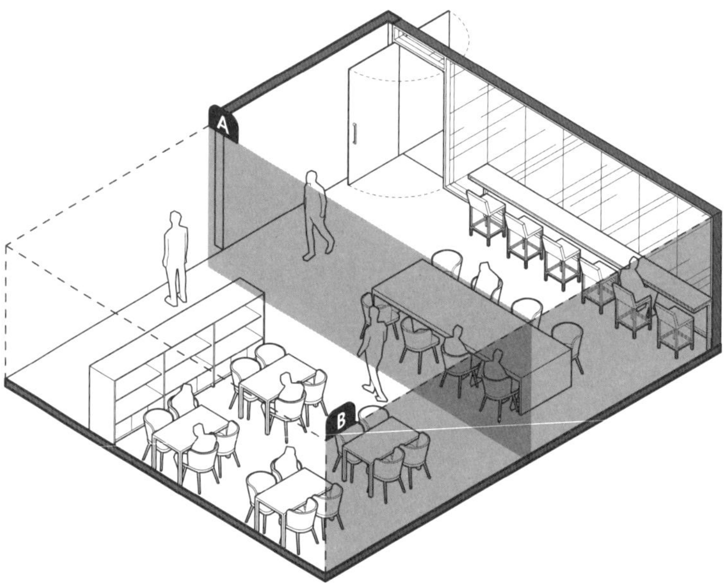

1 식탁食卓은 '밥 食'자와 '탁자 卓'자를 써서, 기본적으로 식사를 위한 목적이 강하다. 한국에서 주식은 쌀로, 설령 베이커리 카페의 경우라고 할지라도 빵을 먹는 것은 식사로 생각하지 않는 경향이 있다. 카페에서는 음료만 마시거나, 간단한 개인 작업이나 독서를 하기도 한다. 또한 삽도와 같이 일반적인 식당의 '식탁'과 달리 카페에는 여러 크기와 형태의 '테이블'이 있다. 이런 이유로 카페에서는 식탁 대신 '식사 외 다양한 활동을 위한 공간'이라는 카페의 문화적, 기능적 특성을 반영하며 '테이블'이라는 용어가 정착되었다.

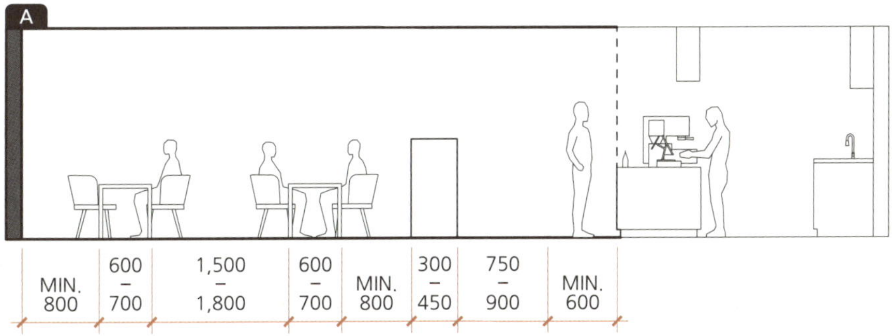

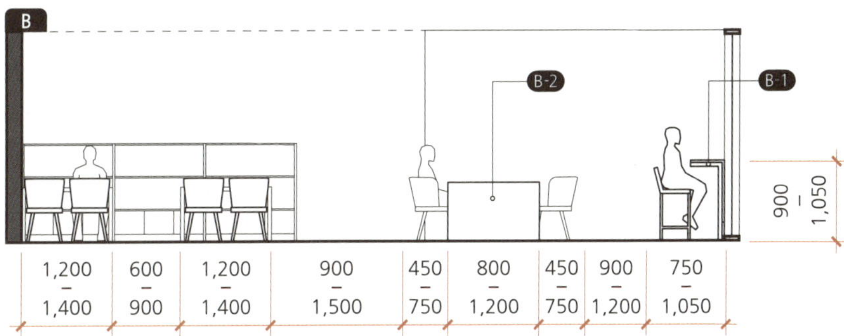

휴게음식점 테이블[1]

B-1

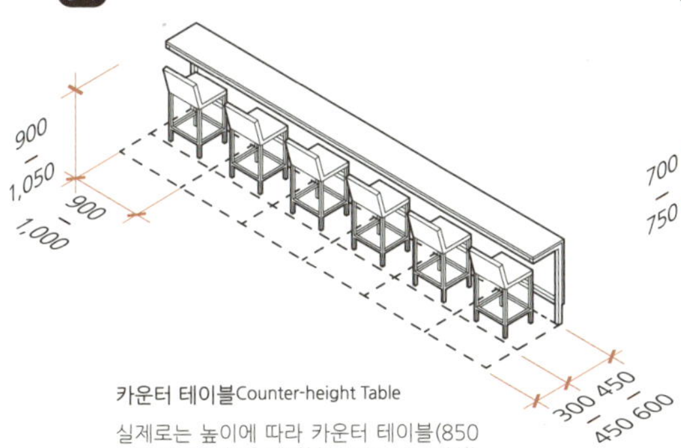

카운터 테이블Counter-height Table

실제로는 높이에 따라 카운터 테이블(850 - 900mm)과 바 테이블(1,000mm 이상)을 구분해야 하지만, 한국에서는 카운터 자체를 카운터 테이블로 지칭하는 경우가 많아서 의사소통에 주의가 필요하다.

B-2

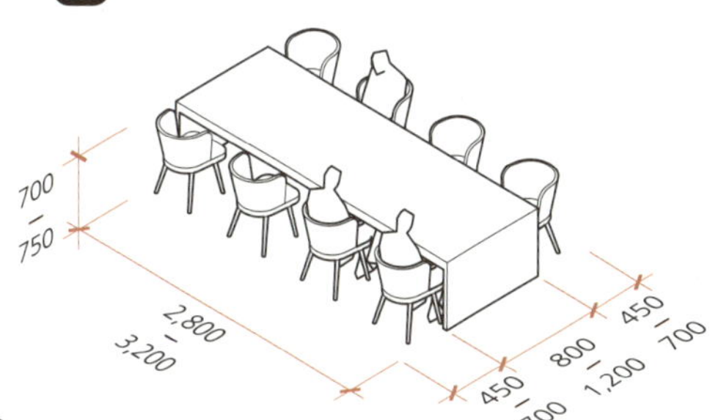

커뮤널 테이블Communal Table

근린생활시설_건축 변형

홀Hall

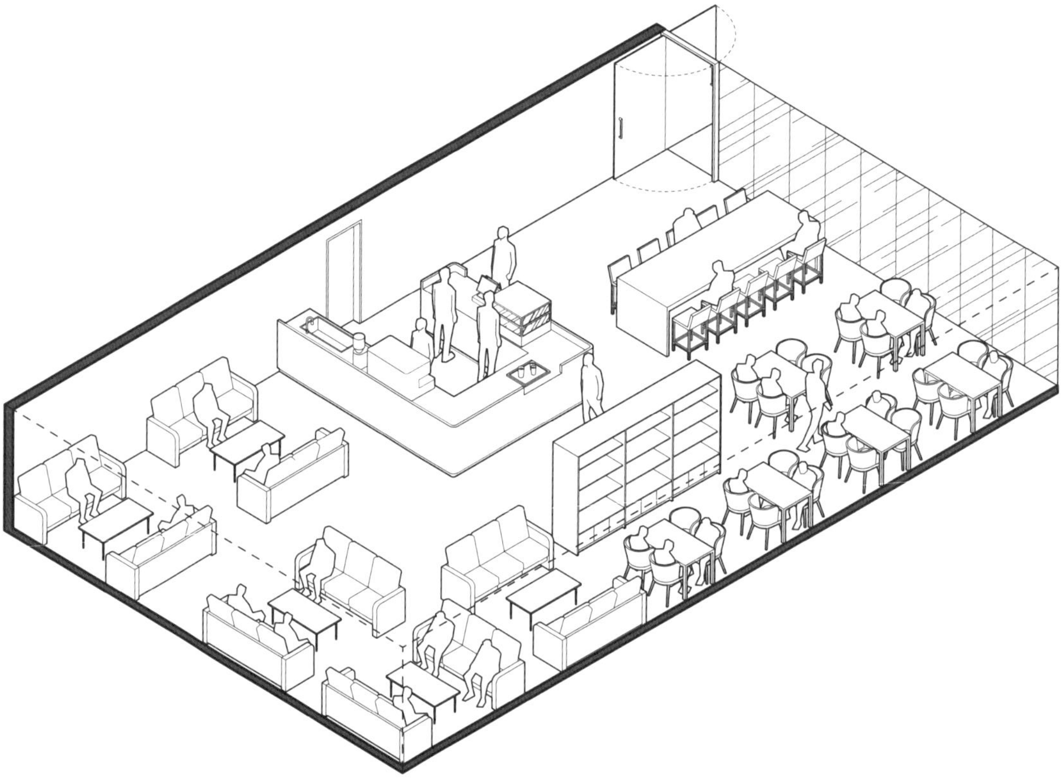

휴게음식점 영역과 이용

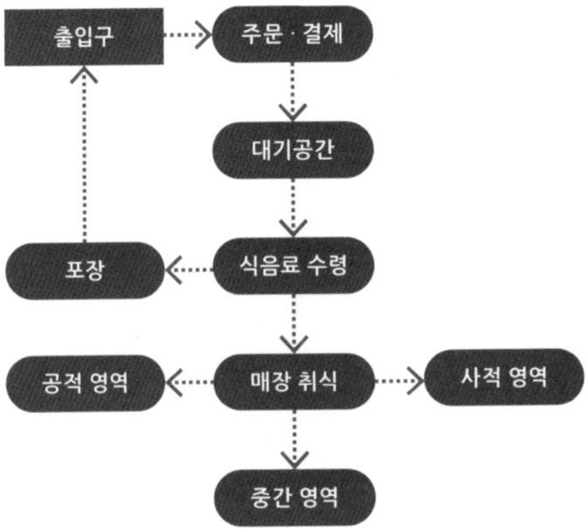

휴게음식점 이용 프로세스Process

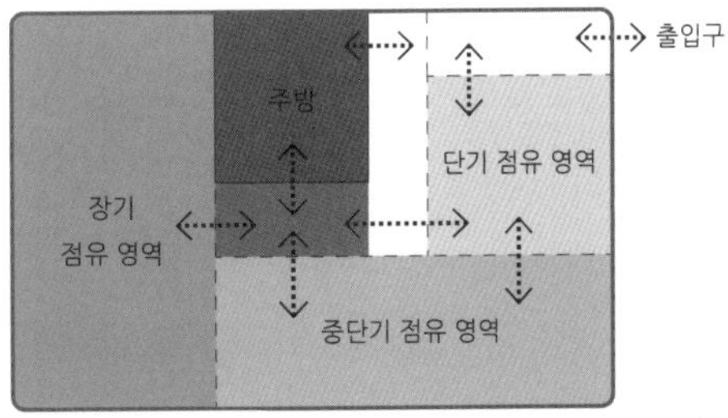

휴게음식점 영역 간 관계

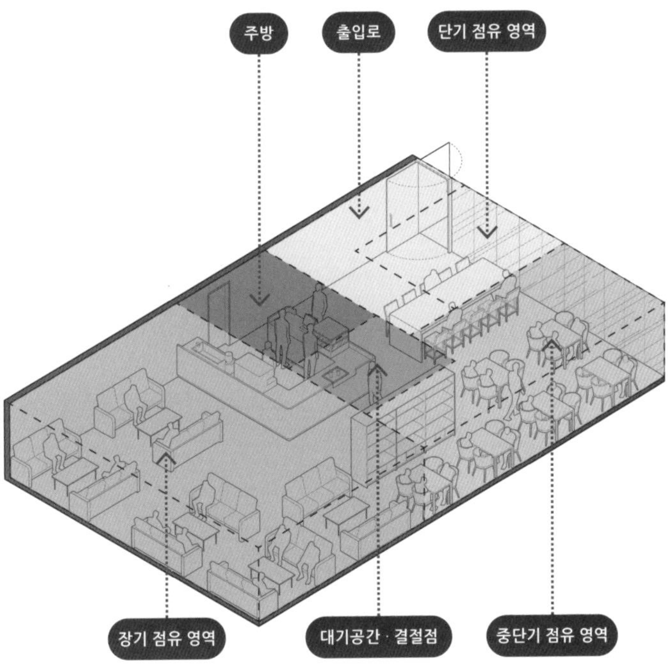

휴게음식점 영역 구분

근린생활시설

NEIGHBORHOOD FACILITIES

소매점RETAIL

계산대 — 창고

진열공간

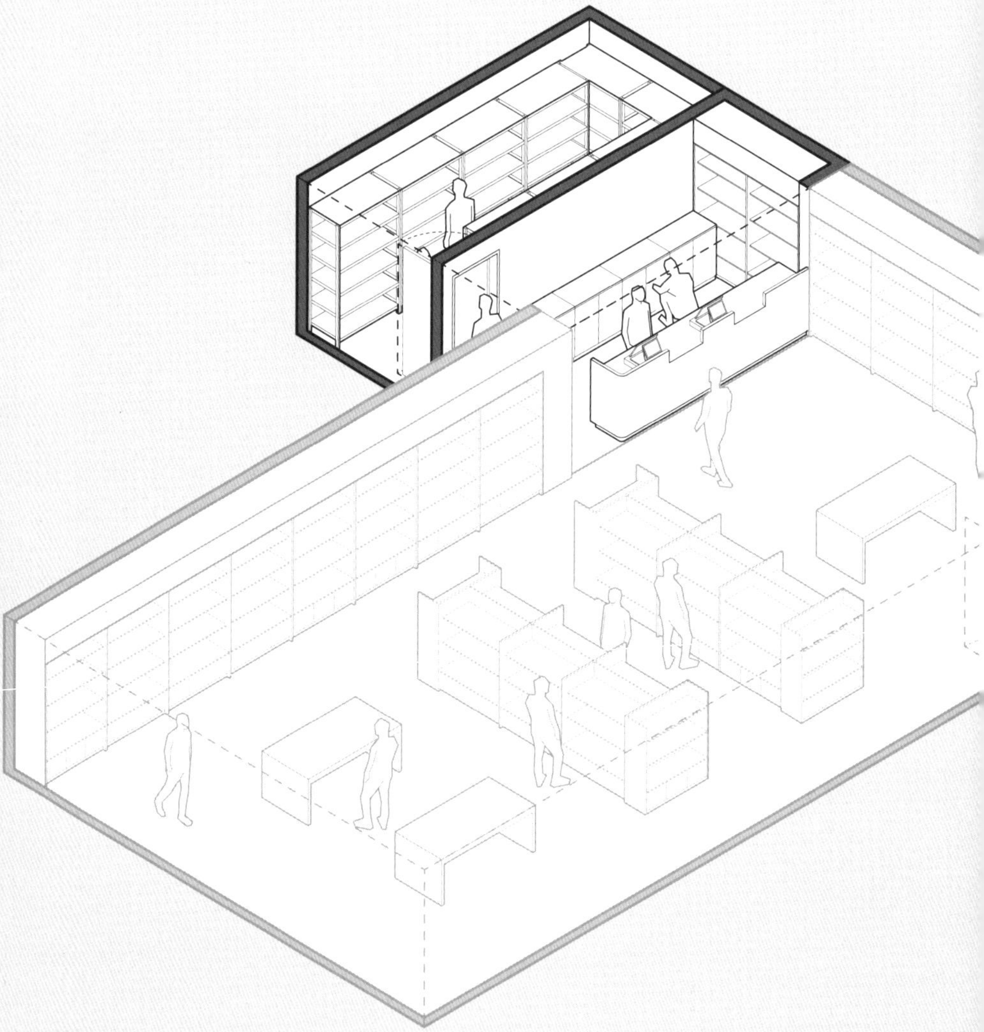

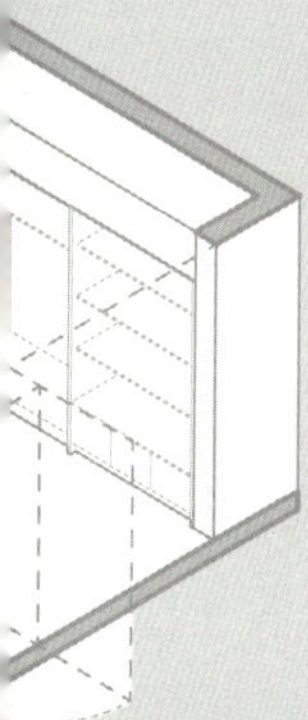

근린생활시설

NEIGHBORHOOD FACILITIES

소매점

계산대 — 창고

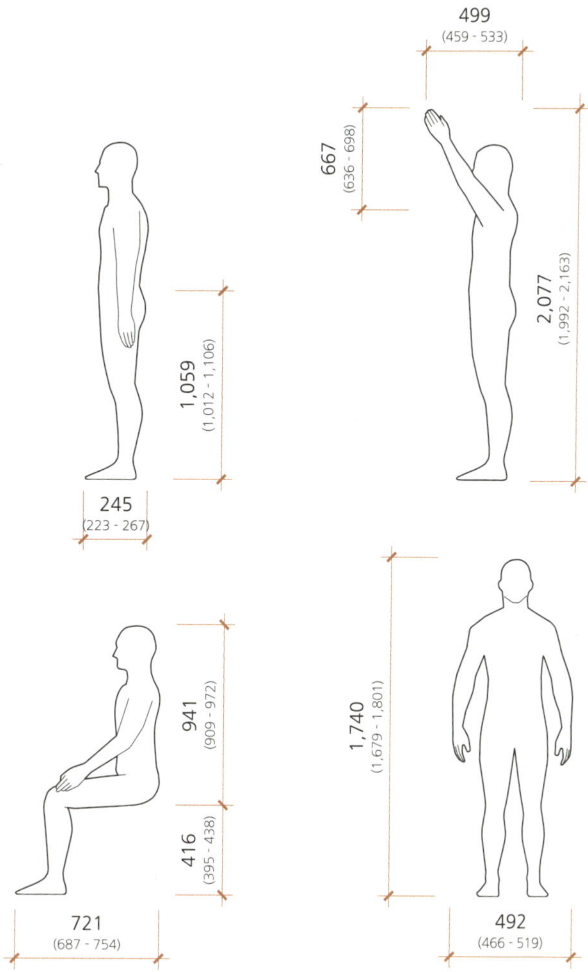

근린생활시설

계산대 — 창고

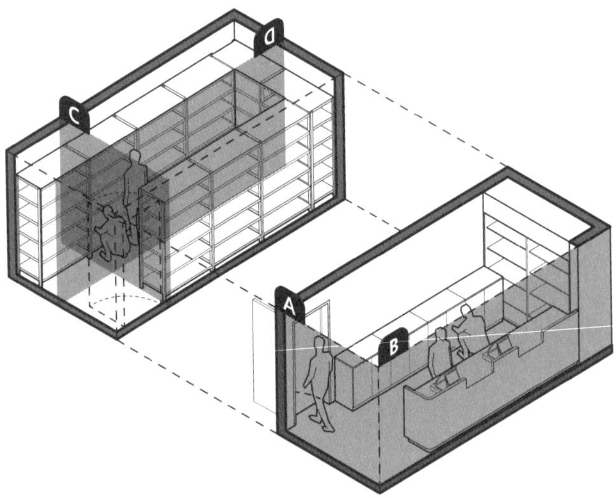

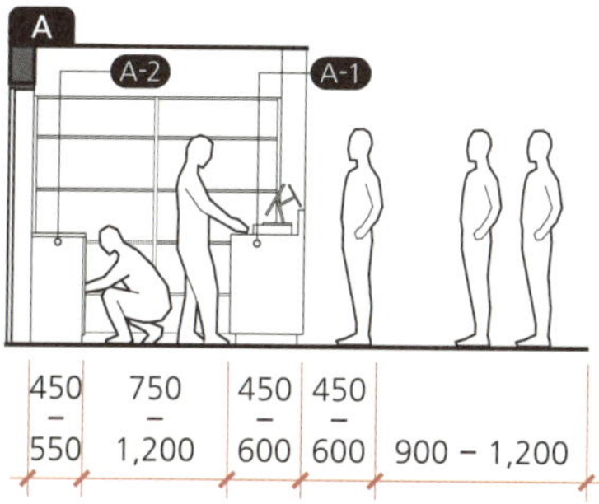
A
A-2
A-1
450 – 550
750 – 1,200
450 – 600
450 – 600
900 – 1,200

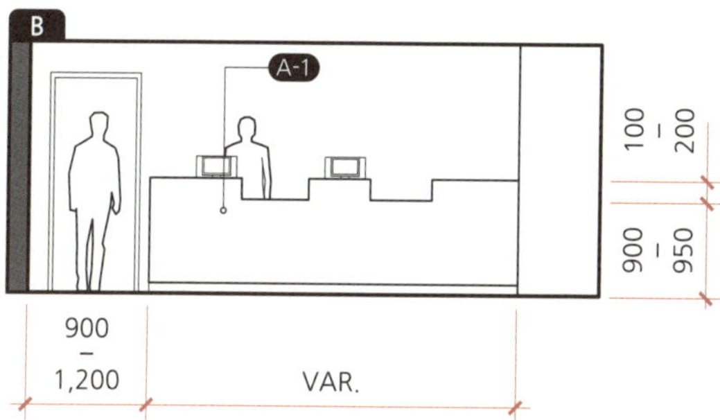
B
A-1
100 – 200
900 – 950
900 – 1,200
VAR.

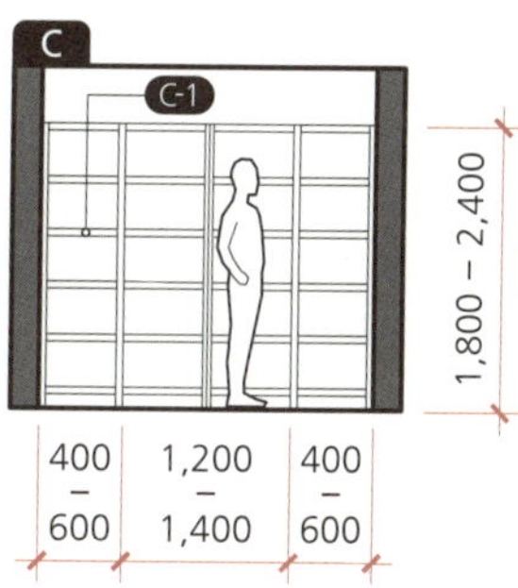
C
C-1
1,800 – 2,400
400 – 600
1,200 – 1,400
400 – 600

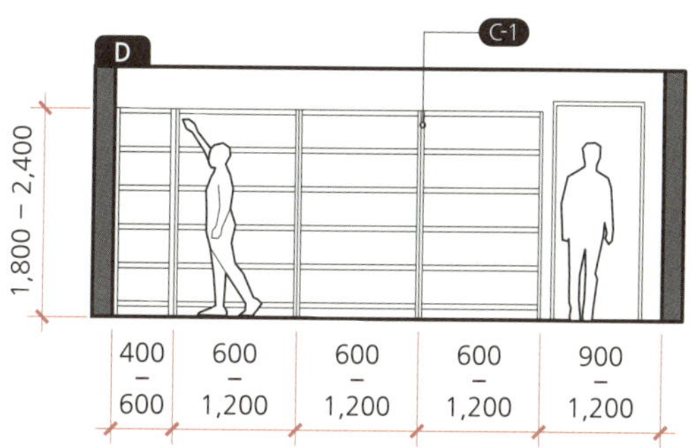
D
C-1
1,800 – 2,400
400 – 600
600 – 1,200
600 – 1,200
600 – 1,200
900 – 1,200

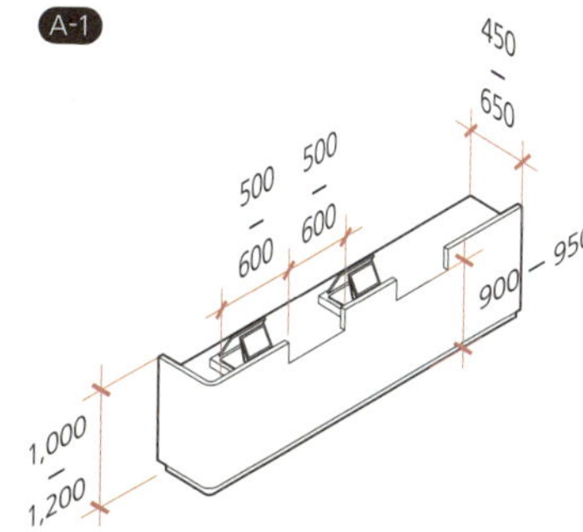
A-1
450 – 650
500 – 600
500 – 600
900 – 950
1,000 – 1,200

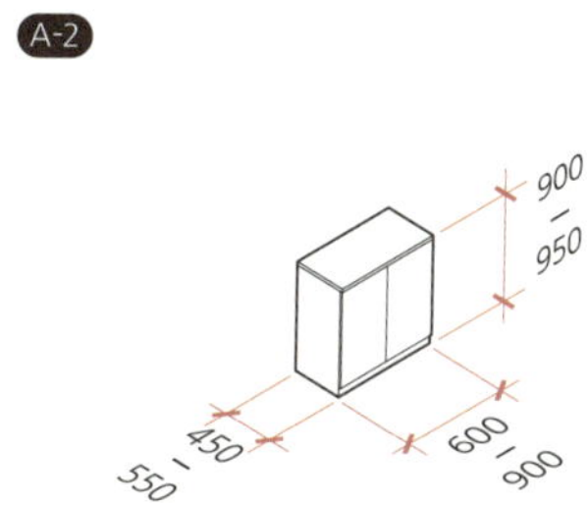
A-2
900 – 950
450 – 550
600 – 900

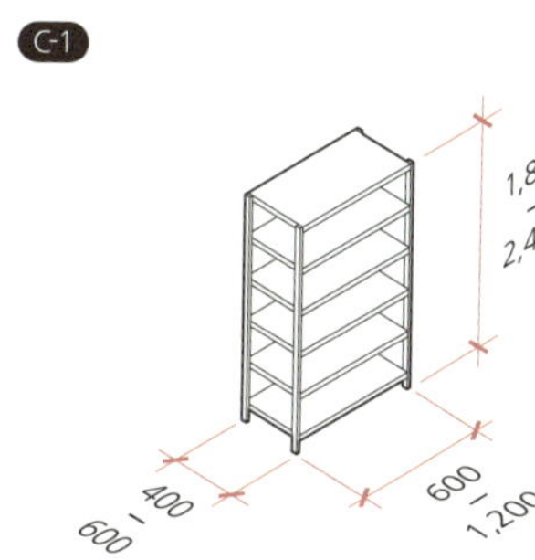
C-1
1,800 – 2,400
400 – 600
600 – 1,200

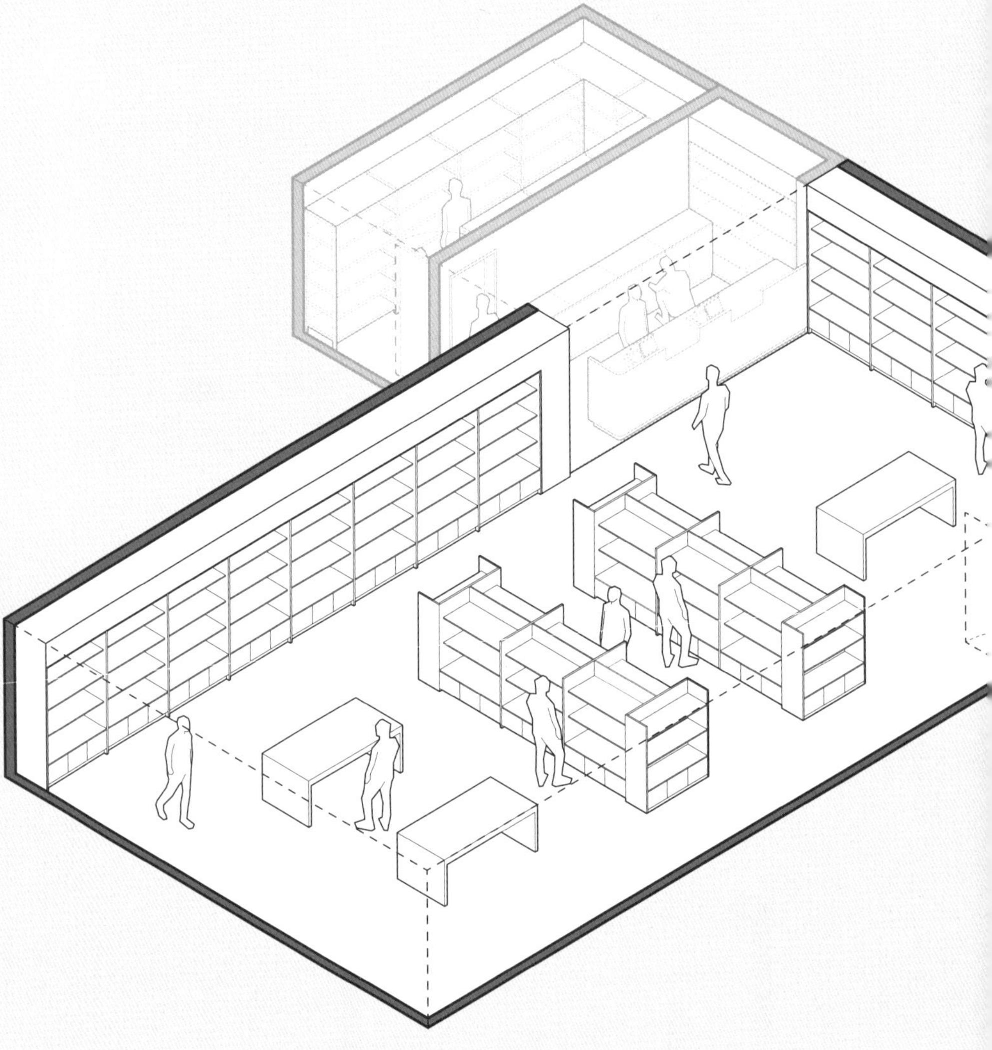

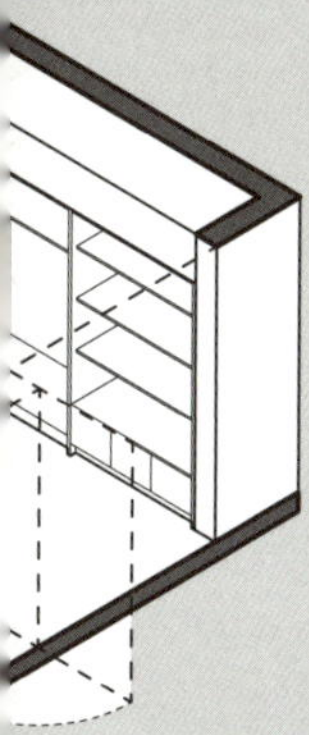

근린생활시설

NEIGHBORHOOD FACILITIES

소매점

진열공간

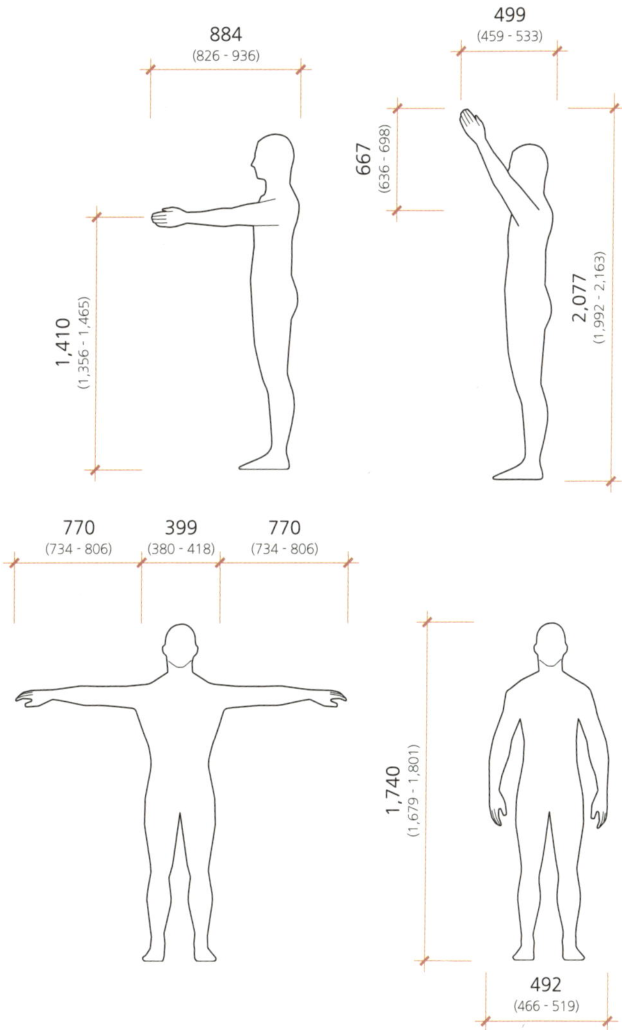

근린생활시설

진열공간

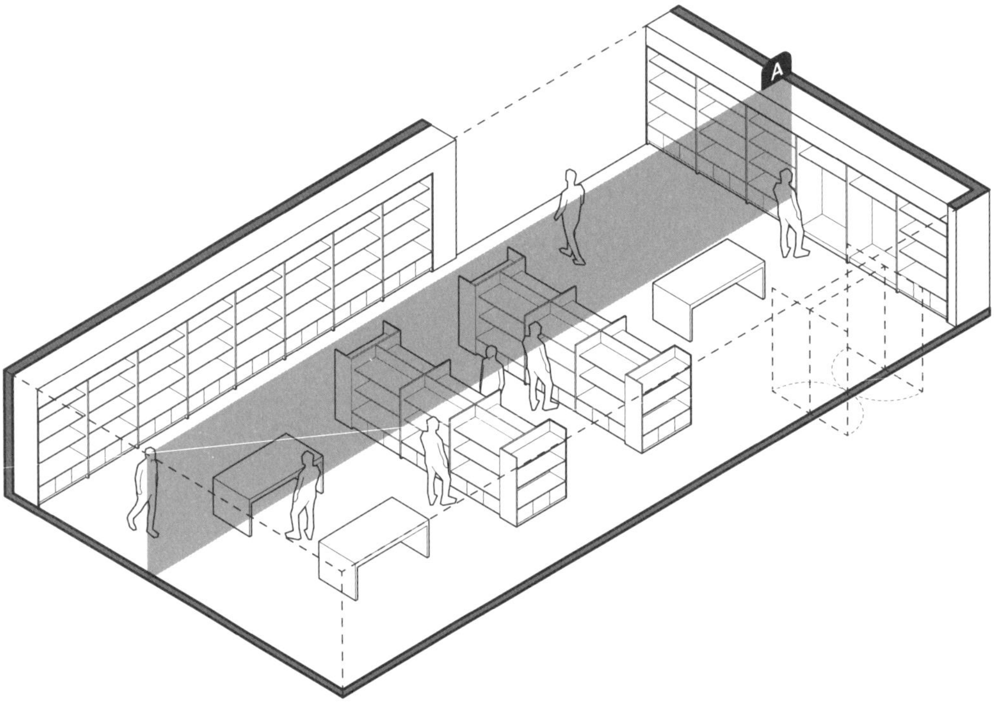

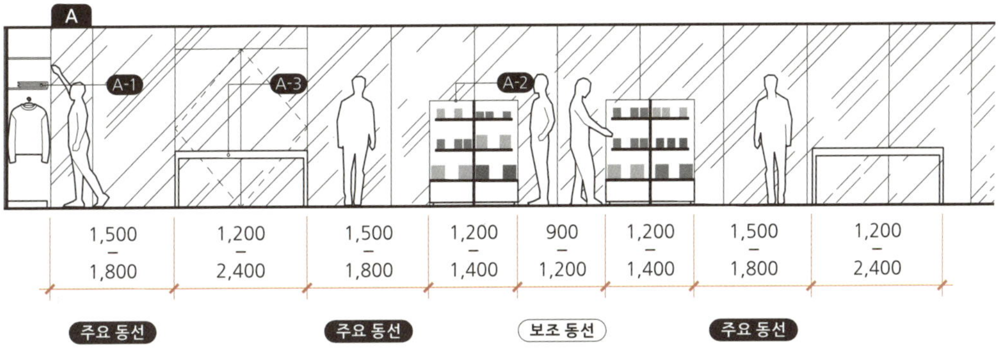
A
A-1
A-3
A-2
1,500 – 1,800
1,200 – 2,400
1,500 – 1,800
1,200 – 1,400
900 – 1,200
1,200 – 1,400
1,500 – 1,800
1,200 – 2,400
주요 동선
주요 동선
보조 동선
주요 동선

A-1

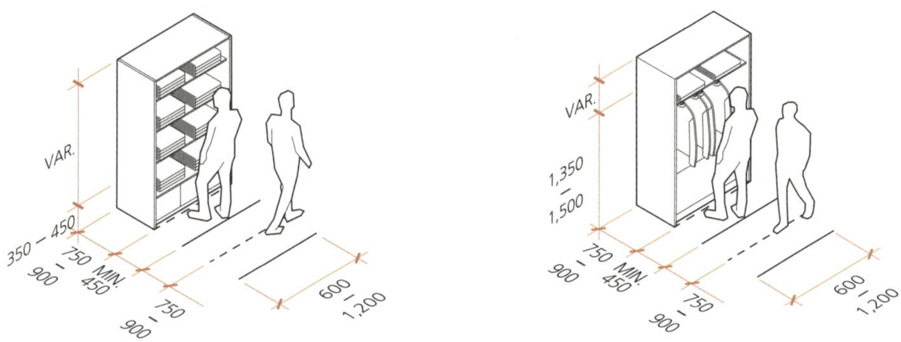
VAR.
350 – 450
750 – 900
MIN. 450
750 – 900
600 – 1,200
VAR.
1,350 – 1,500
750 – 900
MIN. 450
750 – 900
600 – 1,200

A-2

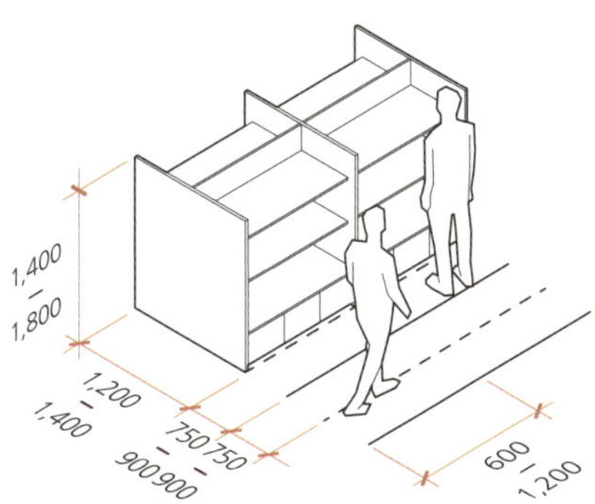
1,400 – 1,800
1,200 – 1,400
750 – 900
750 – 900
600 – 1,200

A-3

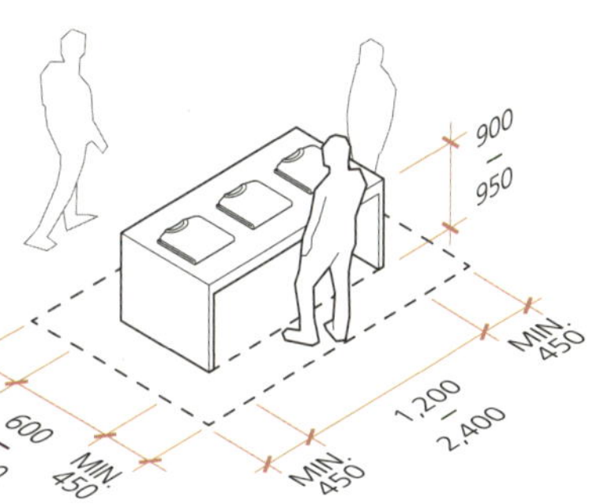
900 – 950
MIN. 450
MIN. 450
600 – 1,200
MIN. 450
MIN. 450
1,200 – 2,400

근린생활시설_건축 변형

진열공간

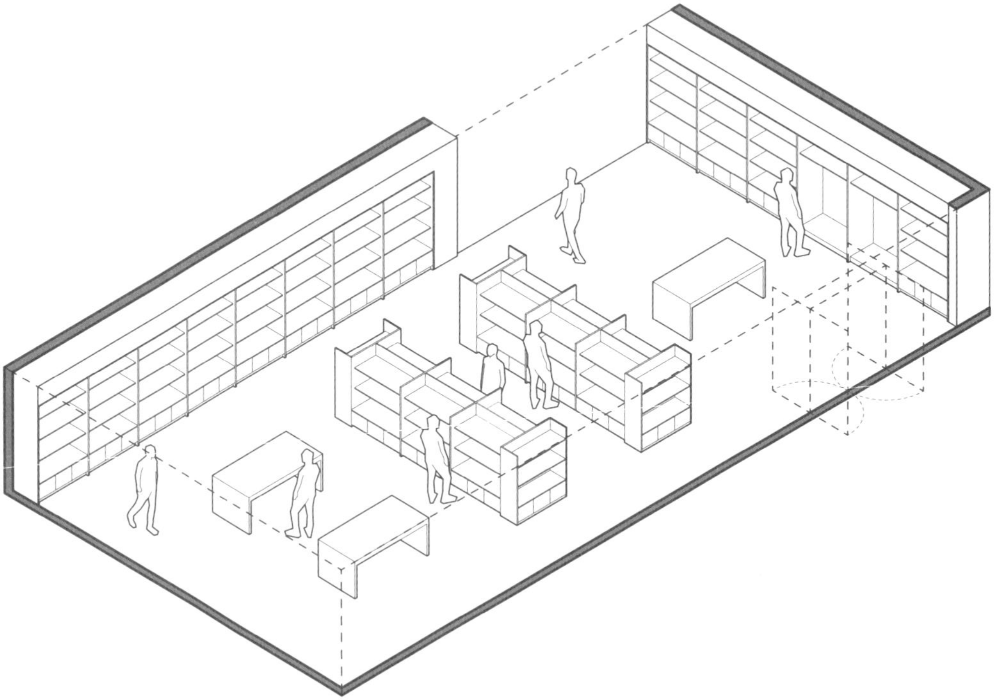

진열대 모서리 처리

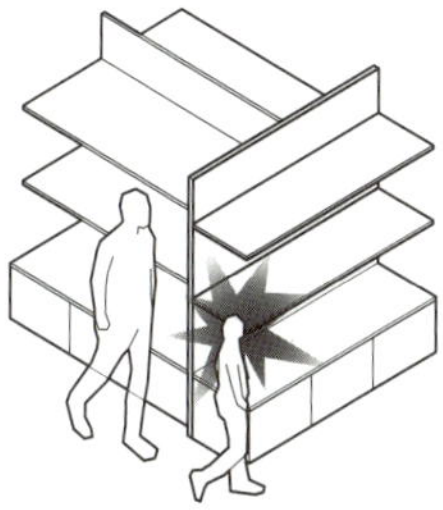

진열대 모서리 노출

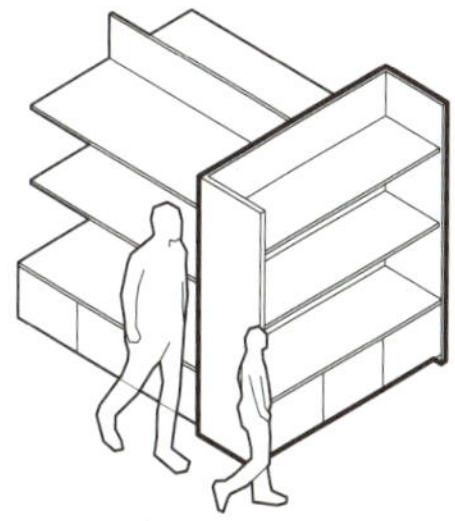

진열대 옆을 막아 안전사고 방지

진열대 디스플레이 방식과 디자인

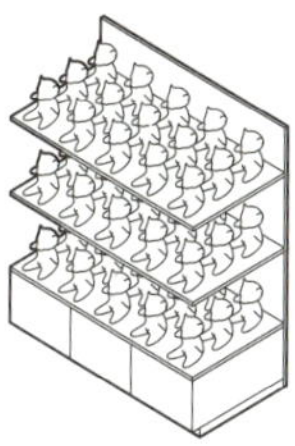

일반 진열대

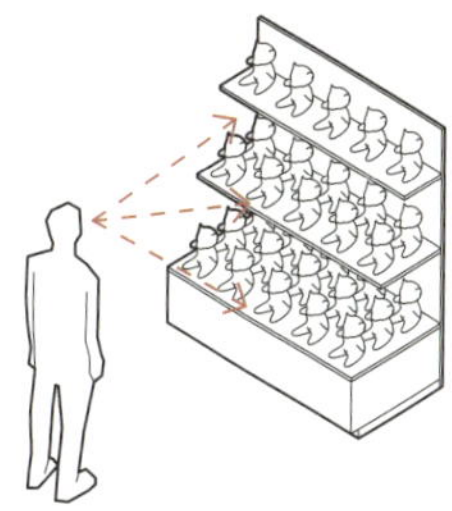

높이마다 깊이가 다른 진열대

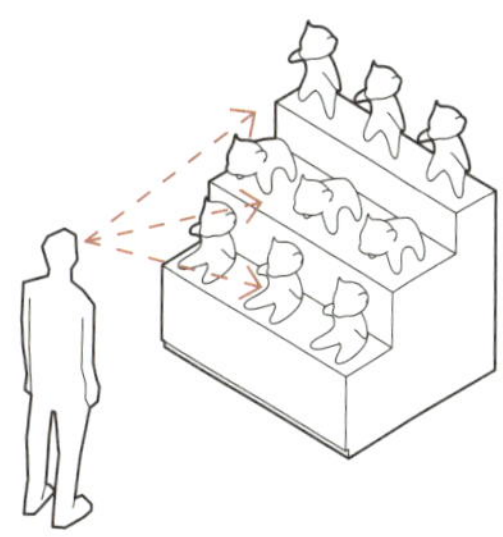

계단식 진열대

03
부록

체크리스트

직접 해보는 실내공간 계획

체크리스트

CHECKLIST

주택

근린생활시설

사무소

휴게음식점

소매점

체크리스트

주택

공통사항

조명기구

☐ 종류와 색온도가 해당 공간에 적합한가

스위치 및 콘센트

☐ 위치와 높이는 각 실과 기기의 사용 용도에 적합한가

붙박이장과 선반

☐ 칸 구획 및 높이와 깊이는 용도에 알맞게 계획하였는가

문

☐ 위치와 열리는 방향이 동선과 실의 사용에 방해되지 않는가

바닥재

☐ 자재와 패턴은 공간의 성격과 비례에 적합한가

작업대 및 세면대 1

☐ 사용자의 키에 알맞은 높이인가

☐ 작업대 및 세면대 양 옆 이격거리는 충분한가

샤워기 및 수전 2

☐ 샤워기 헤드의 방향이 문 쪽을 향하고 있지 않는가

배수구 3

☐ 배수구의 갯수, 위치, 규격이 유지 · 관리에 적합한가

난간 4

☐ 난간 높이와 살 간격은 적절한가

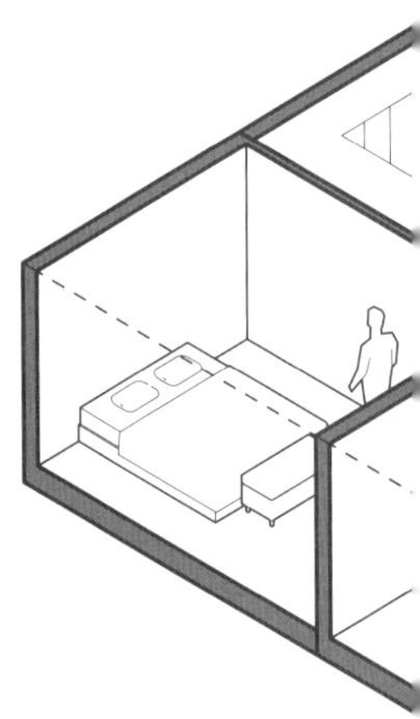

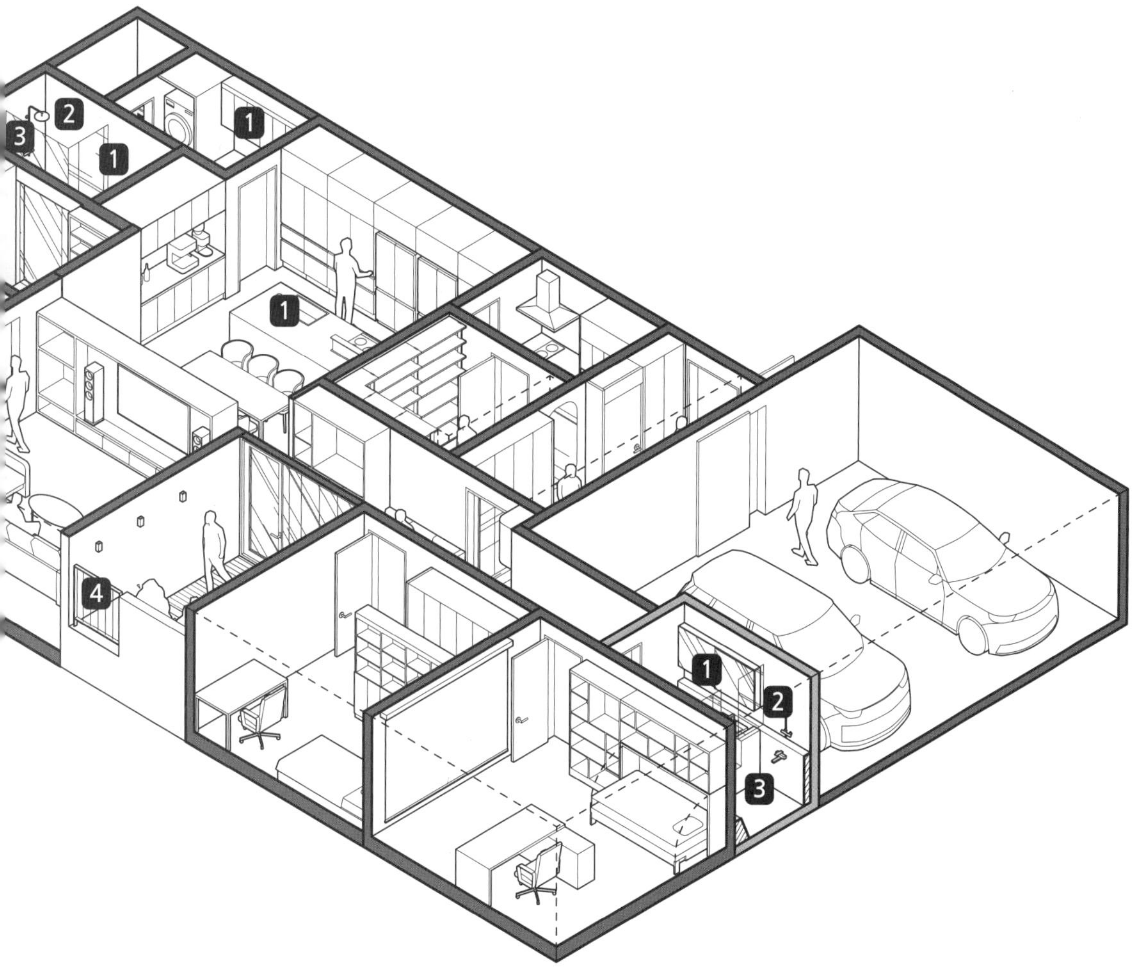
2
3
1
1
1
4
1
2
3

체크리스트

근린생활시설 공용공간

공통사항

조명기구

☐ 종류와 색온도가 해당 공간에 적합한가

스위치 및 콘센트

☐ 위치와 높이는 기능별 조닝과 기기의 사용 용도에 적합한가

방풍실 1

☐ 문을 열었을 때 내 · 외부 문이 부딪히지 않는가

로비 2

☐ 바닥과 벽 마감재 줄눈 위치가 일치하는가

계단 3

☐ 경사도는 적절한가

☐ 유효너비와 높이를 확보하였는가

화장실 4

☐ 문이 열려 있을때도 내부를 향한 시선이 차단되는가

☐ 바닥과 벽 마감재 줄눈 위치가 일치하는가

☐ 대변기 칸막이 문을 안쪽으로 열 수 있는가

복도 5

☐ 복도 형식에 따라 적합한 너비를 확보하였는가

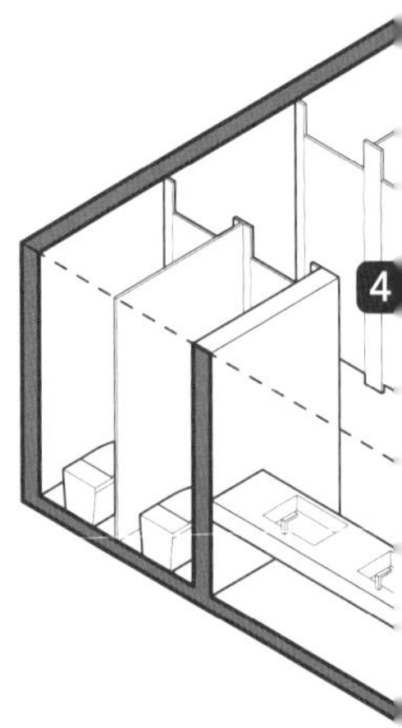

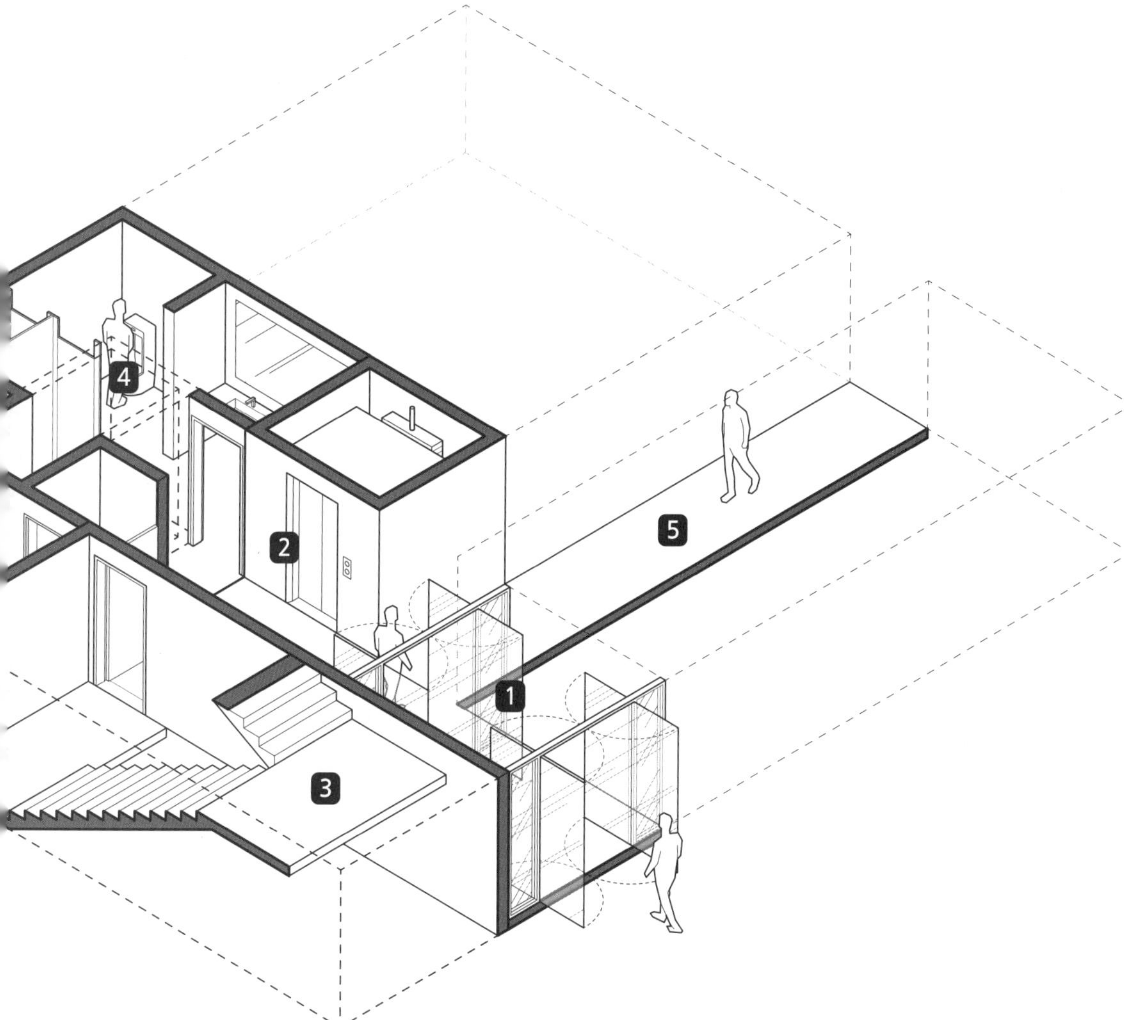
4
2
5
1
3

체크리스트

사무소

공통사항

조명기구

☐ 종류와 색온도가 해당 공간에 적합한가

스위치 및 콘센트

☐ 위치와 높이가 각 실과 집기류FF&E: Funiture, Fixtures, and Equitment의 사용 용도에 적합한가

☐ 공용부 및 개인공간 클러스터링Clustering에 따라 적절하게 분배하였는가

시선

☐ 집기류를 통해 개인공간의 발 밑 시선을 적절히 차단하였는가

복도 1

☐ 사무소 규모에 적절한 너비를 확보하였는가

개인공간 2

☐ 착석 시 의자 뒤로 지나갈 수 있는 충분한 공간을 확보하였는가

탕비실 3

☐ 개수대와 수전을 설치하는 경우 급 · 배수 계획을 하였는가

회의실 4

☐ 착석 시 의자 뒤로 지나갈 수 있는 충분한 공간을 확보하였는가

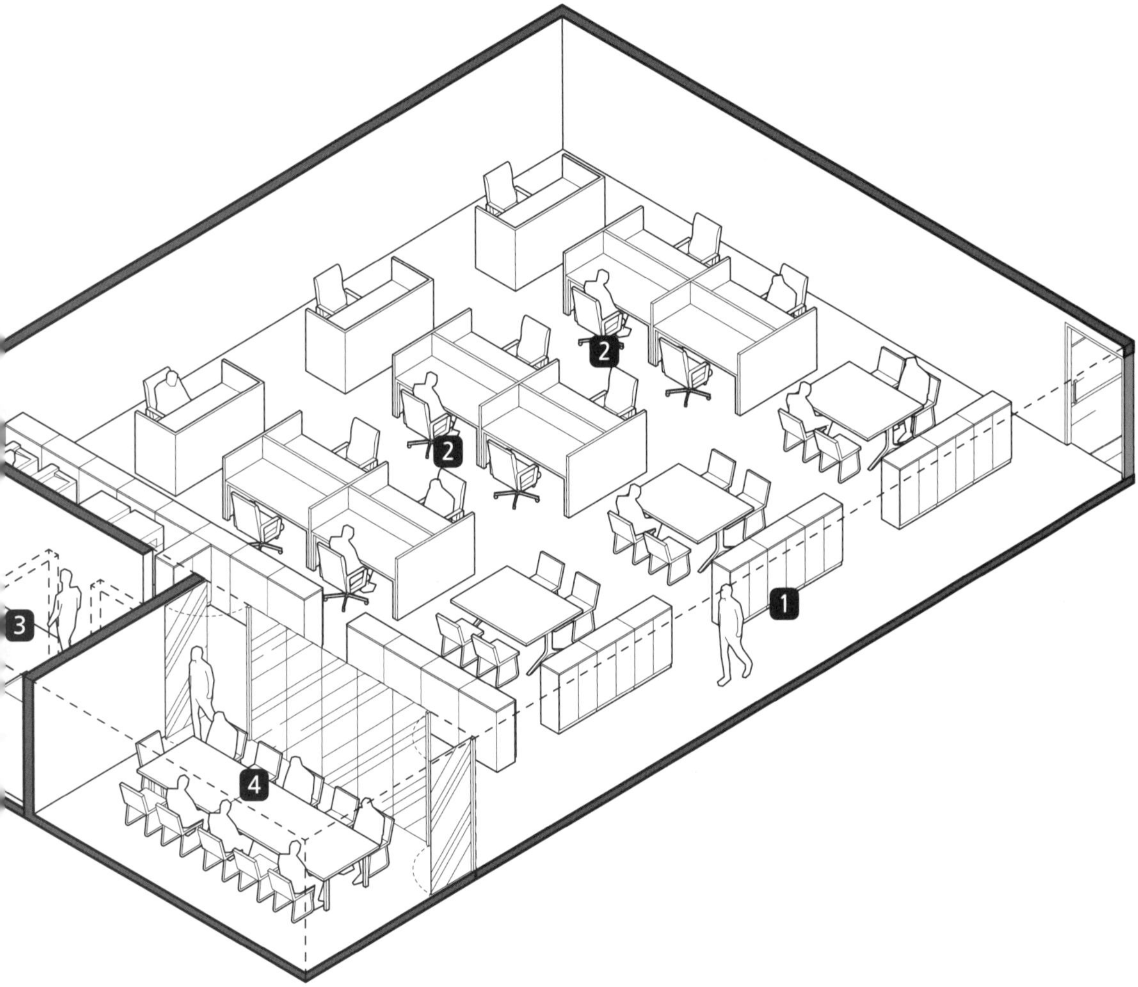
2
2
1
3
4

체크리스트

휴게음식점

공통사항

조명기구

- ☐ 종류와 색온도가 해당 공간에 적합한가

스위치 및 콘센트

- ☐ 위치와 높이는 용도별 공간구획Zonning과
주방기기Commercial Kitchen Equipment 사용에 적합한가

동선 1

- ☐ 카운터와 홀 사이 오가는 동선이 교차하지는 않는가

주방공간 2

- ☐ 수납장 및 기기 사용에 불편함이 없도록 세부 치수를 고려하였는가

카운터Counter 3

- ☐ 입구에서 눈에 잘 띄는 위치인가

홀Hall 4

- ☐ 테이블과 의자 종류에 따라 공간을 적절히 구획하였는가

테이블Table 5

- ☐ 사용과 이동에 불편함이 없는 간격을 확보하였는가

카운터 테이블Counter Table 6

- ☐ 외부에서 보이는 발 밑 시선을 적절히 차단하고 있는가

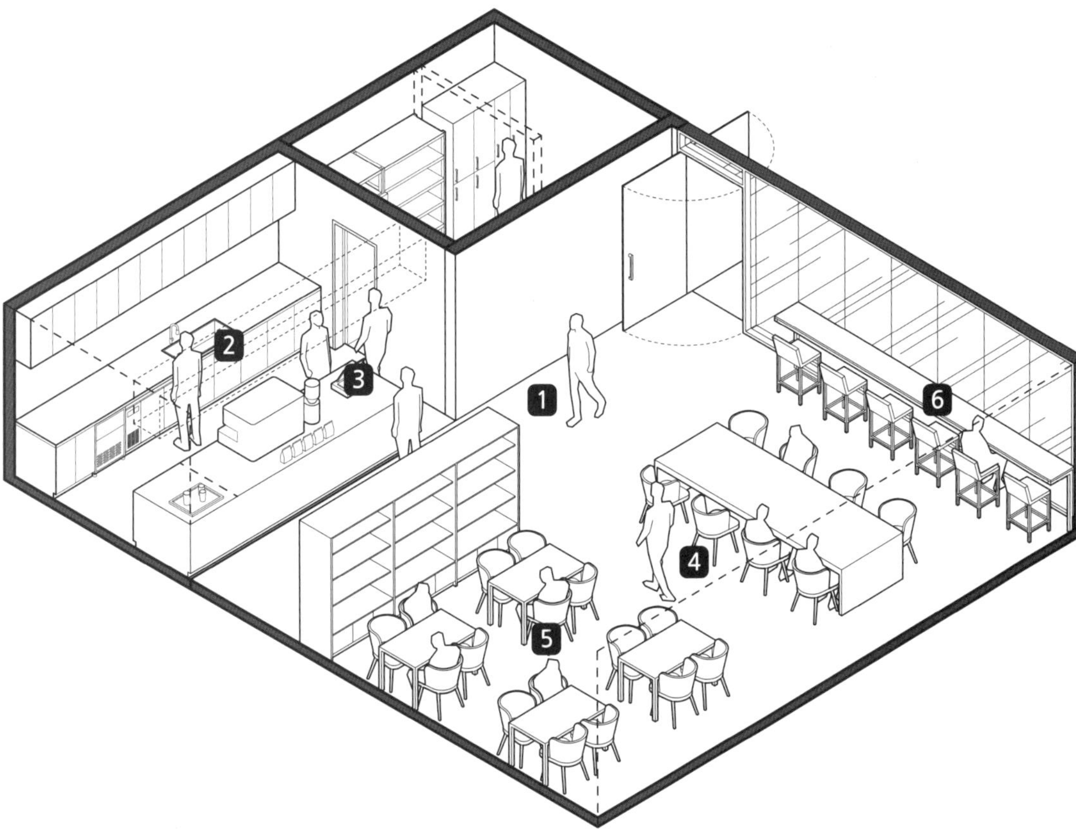
1
2
3
4
5
6

체크리스트

소매점

공통사항

조명기구

- ☐ 종류와 색온도가 해당 상품에 적합한가

스위치 및 콘센트

- ☐ 위치와 높이는 진열대와 기기들 사용 용도에 적합한가

동선 1

- ☐ 주요 동선(1,500 - 1,800mm) 상 막다른 길 없이 적절한 순환 동선을 구성하였는가
- ☐ 보조 동선(900 - 1,200mm)을 상품 종류별로 적절히 구성하였는가

간격 2

- ☐ 머무는 사람과 지나가는 사람을 위한 충분한 거리를 확보하였는가

계산대 3

- ☐ 매장 전체를 조망할 수 있는 위치인가
- ☐ 계산 대기를 위한 충분한 공간을 확보하였는가
- ☐ 계산 후 출구까지의 동선이 명확하고 효율적인가

진열대 4

- ☐ 상품 종류에 적합한 진열대인가
- ☐ 다른 종류의 상품들이 한 눈에 보이게 구성하였는가
- ☐ 주요 상품들을 1.2m - 1.8m 시선 높이에 배치하였는가

안전 5

- ☐ 눈 높이에 날카로운 선반이 노출되어 있지 않는가

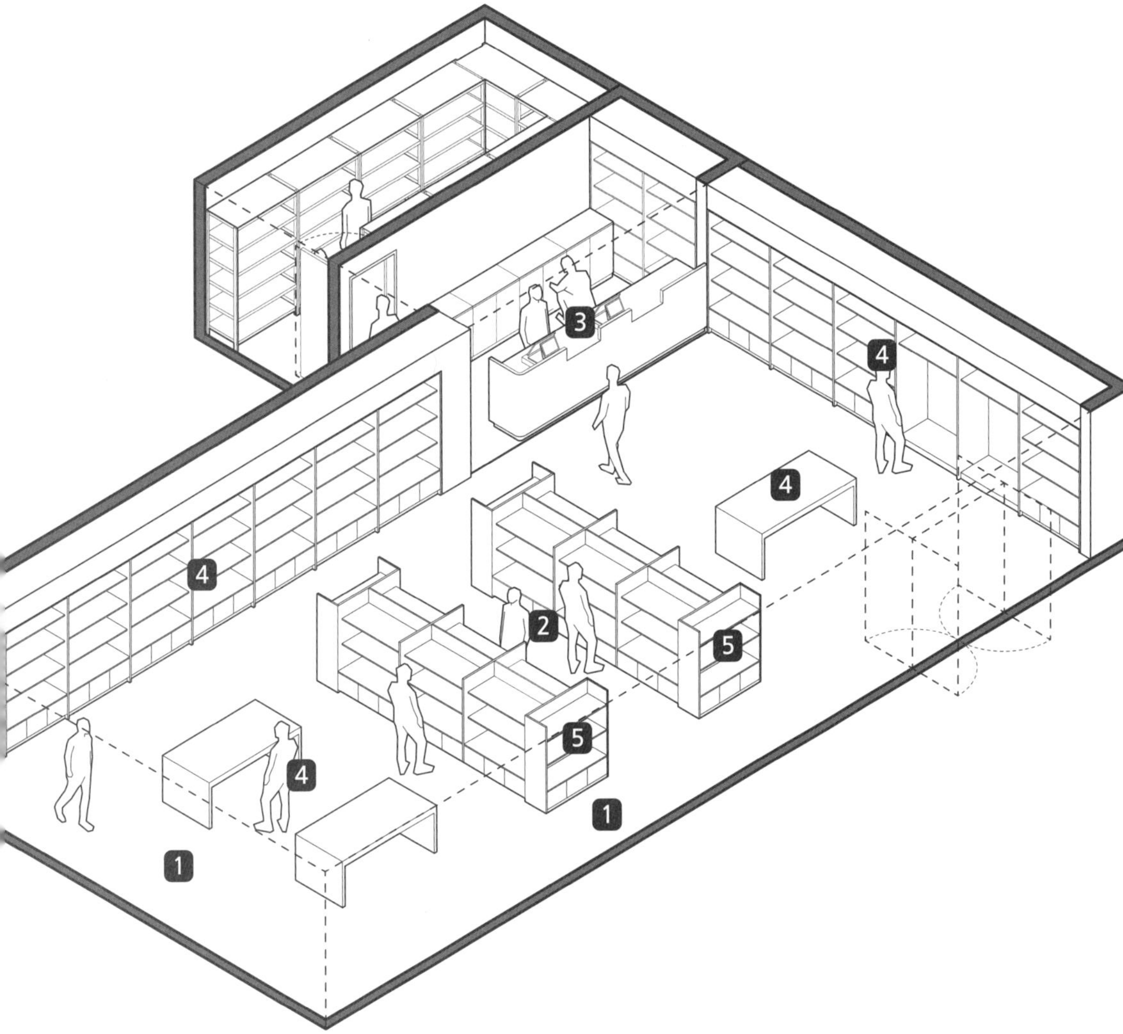
1
1
2
3
4
4
4
4
5
5

직접 해보는 실내공간 계획

HANDS-ON
INTERIOR SPACE PLANNING

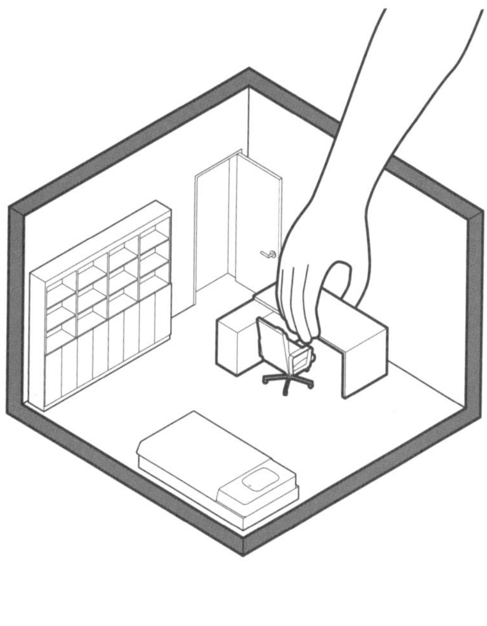

직접 해보는 실내공간 계획

최근에는 개인 컴퓨터나 모바일 기기와 함께 증강 현실Augmented Reality 기술을 활용한 프로그램이나 앱을 이용하여 가구 배치와 공간감을 테스트 할 수 있다. 하지만 역시나 가장 싸고 빠르고 직관적인 방법은 공간의 '가로 x 세로' 길이를 측정하고, 보유하고 있거나 구입 예정인 가구나 집기류의 상세 치수를 확인하여 직접 계획해 보는 것이다.

계획 순서

1. 대상 공간과 가구의 '가로 x 세로' 길이를 측정하여 메모한다.

2. 실측한 공간과 가구를 축척에 맞게 서로 다른 방안지에 그려넣는다. 방안지 한 칸의 크기는 1mm로, 만약 1/100 축척이라면 방안지 한 칸은 실제로 100mm이며, 방안지 열 칸은 1,000mm이다.

3. 방안지에 그린 가구를 오려낸다.

4. 오려낸 가구를 공간을 그린 방안지에 배치해보며, 알맞은 치수가 확보되는지 확인한다.

1

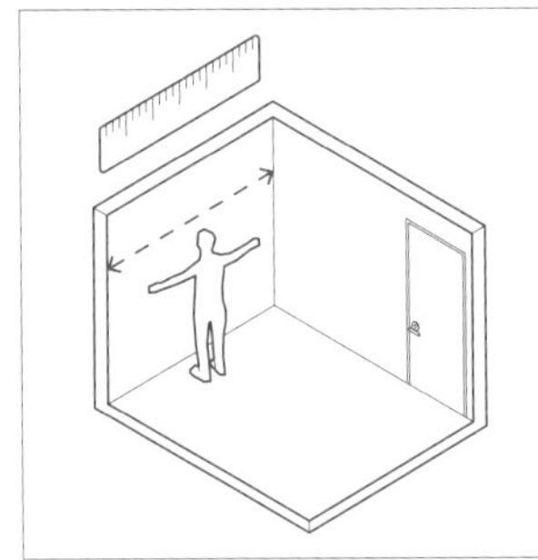

2

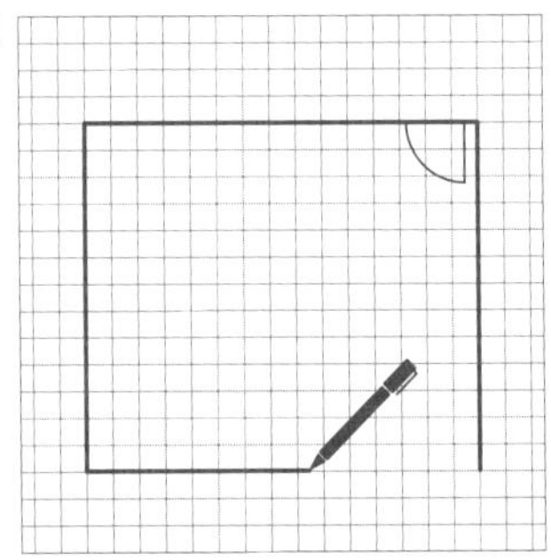

3

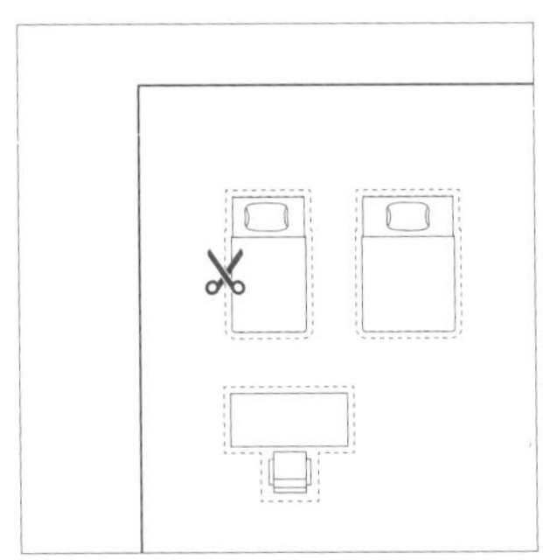

4

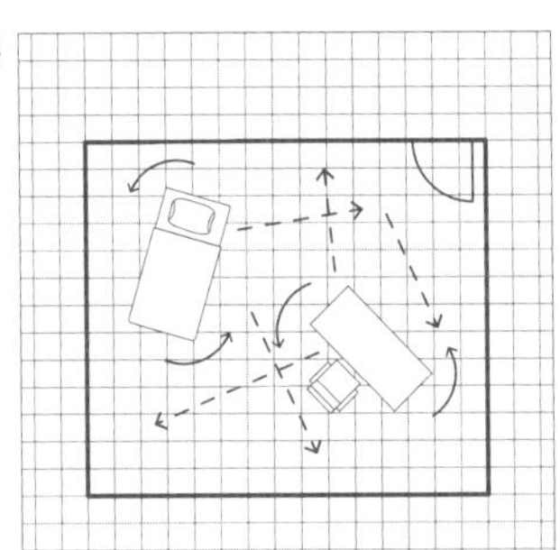

참고문헌

색인

참고문헌

도서 및 보고서

국가기술표준원. (2021). **제8차 한국인 인체치수 조사사업**. 국가기술표준원.

국가기술표준원. (2023). **2023년 한국인 인체치수 조사사업**. 국가기술표준원.

국토교통부. (2024). **조경설계기준 KDS 34 30 10**. 국토교통부.

사단법인 일본건축학회. (2002). **건축설계자료집성 총합편**. 사단법인 일본건축학회.

서울특별시. (2023). **공중화장실 유니버설디자인 적용지침**. 서울특별시

정세윤, 김휘용, 최진수. (2016). UHD 영상 포맷과 화질 및 실감 효과. **방송과 미디어, 21(1)**, 13-32.

한국건설기술연구원. (2013). **업무시설 적정 공간면적 설계기준 개발연구**. 한국건설기술연구원

De Chiara, J., & Callender, J. H. (1983). **Time-saver standards for building types**. McGraw-Hill.

De Chiara, J., Panero, J., & Zelnik, M. (2001). **Time-saver standards for interior design and space planning (2nd ed.)**. McGraw-Hill.

Malviya, B. M. (2022). **The essential guide to architecture and interior designing**. Walnut Publication.

Mitton, M., & Nystuen, C. (2021). **Residential interior design: A guide to planning spaces**. Wiley.

Neufert, E., & Neufert, P. (2012). **Architects' data**. Wiley-Blackwell.

제품 매뉴얼 및 카탈로그

대림바스. (2024). **2024 DAELIMBATH**. 대림바스.

리바트. (2024). **2024 S/S collection LIVART LOOK**. 리바트.

리바트. (2024). **2024 collection LIVART HOME INTERIOR**. 리바트.

삼성. (2022). **삼성 스마트 오븐 매뉴얼**. 삼성.

삼성. (2023). **삼성 드럼세탁기 매뉴얼**. 삼성.

삼성. (2023). **삼성 전기 건조기 매뉴얼**. 삼성.

아메리칸 스탠다드. (2024). **2024 catalogue**. 아메리칸 스탠다드.

현대자동차. (2023). **Santa Fe MX5 owner's manual**. 현대자동차.

현대엘리베이터. (2024). **넥스 카탈로그**. 현대엘리베이터.

퍼시스. (2021). **FURSYS OFFICE PRODUCTS**. 퍼시스

LG. (2022). **LG 건조기 매뉴얼**. LG.

LG. (2022). **LG 드럼세탁기 매뉴얼**. LG.

ELECTROLUX. (2022). **ECI6300S 아일랜드 후드 user manual.** ELECTROLUX.

OTIS. (2019). **Elevators & escalators & moving walkways planning guide**. OTIS.

온라인 자료 (2025년 기준)

삼성전자. (n.d). **구매부터 설치까지, 가이드 A to Z**. 삼성전자. https://www.samsung.com/sec/buying-guide/

밀라노리빙(엠가구). (2021, October 7). **침대 사이즈 선택 가이드**. 밀라노리빙 노하우. https://www.mgagu.co.kr/board/view.php?bdId=knowHow&sno=8

오늘의집 지름길 내비 에디터. (2020, February 8). **선택이 쉬워지는 매트리스 사이즈 비교**. 오늘의집. https://ohou.se/advices/3488

LG전자. (n.d). **키친 인테리어에 따라 다양한 식기세척기 설치가이드.** LG전자. https://www.lge.co.kr/story/user-guide/dishwashers-install-guide#built-in-150mm

Panasonic Corporation. (n.d.). **【スイッチ】コンセント·スイッチの設置高さの目安はあるか, えてください。 パナソニック よくあるご質問**. https://jpn.faq.panasonic.com/app/answers/detail/a_id/80543

색인

ㅊ

ㅋ

ㅎ

건축 요소와 공간 구성
ARCHITECTURAL ELEMENTS
AND SPATIAL COMPOSITION

2026년 1월 10일 1쇄 발행

저자 | 김정채
기획 · 제작 | 건축사사무소 ZVA
삽도 기획 · 원안 | 김정채
삽도 제작 | 권익모
펴낸이 김기현 | 펴낸곳 도서출판 시공문화사
등록 1993년 3월 12일
120-796 서울시 서대문구 독립문공원길 13 극동프라자 5층
TEL 02-3147-1212 · 2323　FAX 02-3147-2626
인쇄 예림인쇄 | 제본 보경문화사 | 용지 (주)대림지업사
ISBN 89-5592-501-2 93540

정가 22,000원